U0301869

北京松山森林生态系统结构与功能研究

（第一辑）

赵 娜 李少宁 徐晓天 鲁绍伟 主编

科学技术文献出版社
SCIENTIFIC AND TECHNICAL DOCUMENTATION PRESS
·北 京·

图书在版编目（CIP）数据

北京松山森林生态系统结构与功能研究（第一辑）/ 赵娜等主编. —北京：科学技术文献出版社，2022.9

ISBN 978-7-5189-9448-9

Ⅰ.①北… Ⅱ.①赵… Ⅲ.①森林生态系统—研究—北京 Ⅳ.①S718.55

中国版本图书馆 CIP 数据核字（2022）第 137857 号

北京松山森林生态系统结构与功能研究（第一辑）

策划编辑：魏宗梅　责任编辑：李　晴　责任校对：王瑞瑞　责任出版：张志平

出 版 者　科学技术文献出版社
地　　址　北京市复兴路15号　邮编　100038
编 务 部　（010）58882938，58882087（传真）
发 行 部　（010）58882868，58882870（传真）
邮 购 部　（010）58882873
官方网址　www.stdp.com.cn
发 行 者　科学技术文献出版社发行　全国各地新华书店经销
印 刷 者　北京虎彩文化传播有限公司
版　　次　2022 年 9 月第 1 版　2022 年 9 月第 1 次印刷
开　　本　710×1000　1/16
字　　数　221千
印　　张　15　彩插 4 面
书　　号　ISBN 978-7-5189-9448-9
定　　价　58.00元

编 委 会

前　言

森林是陆地生态系统的主体，在地圈、生物圈中起着积极的作用，它不仅是地球物质循环和能量转化中一些物质的“汇”和能量积聚的“库”，也是另一些物质和能量释放的“源”，还是大气—植被—土壤系统中生物能量转化的重要通道。森林生态系统由不同类型的乔灌木及林下草本植物组成，在所有陆地生态系统类型中具有最复杂的时空结构、最大的反馈和自组织能力、丰富的生物多样性及最大的生物量和生产力。结构决定功能，森林生态系统的结构越复杂，其生态功能越强。由于复杂的结构形成了多样化的物质循环与能量转化通道，森林生态系统在地球化学循环中起着重要作用，深刻影响着碳循环、氮循环、涵养水源、土壤保持、生物多样性保育及物质生产等多种功能。因此，森林结构数据可为量化森林生态系统的服务功能提供依据。森林生态系统结构与功能的研究一直是全球变化与世界森林生态系统相互关系研究中的热点。

北京松山森林生态系统隶属于松山国家级自然保护区，位于北京市延庆区海坨山南麓，距北京市区约 90 km，距延庆城区约 25 km。地理坐标东经 115° 43′ 44″ ~115° 50′ 22″，北纬 40° 29′ 9″ ~40° ′ 35″。区内地形复杂，地势北高南低。最高海拔 2.198 km，最低海拔 627.6 m。生态环境多样，植物种类丰富，具有明显的垂直分布规律。松山国家森林公园在保护生物多样性、维系区域生态安全、促进社会发展等方面发挥着重要作用，承担着重要的生态功能，是北京市重要的生态屏障。目前已有研究大多针对松山国家森林公园的人为干扰、生态旅游、环境教育与保护、森林资源及其服务价值评估等方面，缺少针对其结构与功能的研究，因此，深入研究北京松山森林生态系统的结构与功能（不同林分物种多样性、生物量及生产力、土壤养分、水文效应及景观格局优化分析），对强化松山国家级自然保护区管理乃至促进首都生态文明建设均具有重要参考价值，为进一步实现北京城市森林的可持续发展，建设美丽北京、绿色北京，为实现伟大的“中国梦”做出贡献。

本书以松山国家级自然保护区生态系统野外调查及室内实验数据为基础，在林分尺度对4种典型林分的植物物种多样性、生物量及生产力、土壤养分、降水分配特征和水质离子净化效应方面展开研究；在景观尺度对保护区景观格局进行分析并提出网络优化对策。本研究获得的重要科学发现如下：①随着海拔高度的增加，灌木多样性与丰富度指数减小，草本丰富度指数略增，乔木、灌木和草本均匀度随山体高度增加无显著变化；②各林分生物量范围在58.30~305.48 t/hm^2，大小依次为针阔混交林＞蒙古栎纯林＞山杨纯林＞油松纯林，4种林分的各器官生物量的积累以树干和树枝为主；③随土壤厚度的增加，土壤速效养分含量和土壤全量养分含量逐渐减少，全钾含量＞全氮含量＞全磷含量，阔叶林＞针叶林；④不同林分在不同雨量级和生长季各月的降水分配月动态差异明显，降水分配特征基本一致，通过主成分分析法对各林分生态水文功能进行综合评价，结果为混交林（2.44）最大，油松纯林（–2.74）最小；⑤大气降雨经过4种林分各层次后，其水质均有一定程度的改善。从不同林分来说，山杨纯林和油松纯林枯落物层的净化作用较为显著，在对水质起到关键净化作用的20~40 cm和40~60 cm土壤层，以蒙古栎纯林的净化效果最佳，其次是油松+毛白杨混交林；⑥ 2010—2020年，北京松山国家森林公园以林地为核心景观基质，以阔叶林为优势景观类型，由于人为干扰不断增强，景观破碎度持续增加。通过构建潜在生态廊道对森林公园景观格局及生态网络进行了优化，可为森林公园区域景观规划、资源管理保护及生态可持续发展提供科学依据。

本书针对松山森林生态系统结构维护与功能提升提出以下建议：①在今后生物多样性及生产力保护措施实施过程中，需按照自然演替规律，综合考虑冠层物种组成与结构、微地形的调控作用，寻找适宜林分类型的森林群落多样性，根据经验制定合理可行的保护技术，为森林群落生态功能的发挥提供科学支撑；②大面积种植针阔混交林能有效提升森林水文功能，对维持森林生态系统稳定发展、改善北京地区生态环境起到积极作用；③目前保护区内的景观破碎现象已经得到缓解，仍需在后续的保护管理中结合园区实际特点着重保护以阔叶林为代表的优势景观类型，并进行全面的网络调整与优化。本研究对强化松山国家级自然保护区管理乃至促进首都生态文明建设均具有重要参考价值。

本书的出版得到了北京市农林科学院科技创新能力建设项目“北京山地 4 种林分水质效应研究”（KJCX20210409）、“不同灌溉条件下绿化灌木生理生态与景观功能研究”（KJCX20220412）、“北京森林生态质量状况监测基础数据平台建设”（KJCX20220302 和 KJCX20190301）、“农林复合体系模式研究与示范”（KJCX20200801），国家林业和草原局林业科技创新平台运行补助项目“北京燕山森林生态系统国家定位观测研究站运行补助”，北京市农林科学院林业果树研究所青年基金项目“北京城市森林环境 SO_2 态特征与迁移转化”（LGYJJ202010）等项目的资助，在此表示感谢。

科学技术文献出版社对于本书的出版给予了大力支持，编辑人员为此付出了辛勤劳动，在此也表示诚挚的谢意。

恳请广大读者对本书中发现的问题和不足予以批评指正，以期进一步修订更改。

编者

2022 年 3 月

目　录

1 绪论

1.1 研究背景

森林是地球上多物种、多功能、多效益的复杂生态系统，是陆地生态系统的主体，具有丰富的植物物种多样性、生物量及生产力（Kramer et al.，1981），为人类的生存和发展提供了必需的物质资源，为动植物和其他生物的生存提供了栖息地，具有丰厚的生态、经济和社会效益（曹宇 等，2005；杨万勤 等，2006）。森林生态系统具有防风固沙、净化空气、调节气候、涵养水源、改善水质、保育土壤、固碳释氧和养分循环等多项生态功能（鲁绍伟 等，2005）。随着城市化进程的加快，城市地域的生态环境基底发生深刻变化（彭建 等，2017），生态环境的分布空间受到压缩（Sirakaya et al.，2017），全球森林覆盖率明显降低，温室效应持续加剧，一系列问题已成为全人类关注的焦点。虽然我国森林面积以 15 894.1 万 hm^2 位居全球第五，森林蓄积量位居第七，但全国人均占有森林面积相当于全球人均占有量的 21.3%，人均森林蓄积量只有全球人均蓄积量的 1/8，人均占有森林面积仅排在全球第 120 位，森林资源分布不均，因此，探究森林生态价值符合时代发展的宗旨。习近平总书记在《摆脱贫困》一书中提出“森林是水库、钱库、粮库”这一绿色生态理念（习近平，1992），这一理念蕴含着人与自然、经济与生态自然和谐发展的深刻哲理。

近年来，我国原始森林面积平均每年以 5000 km^2 的速率减少，水土流失、土地荒漠化、湿地退化、生物多样性减少、大气污染事件频发等问题依然较为严重，森林生态系统维护生态平衡的重要作用尚未得到充分发挥。北京松山国家级自然保护区作为北京森林生态系统保存相对完整的森林公园之一，自然资源丰富，植被种类繁多，是北京市生态保护屏障，北京市生态系统的服务功能有涵养水源、保育土壤、固碳释氧、积累营养物质、净化大气环境、森林防护和生物多样性保护等，对于北京市的生态平衡有着不容小觑的作用，对于北京市的生态系统建设方面更是有着不可或缺的作用，能够充分改善和优化北京市的生态环境，同时也具有休闲、康养、旅游服务等附加价值。2022 年冬季奥林匹克运动会在中国举办，松山国家森林公园的北部承担高山滑雪比赛项目，在生态保护和景观区域规划方面极其重要。开展对松山森林生态系统典型植物群落物种多样性、主要树种生物量及生产力、土壤养分、不同林分降雨再分配过程、不同林分水质效应和森林公园景观格局及网络优化研究，对森林生态系统的管理、资源保护和森林资源的可持续发展提供了科学依据。

1.2 研究目的和意义

森林生态系统是人类繁衍生息的根基，是人类可持续发展的保障，是社会经济发展的重要基础。当今世界正面临着森林资源减少、水土流失、土地沙化、环境污染、水资源匮乏、水质污染、部分生物物种濒于灭绝等一系列生态危机，各种自然灾害频繁发生，严重威胁着人类生存和社会经济的可持续发展（曾德慧 等，1999）。在严重的生态危机面前，人类已经开始觉醒，深刻认识到森林的重要地位和关键作用，并开始采取行动。保护森林、发展林业、改善环境、维护地球生态平衡，已经成为全球环境的主题，受到国际社会的普遍关注。近年来，林业改革发展取得了举世瞩目的成就，生态建设取得重大进展，北京市百万亩平原造林工程顺利实施，生态功能显著提升，为国民经济和社会发展做出了重大贡献。在全国生态环境保护大会上，习近平总书记指出，我国生态环境质量持续好转，出现了稳中向好的趋势，但成效并不稳固。生态文明建设正处于压力叠加、负重前行的关键期，已进入提供更多优质生态产品以满足人民日益增长的优美生态环境需要的攻坚期，也到了有条件有能力解决生态环境突出问题的窗口期。大力发展林业事业，充分发挥森林生态系统的多种功能，成为推进经济社会可持续发展的重要保障。

针对我国原始森林面积逐年减少和城市森林绿化面积逐步增加的现状，本书以北京松山国家级自然保护区典型树种为研究对象，通过实地考察、监测与分析，探究植物群落的物种多样性及其与生态系统稳定性的相互关系、典型林分生物量和生产力的大小及如何分配、不同植被类型下土壤养分状况、不同林分水文特征及景观分布与地形差异的关系，为北京松山国家级自然保护区建设与管理提供理论依据，同时为北京城市森林水文环境保护、土壤养分维护、大气环境净化及生物多样性保护提供重要参考依据，为北京冬奥会在松山的合理建设与周边环境治理提供理论指导和数据支持。

1.3 国内外研究进展

1.3.1 森林物种多样性研究进展

森林生态系统由多物种组成，物种作为生物存在、进化和分类的基本单元，既是遗传多样性的载体，同时又是生态系统多样性的组成成分，因此，物种水平的多样性即物种多样性，是生物多样性的重要表现形式（宋延龄 等，1998）。森林生态系统结构越复杂，物种多样性越丰富，服务功能越高。然而，随着人类对森林的不断采伐，森林面积越来越少，森林物种多样性以失控的速度锐减。根据联合国 2019 年在巴黎发布的《森林生物多样性和生态系统服务全球评估报告》显示，如今在大自然 800 万个物种中，有 100 万个正因人类活动而遭受灭绝威胁，全球物种灭绝的平均速度已经大大高于 1000 万年前。植物物种多样性是生物多样性中以植物为主体的一个分支，是生物多样性在植物物种水平上的重要表现形式。近年来，植物物种多样性一直是国内外学者的重要研究方向，如干扰对涅帕东部热带湿润森林地区植物物种多样性的影响（Gautam et al.，2018）、植物物种多样性对碳储量的影响（Markum et al.，2013）、植物物种多样性的损失降低了西藏高山草甸的土壤质量（Zhou et al.，2019）、植物物种多样性和地上凋落物输入对土壤细菌群落的影响（Leloup et al.，2018）、养分添加和降水变化对荒漠草原植物群落物种多样性和生物量的影响（杜忠毓 等，2020）、中国裸子植物的物种多样性格局及其影响因子（吕丽莎 等，2018）、基于高分 2 号遥感数据估测中亚热带天然林木本植物物种多样性（刘鲁霞 等，2019）、外来入侵植物物种多样性的空间分布格局及与本土植物之间的关系（冯建孟 等，2010）、北江干流河岸带植物物种多样性的纵向梯度效应（赵清贺 等，2018）、郑州黄河湿地自然保护区植物物种多样性对人类活动的响应（赫晓慧 等，2014）。

物种多样性测定根据采样的尺度不同可分为α、β、γ多样性（Whittaker, 1972）。α多样性指同一地点或群落中物种的多样性，是由种间生态位的分异造成的，其测定分为4类：物种丰富度、物种的相对多度模型、生态多样性指数、均匀度指数（马克平 等，1994）。β多样性指沿着环境梯度的变化物种替代的程度，包括物种周转速率、物种替代速率、生物变化速率（Pielon, 1975），其测定方法可分成两类：数量数据测度法和二元属性数据测度法。γ多样性是α多样性和β多样性的总和（马克平 等，1995），指一定区域内总的物种多样性的度量，公式为：$\gamma=\alpha\times\beta$。研究群落物种多样性的组成和结构多采用临时样地中的典型取样法（王伯荪，1987）。研究物种多样性的梯度变化特征采用样带法或样线法（马克平 等，1997；叶万辉 等，1998）。不同群落多样性调查方法、面积和数量均会影响多样性分析结果（刘灿然 等，1997）。世界各国不同的学派，开展植被研究所采用的野外调查取样方法不同，陆地植物学方面的学派可分为法瑞植物社会学学派和英美植物生态学学派（金振洲，2009）。我国受英美学派的影响较大，大部分学者沿用该学派取样方法对中国森林群落进行研究。我国也有法瑞学派的研究者，如Braun-Blanquet的得力助手朱彦承，用法瑞学派的方法研究了香格里拉哈巴雪山和滇东南文山西畴草果山的植被、昆明西山青冈栎群丛等（朱彦承 等，1981）；Tüxen的学生郑惠莹对东北松花江和嫩江平原的草原植被进行了全面深入的调查；宋永昌（1994）师从Ellenbeng和Dienschke教授，回国后对浙江天童国家森林公园的植被和植物区系进行研究。物种多样性的空间分布格局受许多环境因子的影响（Grime, 1979; Huston, 1994），它沿环境梯度的变化规律是多样性研究的一个重要问题（Kratochwil, 1999）。目前较多的研究主要围绕海拔梯度、纬度梯度、水分梯度、土壤养分梯度、演替梯度等。研究物种多样性的梯度格局以控制这些格局的生态因子，是保护生物学研究的基础（Noss, 1990）。群落正向演替是指植物群落在发展变化过程中，由低级到高级、由简单到复杂、一个群落代替另一个群落的自然演变现象。植物群落的演替过程是群落的植物部分与土壤因子之间的协同演替，各演替梯度的差异不仅体现在物种组成与结构上，与环境的改变也有关。

设立自然保护区仍然是保护生物多样性的核心举措（Cumming et al.，2015），是实现生物多样性及其生态系统服务的重要途径。北京松山森林生态系统物种丰富、群落结构复杂（苏日古嘎 等，2013），1986 年建区初期，由于重视不足、管理落后及资源过度开发，导致生物多样性受到严重威胁。目前已有针对松山森林生态系统的人为干扰、生态旅游、环境教育与保护，以及森林资源及其服务价值评估等。地形、海拔等所引发的环境综合作用共同控制物种组成与多样性的空间分布特征（牛丽丽 等，2008；张赟 等，2009；Grytnes et al.，2006）。因此，不仅要注重群落物种组成和多样性保护，同时探讨环境变化造成的群落间多样性差异也至关重要。

1.3.2 森林生物量及生产力研究进展

日益减少的森林资源、人类对森林利用部分的日趋增大和对森林物质循环与能量流动研究的发展，使得许多生态学家对森林中有机质的积累、变化、分配规律和产量结构特点进行了广泛且深入的研究（叶镜中 等，1983）。其中，森林生物量和生产力的测定是研究森林生态系统的重要内容之一。森林生物量是指森林生态系统在森林演替、人类活动、自然干扰、气候变化和大气污染等因素的综合作用下，长期生产与代谢中积累的结果，是森林生态系统运转的能量基础和物质来源，是衡量和评价森林生态系统结构和功能的重要指标（王超 等，2017）。净初级生产力是指绿色植物在单位面积和时间内积累有机物的数量，代表从空气中进入植被的纯碳量，是评价森林生态系统结构和功能的重要指标（Kimmins, 2005; Lü et al.，2010）。森林植被是陆地生物圈的主体，其生物量和净生产力各约占整个陆地生态系统的 86% 和 70%（Lieth et al.，1975）。

森林生物量和生产力作为森林生态系统最基本的数量特性，是研究森林碳储量和碳汇及其他林业生产和生态问题的必要基础。此外，森林生物量不仅是森林生态系统价值和生态资产评估的重要指标，也是分析森林生态系统营养物质循环和能量交换的重要基础。因此，在过去的几十年中，森林生物量和生产力的准确测定对于了解不同植被类型碳储量大小、不同立地条件下树木生长过程、森林生态系统的数量变化特征和缓解陆地使用变化引起的温室效应起到重要作用（孟盛旺，2018）。对于森林生物量及生产力的研究最早由19世纪末德国林学家Ebermeryer提出，他测量了不同树种的木材和枯落物重量，用于研究树木的耐阴性和自然整枝程度（项文化，2003）。一直到20世纪50年代，对于森林生态系统生物量及生产力的研究均较为分散，但为之后的研究积累了深厚的数据基础（康乐，2012）。20世纪50年代开始，相关研究逐渐受到重视，70年代提出的国际生物学计划研究了地球上主要森林植被的生物量和生产力，估算了地球生物圈的总生物量，取得了一系列研究成果，初步确立了全球森林生态系统生物量和生产力的分布格局（吴鹏 等，2012）。我国对于森林生物量和生产力的研究同样始于20世纪70年代，最早冯宗炜以杉木人工林为研究对象开展试验。1981年，李文华等以长白山温带天然林为例首次在国内系统地介绍了森林生态系统生物生产量的测定方法和研究成果，其后薛立等先后建立了主要森林树种相对生长方程用于估算其生物量。冯宗炜等总结了全国不同森林类型的生物量及其分布格局（薛立 等，2004）。到了21世纪初，我国学者已对全国上百个地区的几百种树种的生物量及生产力开展了研究，研究对象以杉木（*Cunninghamia lanceolata*）、油松（*Pinus tabuliformis*）等树种为主，为我国森林生态系统的研究提供了理论依据（康乐，2012）。

近10年来，相关研究强调大尺度和区域性，集遥感技术、地理信息系统和全球定位系统技术为一体的“3S”技术与大数据等技术的快速发展为森林资源调查提供了有力支持。将传统的森林清查数据与高分卫星影像的调查结果相结合，用先进的技术手段实现研究尺度的多样化，将观测数据，整合并构建网络共享平台是未来的发展趋势（项文化 等，2003）。森林生物量和生产力的动态变化对人们科学地进行森林培育与利用具有重要的参考价值，对于提高营林水平和林产品利用效率具有重要意义（周本智 等，2013）。生物量模型对于各种尺度的生物量估测至关重要，如何提高模型的估测精度和解决生物量模型的相容性问题一直是生物量模型研究的核心问题（黄鑫 等，2019）。邹春静等（1955）通过对长白松（*Pinus sylvestris* var. *sylvestriformis*）人工群落生物量和生产力的一系列研究，得出长白松人工林群落结构特性。温元光等（1988）通过调查广西不同生态地理区域杉木人工林中的生物量生产力，建立了广西不同区域林木各器官生物量回归方程。刘玉萃等（2001）通过对内乡宝天曼自然保护区中的锐齿栎林生物量和生产力的研究得出，植物的净生产量与叶面积指数、叶量呈正相关，与叶效率呈负相关。

以往学者对我国各森林生态系统的森林生物量及生产力已有研究，但是关于北京松山森林生态系统的研究均为针对天然油松林及灌木生物量的研究，还未有对北京松山森林生态系统不同林分生物量及生产力的研究，因此，本研究有利于保护区的森林资源得到科学的保护和合理的开发利用。

1.3.3 森林土壤养分研究进展

森林生态系统中，土壤为重要构成部分之一，可为林木正常生长提供重要物质资源（Jenny, 1984）。但土壤并不是源源不断、永无止境的资源库，由于城市化进程的加快，有限的土壤资源和人类对土壤的需求出现矛盾，且日益严峻。如果人类继续违反自然规律，不合理地利用土壤资源，就会导致一系列的问题，如土壤污染、水土流失、土地荒漠化等（孙向阳，2005）。同时，近年来土壤养分含量降低、人工林地衰退、物种多样性下降等问题逐渐成为人们的讨论话题和研究热点。

德国科学家指出植物会很大程度上受到土壤不同养分含量的影响（陈婷敬, 2015）。德国学者 Anderson（1975）在国外最早进行人工林养分含量的测定，他在 1896 年测定了德国巴伐利亚地区针叶林和阔叶林的养分含量，且在其著述《*Succession Diversity and Trophic Relationships of Some in Decomposing Leaf Litter*》中详细解说森林土壤养分的主要来源为凋落物，在土壤动物和土壤微生物的共同协作下逐级进行分解，说明森林凋落物在养分循环中具有举足轻重的地位。北美、欧洲等国家的土壤学研究者在研究森林土壤养分性质等方面取得的进展相对显著（Doran et al., 1996）。Pieri 等（1995）的研究表明，在各种因素的作用下，养分限制的表现形式不同，在山地森林中养分限制普遍存在。在个别山地森林里，树叶中的 N、P、K 含量会随海拔的升高而下降，Mg、Ca 含量均无明显规律。

国内学者对森林土壤养分的研究主要集中在土壤养分的空间变异性、土壤肥力、施肥、土壤微生物生物量、土壤养分指标、不同林分、林分密度及林龄等环境条件下土壤养分会如何变化，以及对这些变化实施的应对措施。例如，游秀花等（2005）对武夷山风景区的 3 种半人工林或人工林（竹林、经济林、茶园）和 3 种天然林［阔叶林、马尾松（*Pinus massoniana*）林、杉木（*Cunninghamia lanceolata*）林］的土壤养分含量进行了检测研究，发现不同林分类型的土壤养分含量具有明显的差异性，人工林或半人工林的各养分指标均优于天然林（Tanner et al.，1998）。他还比较了闽北低山区不同林分类型土壤中微量元素含量，研究表明在此山区的不同林分下土壤中各全量和微量元素含量基本相近，除个别元素含量差异较明显外，土壤全量与微量元素含量之间存在一定的相关性。同时，曾曙才等（1999）研究苏南丘陵区的主要林分类型土壤养分元素，结果发现，林分土壤微量元素的主要供应来源是枯落物，土壤中的微量元素会受植物富集作用的影响。随着研究者们不断深入地探究，土壤学理论日益完善。历经一段漫长岁月，土壤学已形成一个比较完善的科学体系。时至今日，关于土壤养分的研究主要集中在土壤物理性质、土壤大量元素、土壤速效元素和微量元素这几个方面。

松山森林生态系统对环境保护和生态系统改善贡献的重要性不言而喻。前人对北京松山土壤养分的研究都集中在天然油松林，包括油松针叶功能形状对土壤的响应和土壤养分与坡位的关系等，缺乏针对不同林分之间土壤养分差异的研究，因此，对该区不同植被类型下土壤养分状况展开研究，有利于认识松山森林生长和土壤养分形成之间的关系（Augustol et al.，2002），对松山森林生态系统的保护和管理具有重要意义。

1.3.4 森林水文效应研究进展

森林水文学是研究森林与水之间关系的一门学科，起源于 19 世纪末的欧美国家（王礼先 等，1990）。19 世纪 60 年代，德国学者对林冠层截留进行研究，并建立了世界第一个森林气象站，主要对林内降水、森林蒸发量进行观测，是现代森林水文研究的开端。1978 年，奥地利学者开展森林截留降水与蒸腾关系的研究，进一步细化了森林与水的关系（Franklin，1989）。20 世纪初，国外学者在瑞士 Emmental 山地对同一区域内 2 种不同生态系统的水文过程进行对比试验，预示着现代森林水文研究迈入新起点（Bosch et al.，1982）。苏联专家聂斯切洛夫提出林地与裸地对大气降水的响应存在显著差异。美国学者在 1948 年首次提出森林水文学的概念，其内容包括两个方面：一方面是通过对森林水文机制和水文特征的分析，探究林冠层、枯落物层及土壤层水文效应及变化规律；另一方面是从森林植被个体研究转变为整个系统水分循环、能量流动过程的研究，从宏观角度诠释森林与水文之间的相互联系，为当代森林水文研究指明新的方向（McCulloch et al.，1993）。此后几十年里，国外学者对森林与水关系的研究不断推进，获得多项研究成果。1992 年，Ingram 在联合国水和环境国际会议上首次提出了生态水文学概念（Whitehead et al.，1993），该理论以森林植被与水的关系为基础，对森林、湿地和河流等大流域的生态水文进行研究。Ghimire（2013）和 Zalewski（2014）通过建立水文模型的方法对生态水文相关内容进行深入分析。21 世纪初期，联合国相关组织将 Pauatanayak 提出的森林固碳、生物多样性保护、林地水源涵养及森林游憩等内容纳入生态系统与生物多样性评价体系（Muntadas et al.，2015），进一步完善了森林水文学的研究内容，同时还推动森林水文研究向多领域协同发展。

国内森林水文研究起源于 20 世纪 20 年代中期，在新中国成立后逐渐发展和推广。自 20 世纪 50 年代起，各地林业部门、农林院校和相关科研单位通过设立野外观测站等方式对国内各种森林类型进行长期定位观测并取得多项研究成果。刘世荣（1996）将国内典型森林生态系统的观测数据进行大量统计对比，总结了国内多种森林类型的水文特征及变化规律。目前，国内学者多以单一树种的水文过程或典型林分林地水源涵养功能为研究重点，缺乏对不同植被类型水文过程的综合分析（韩春 等，2019）。随着森林水文研究的不断深入，单一的水文过程研究不足以体现森林与水的关系，因此，国内外学者将森林水文研究与统计学相结合，通过构建生态模型、等价替换等方式对森林生态水文功能做出更具科学性和准确性的评价。由于森林生态水文功能评价方法众多，所选参数和评价标准不同，导致评价结果产生较大差异。当前评价方法主要包括：综合分析法、层次分析法、影子工程法和主成分分析法等（苏琪琪，2018）。孙浩（2016）使用综合分析法对六盘山营林区 4 种典型林分进行评价，表明复层林的生态水文功能强于单层林。霍小鹏（2019）用相同评价方法对川西亚高山不同植被类型林地水文效应进行评价，评价结果为原始冷杉（Abies fabri）

林最强，其次是灌木林和桦木林，刺槐（*Robinia pseudoacacia*）林较弱。刘芝芹（2014）分别选用层次分析法和影子工程法对云南高原山地典型小流域森林植被进行评价，得出华山松（*Pinus armandii*）+ 云南松（*Pinus yunnanensis*）+ 马桑（*Coriaria nepalensis*）混交林在有效提升森林水文效应和调节洪峰的经济效益上表现最优。在众多评价方法中，主成分分析法的分析过程更加客观、合理，在一定程度上弥补了其他评价方法在确定变量权重上的不足，因此得到国内学者的广泛运用。李婧（2012）运用主成分分析法对三峡库区主要森林类型的水文效应进行评价，得出各种森林类型的水文效应由强到弱的顺序为：常绿阔叶林＞常绿阔叶 + 落叶阔叶混交林＞落叶阔叶林＞暖性针叶林。徐杰（2016）选用主成分分析法对衡东砂页岩红壤地区 3 种林分水土保持效应进行综合评价，各林分水土保持效应由大到小顺序为：樟树（*Cinnamomum camphora*）+ 枫香（*Liquidambar formosana*）混交林＞马尾松 + 樟树（*Cinnamomum camphora*）混交林＞湿地松（*Pinus elliottii*）+ 栾树（*Koelreuteria paniculata*）混交林。张展（2012）运用主成分分析法对澧水源头区域水源涵养林水源涵养能力进行综合评价，认为营造木荷（*Schima superba*）+ 润楠（*Machilus nanmu*）混交林能有效提升澧水源头区域林地的水源涵养能力。结合本研究的特点，认为选用主成分分析法对不同林分的生态水文功能进行综合评价，其评价结果更加科学合理，能切实反映出各林分生态水文功能的现状。

森林与水的关系是森林水文领域的研究热点，近年来国家大力提倡生态文明建设，改善北京地区生态环境问题刻不容缓。松山森林生态系统在水源涵养、抵御风沙和净化空气等方面起到重要作用。松山森林生态系统自然资源丰富，植被种类繁多，各种林分类型由于其树种组成、结构特征等方面差异，将直接影响对降水的分配效果，之前关于北京松山森林水文的研究大多是针对同一林分或同一层面，因此探究不同林分水文特征和功能，筛选水文功能最佳的林分类型，有助于揭示不同林分水文功能现状，为松山森林生态系统建设与管理提供理论依据。

1.3.5　森林生态系统水质研究进展

森林对降水水质影响的相关研究已有近百年的历史。目前，国内外学者围绕森林生态系统物质循环过程、森林对降水中化学物质再分配与迁移扩散规律和森林水质整体评价等开展了大量研究，逐步揭示了森林对水质离子的淋溶和贮存这一高度动态过程的影响机制，证实了森林对部分水体污染物的净化作用（刘世海 等，2002；张龚 等，2003：关俊祺，2013）。地理信息系统（GIS）技术也逐渐应用于水质的动态模拟和评价、流域的水文生态效益评价等（Singh et al.，2020）。鲁如坤等（1979）从1976年开始在浙江金华地区收集雨水样品，主要分析了NH_4^+–N、NO_3^-–N、P、K、S等因子的养分含量，发现S、N含量较高。Parker在1983年对全球各地降水化学资料进行加权平均，其结果表明：全球范围内降水中化学元素含量大小顺序依次为：S ＞ Na ＞ Cl ＞ N ＞ Ca ＞ K ＞ P（Parker et al.，1983）。

林冠层是大气降水携带各种化学物质进入森林生态系统后接触的第一个层面，森林内部的降水再分配过程及水化学循环由此开始。已有多位学者对林冠层影响降雨水质方面进行了研究，其结果往往受到多种因素的影响。首先是林分因素（树种、林龄、郁闭度和物候期等）（John et al.，2012；Delphin et al.，2014；Keles，2018）：树种方面，蒙古栎（*Quercus mongolica*）叶片因具有较厚的蜡质层，在一定程度上会阻止叶片的分泌物质溶于水中（章迅 等，2017）；郁闭度方面，研究发现20%间伐强度有利于森林冠层对Pb^{2+}、Zn^{2+}和Cd^{2+}的截留净化（赵晓静 等，2015）。降雨属性（降雨强度、降雨量和雨水化学成分等）也与穿透雨水质有较大关系，雨水中化学元素浓度低表示林冠发生淋溶效应，而化学元素浓度高则以叶片截留吸收作用为主。虽然水化学循环一致模式很难确定，但穿透水被广泛认为是最大限度地向土壤传递养分的途径（Luna et al.，2019）。枯落物层是降雨进入森林生态系统后接触的第二个层面，它是连接森林地上与地下部分的纽带。枯落物分解包括可溶成分的淋溶过程、难溶成分的微生物降解过程和生物作用与非生物作用的碎化过程（孙志高 等，2007），这些过程都在直接或间接地影响森林降雨水质。枯落物层生物十分活跃，土壤动物和微生物通过吸收必需的碱性阳离子及某些阴离子来满足其需求（Shabani et al.，2013），除此之外，枯落物层中活性表面的吸附位点也会对盐基阳离子产生吸附从而使其浓度降低（Habashi et al.，2019）。Moslehi（2019）发现降雨进入森林枯落物层后，近50%的溶解态碱金属离子吸附到固相或被生物固定，阻止了它们向深层土壤淋溶。枯落物厚度也会影响其固定离子的效果，如赵晓静（2015）发现枯落物较厚的样地对 SO_4^{2-} 净化作用要比间伐过的样地高出50%。土壤层是大气降雨进入森林生态系统后经历的最后一个层面，也是发挥作用最关键的一个层面。雷瑞德（2003）在研究中发现锐齿栎林土壤层对离子的净化效果呈现负效应，主要受到F和Zn元素的影响。另外，由于森林土壤结构复杂、疏松多孔、成分多样、微生物众多且具有不同程度的分解能力，再加上植物根系对雨水中所含物质的吸收利用，会使土壤中一些元素重新参与到森林生物化学循环中导致其含量降低（马向东 等，2009；Zhu et al.，2019）。不同深度土壤层对水质的影响结果各不相同，一些水质污染元素会随着土壤深度的增加而减少，反映出森林土壤化学储滤机制对于输出环境的径流水质量有显著改善作用（陈步峰 等，2004）。土壤浅层空隙大，植物根系分布较多，也最为活跃，因此往往水质变化波动较大（Tu et al.，2014）。大气降水在进入森林生态系统经历了林冠层、枯落物层和土壤层的一系列淋溶和截留后，最终以溪流的形式从森林生态系统输出（葛晓敏 等，2020），水质发生一定变化。一方面，土壤岩石风化物、植物和生物遗体上的各种有机物溶解及一定程度的水蚀，会增加水中化学元素含量（Sakinatu et al.，2017; Bogdał et al.，2019）。Oulehle（2017）发现地质风化作用是导致溪流中Ca、Mg和Na升高的主要原因，降雨事件导致的N、P沉降也可能导致径流水体富营养化（徐冯迪 等，2016）。另一方面，降水通过森林流域变为溪流时，可能除去某些溶解成分，大部分研究结果表明森林输出的降水水质往往得到一定程度的净化。Davis（2014）发现，造林5年后，溪流中 NO_3^--N 含量显著下降。导致溪流水质不同结果的原因是多方面的，降雨类型、成分、气候变化及森林类型是首要因素（李勇 等，2015）。

森林与水质的研究已成为森林生态水文学研究的重点和热点，如何为保障人民生活水平及各国持续稳定发展提供优质的水源已成为世界性的重要课题，因此，分析森林水环境化学变化对于了解森林净化水源的作用机制具有重要意义（赵宇豪，2017）。北京松山森林生态系统位于北京市规划的生态涵养区，承担着重要的生态功能。目前未有学者针对松山地区不同林分的水质进行研究，因此，在该区域开展森林生态系统净化水质的相关研究，对于调节水质、保护水源等方面具有极为重要的现实意义。

1.3.6 森林景观格局与网络优化研究进展

国内外有关森林生态系统规划建设和景观功能提升的研究已趋于成熟（Bartsch et al.，1985；Carreiro et al.，2008），对于城市森林群落结构（Nowak et al.，2016）及其生态服务功能（Vidra et al.，2008）的研究逐渐成为热点。研究者从生态学的角度围绕森林生态系统展开研究，涵盖森林生态系统的物种多样性、群落结构稳定性（Mörtberg，2001；Poland et al.，2006；Bühler et al.，2016）、生态效益评价（Göktuğ et al.，2015）、森林康养（Nowak et al.，2001）、地区景观评价等诸多方面，并取得一定进展。

景观生态学理论最早是由欧洲及北美提出的，该理论在当时就有突破性进展（吕一河 等，2007）。1939 年，Troll 提出景观空间技术，即 RS 和 GIS 技术（邬建国，2000）。20 世纪 80 年代，Forman 和 Godron 将景观生态学的研究重点转移到景观空间格局和生态学的整合，提出以“斑块—廊道—基质”（何东进 等，2003）和“尺度变化”理论支撑的景观格局系统构架（Forman et al.，1986）。针对景观格局的分析，国外学者集中针对景观格局变化的驱动机制（Kilic et al.，2006；Samaniego et al.，2006；Kamusoko et al.，2007）、时空演变规律（Dezso et al.，2005；Muttitanon et al.，2005）和模拟与预测（Fox et al.，2005；Verburg et al.，2006）进行研究，对景观格局变化出现的问题提出相关合理解决建议。20 世纪末，我国追随时代脚步发展和国外先进理念及技术，深入研究景观空间结构布局规划，基本达到与北美地区景观格局研究分庭抗礼的程度，取得丰富的研究成果（吕一河 等，2007）。肖笃宁等（1990）在《景观生态学的发展和应用》中提出了关于“景观格局”和“景观格局指数”的概念，指出其含义和指数在景观中的应用规范，标志着国内景观格局的开端。刘海燕提及 GIS 技术在景观生态学、景观格局研究方面的应用，扩展了研究景观格局的空间信息技术范围，由此为景观格局的研究奠定基础，地理信息系统已然成为景观格局研究的重要手段（刘蕴瑜，2019）。如今，在学科交叉研究背景下，生态网络研究得到全新发展。生态网络逐渐融入城市景观规划建设当中，包括区域景观规划、生物多样性保护、维持生态系统平衡、旅游美学及康养价值等。生态网络的加入可以有效避免景观规划不合理的问题，同时对保护生态系统生物多样性、维持生态系统平衡发挥重要作用，能够有效平衡未来人与自然之间对物质需求和空间需求的矛盾（Turner, 2006）。国外学者针对生态网络在模型和方法的研究上都取得很大的进展，包括空间隐式复合种群模型、输入一输出模型和 Markov 模型等（吕春东，2019）。我国生态网络规划和实施起步较晚，随着城市化进程的加快，生态网络的研究逐渐走向成熟。卿凤婷（2016）针对北京顺义的生态网络建设进行全面研究和规划，指出利用最小费用模型技术对该地区潜在的生态结构进行全面布局和优化，进而搭建出一个能够整合所有结构类型的综合性生态网络，对此提出了较为可行的改进建议。

诸多过往学者们总结出颇多关于森林生态系统景观格局与网络优化研究的方法和标准，但是研究者大多研究森林生态系统的景观格局与网络优化存在于区、市、省的森林生态系统的整体性分析，并没有单一尺度地对一个森林生态系统的长期景观格局动态变化进行探究。因此，对单一森林生态系统景观格局时空动态分析的研究也是本研究需要学习和发掘的核心内容。

1.4 应用方向或应用前景

北京松山森林生态系统是北京地区重要的生态屏障，目前已有针对松山森林生态系统的人为干扰、生态旅游、环境教育与保护，以及森林资源及其服务价值评估等方面的研究（于澎涛 等，2002；于航 等，2010；张玉钧 等，2012）。但是在关注森林生态效益的同时，也要注重森林的经营管理，实现可持续发展。《国家中长期科学和技术发展规划纲要（2006—2020 年）》把生态问题列为科学技术发展的重点领域。开展松山森林生态系统生态功能研究，符合现代人类对优美环境的生态需求，有利于新时代中国生态文明的建设，契合国际科技发展趋势，对于北京和其他区域城市森林恢复和重建必要且迫切。

2 研究区概况

本研究所指松山森林生态系统即松山国家级自然保护区，作为北京市西北方向保存最完好的生态系统,其独特的地理区位使松山自然保护区在水源涵养、抵御风沙及空气净化等方面具有重要作用。松山自然保护区内群山叠翠，古松千姿百态，山涧溪水淙淙，谷中山石嶙峋，生物多样性丰富。保存华北地区唯一的大片珍贵天然油松林，以及保存良好的胡桃楸（*Juglans mandshurica*）、椴树（*Tilia tuan*）、白蜡（*Fraxinus chinensis*）、榆树（*Ulmus pumila*）、桦树（*Betula platyphylla*）等树种构成的华北地区典型的天然次生阔叶林。由于森林覆盖率高，这里野生动物的种类也相当丰富，据统计，松山记录到的野生维管束植物有 783 种，野生脊椎动物 216 种。松山自然保护区的建立，为研究华北地区生物演替变化规律提供了一个适宜的场所，作为首都自然保护工作的一个窗口，它在石质山区物种的保护、现有植被改善，以及结构调整等内容的科学研究、参观考察、自然科学教育及促进国内外学术交流方面发挥了积极作用。

2.1 地理位置

松山森林生态系统位于北京市西北部延庆区海坨山南麓，地处燕山山脉的军都山中，地理坐标为东经 115°43′44″~115°50′22″，北纬 40°29′09″~40°33′35″，距离延庆城区 25 km，距北京市区约 90 km。四周与山川和城市相连，西、北分别与河北省怀来县和赤城县接壤，北依主峰大海坨山，东、南分别与延庆区张山营镇佛峪口、水峪等村相邻。

2.2 地质地貌与土壤

松山森林生态系统地处燕山山脉与太行山脉交汇处的军都山中，属于华北台地类型燕山褶皱带一部分，地势呈北高南低，东、西部地貌差异十分明显。由于山地抬升运动及河流下切，形成多个峡谷、宽谷和山岭，由北至东发育的山沟多为陡峭的“V”形峡谷，西部多为覆盖两级阶地以上黄土层的宽谷。土壤类型随海拔升高而变化，主要分为山地褐色土、棕色森林土和山地草甸土3种。山地褐色土主要分布于1200 m以下的阳坡和900 m以下的阴坡，又分为典型褐色土、石灰性褐土和淋溶褐土；棕色森林土主要分布于800~1200 m的阳坡和900 m以上的阴坡；山地草甸土主要分布于海拔1800 m以上的山顶地带。

2.3 气候及水文

松山森林生态系统位于暖温带大陆性季风气候类型区，属于典型山地气候。由下至上垂直分布4种气候带，分别为海拔700~1000 m低山温暖气候带、海拔1000~1300 m中山下部温湿气候带、海拔1300~1800 m中山上部冷湿气候带及海拔1800 m以上高寒半湿润气候带。保护区年平均气温在8.5 ℃左右，是北京地区的低温区之一，年平均日照时长约为2800 h，无霜期为150 d，年降水量在400~600 mm（典型雨热同季气候），高温和降水主要集中在生长季（5—9月），独特的气候特点为多类物种生存繁衍提供了保障。

松山森林生态系统水文形成主要依靠地下水和大气降水。由于花岗岩在发育过程中产生龟裂，使岩石内部形成部分断层和破碎带，为地下水蓄存创造出得天独厚的条件。大气降水通过岩石体裂缝进入其岩石内部，形成裂缝水，再渗入沟谷，最终汇聚成泉水流出。松山森林生态系统拥有丰富的地下热水资源，主要通过岩体的断裂带将靠近热源的地下水涌上地表，形成富含矿质元素的温泉水。

2.4 植被状况

松山森林生态系统自然资源丰富，植被种类繁多。松山自然保护区管理局最新调查结果显示，截至 2013 年，区内维管束植物共计 109 科 413 属 783 种及变种，占北京地区同类植物总数的 49.80%。野生品种共计 106 科 380 属 713 种及变种，其中蕨类植物 14 科 18 属 26 种、裸子植物 3 科 4 属 5 种、被子植物 88 科 358 属 682 种，均为华北地区常见物种。菌类和苔藓资源也极为丰富，已知大型真菌共计 2 亚门 3 纲 6 目 23 科 55 种，苔藓种类共计 28 科 62 属 115 种。此外，松山森林生态系统保存着华北地区仅存的天然次生油松林和典型落叶阔叶混交林，分别生长于核心区域东部的松树梁上和海拔 1000~1600 m 的西半部阴坡之上，落叶阔叶混交林内植被种类主要包括蒙古栎、山杨（*Populus davidiana*）、毛白杨（*Populustomentosa*）等。

3 研究内容与方法

3.1 研究内容

3.1.1 不同林分植物物种多样性研究

基于2017年对松山森林生态系统4种林分（油松纯林、蒙古栎纯林、针阔混交林和山杨纯林）植物群落物种数据调查，通过选取α、β多样性指数描述植物群落乔、灌、草本层植被多样性特征，揭示影响植物群落多样性的主导因素，为进一步分析森林生态系统功能发挥及自然保护区后续建设与保护措施的制定提供数据支撑。

3.1.2 不同林分生物量及生产力研究

以松山森林生态系统4种典型林分（油松纯林、蒙古栎纯林、针阔混交林和山杨纯林）为研究对象，通过生物量回归方程对森林生态系统中乔木层各部分器官（干、枝、叶和根）的干重进行估测，推算各主要树种的生物量和生产力，为北京山地森林生态系统可持续经营及调控提供科学依据。

3.1.3 不同林分土壤养分研究

以松山森林生态系统4种典型林分（油松纯林、蒙古栎纯林、针阔混交林和山杨纯林）为研究对象，对各林分的土壤进行主成分分析，探究不同林分类型对土壤有机质、长效养分和速效养分的影响，对认识森林生长和土壤养分形成之间的关系具有重要意义。

3.1.4 不同林分降雨再分配过程研究

以松山森林生态系统 4 种典型林分（油松纯林、蒙古栎纯林、针阔混交林和山杨纯林）为研究对象，通过对不同林分林冠层、枯落物层及土壤层各项水文指标进行测定，分析不同林分水文特征和降水分配差异性，揭示不同林分降水分配特征及水文功能效应。

3.1.5 不同林分水质效应研究

以松山森林生态系统 4 种典型林分（油松纯林、蒙古栎纯林、针阔混交林和山杨纯林）为研究对象，通过测定不同林分林外降雨、穿透雨、枯透水、地表径流和壤中流、溪水、地下水和库区水水中的水溶性无机离子，利用主成分分析法进行评价，进而探讨不同林分不同空间层次对大气降雨水质的影响，以及森林生态系统养分输出对库区水、地下水和溪水的影响，揭示不同林分不同空间层次对降雨中水质离子影响的特征，筛选出对水质净化效果最佳的林分类型。

3.1.6 森林景观格局及网络优化研究

以松山森林生态系统为研究对象，通过借助保护区 2010 年、2015 年和 2020 年森林资源二类调查数据及遥感影像，利用地理信息系统（GIS）获取保护区土地覆盖类型数据，建立景观类型分类体系，形成完备的数据库，分析保护区景观格局动态变化及驱动力，基于最小积累阻力模型（MCR）构建保护区潜在生态廊道，提出景观格局及网络优化对策，将景观功能和生态服务功能实现最优化，为城市森林景观区域规划及可持续发展战略提供科学依据。

3.2 研究方法

3.2.1 研究对象选取及样地调查法

分别在所选林分内设置一块面积为 60 m × 60 m 的标准样地（图 3-1），并测定各样地的海拔（m）、坡度（°）、坡位、坡向等；样地内植被调查遵循每木检尺的原则，调查内容主要包括植被种类、树高（m）、胸径（cm）、林分密度（株/hm^2）等。根据样地调查结果在各林分样地内选取具有代表性的植株标记为标准木。将样地中的树种视为相对同龄林，按同龄林进行调查，树龄按自然保护区建立始时进行平均估算（北京市林业局，1990）。

图 3-1　松山森林生态系统各林分样地位置

调查结果显示，研究区域林分类型可分为针叶林、落叶阔叶林及针阔混交林 3 种。针叶林以油松纯林分布最广、数量最多，约占研究区域针叶树种的 80%；阔叶林以蒙古栎纯林和山杨纯林占比较大，分别占阔叶树种的 45% 和 31%。故选取油松纯林、蒙古栎纯林和山杨纯林分别为针叶林和阔叶林典型代表，针阔混交林多以油松和毛白杨作为优势树种，因此，选取油松 + 毛白杨混交林作为针阔混交林典型代表。这 4 个样地用于开展植物物种多样性、生物量及生产力、土壤养分、降雨再分配、水质效应研究（表 3–1）。

表 3-1　不同林分样地基本情况

林分类型	样地编号	海拔（m）	坡度（°）	坡位	坡向	郁闭度	平均树高（m）	平均胸径（cm）	林分密度（株/hm^2）
蒙古栎纯林	1	747	40	坡中	东北	0.83	11.78	18.22	850
油松纯林	2	790	50	坡中	西南	0.94	8.71	13.21	970
油松 + 毛白杨混交林	3	810	61	坡下	西南	0.81	9.55	20.29	350
山杨纯林	4	830	59	坡上	西北	0.76	15.03	19.94	370

3.2.2 不同林分植物物种多样性

利用样方法对各林分样地植被所有乔木层植被予以编号，并记录乔木层植被种名、株数、胸径（1.3 m）、株高、冠幅（四向冠幅均值）及枝下高等。每个灌木、草本样方内，测定并记录灌木层、草本层物种种名、数量、高度、冠幅、盖度和频度（马克平 等，1995）。

（1）重要值测度

计算固定样地内乔、灌、草物种的重要值：

重要值 =（相对频度 + 相对盖度 + 相对密度）/3 。（3-1）

（2）多样性测度

本研究分别采用 α、β 多样性测度分析松山植物物种多样性的空间分布特征。

1）α 多样性指数

本研究选取的 α 多样性指数包括 Simpson 多样性指数（H'）、Shannon - Wienner 多样性指数（H）、Margalef 丰富度指数（R）、Pielou 均匀度指数（包含 J_s 和 J_{sw}）和 Alatalo 均匀度指数（E_u），计算公式如下。

Simpson 多样性指数：

$$H'=1-\sum P_i^2。\tag{3-2}$$

Shannon - Wienner 多样性指数：

$$H=-\sum P_i^2 \ln P_i。\tag{3-3}$$

Margalef 丰富度指数：

$$R=(S-1)/\ln P_i。\tag{3-4}$$

Pielou 均匀度指数（包含 J_s 和 J_{sw}）：

$$J_s=(1-\sum P_i^2)/(1-1/s)。\tag{3-5}$$

$$J_{sw}=H/\ln s。\tag{3-6}$$

Alatalo 均匀度指数：

$$E_u=\left[\frac{1}{\sum P_i^2}-1\right]/[\exp(P_i \ln P_i)-1],\tag{3-7}$$

式中：$P_i=N_i / N$ 表明第 i 种的相对重要值；N_i 是第 i 种的重要值；N 为全部物种的个数之和；S 表示样方中的物种总数。

2）β 多样性指数测度

本研究选用的多样性指数，包括基于二元属性数据的 Cody 指数（β_c）、基于数量数据的相似性系数 Jaccard 和 Sorenson 指数（C_j 和 C_s 指数）、Whittaker 指数（β_{ws}）及 Bray–Curtis 指数（C_N），计算公式如下。

Cody 指数：

$$\beta_c=(b+c)/2。 \tag{3-8}$$

Jaccard 指数：

$$C_j=a/(a+b+c)。 \tag{3-9}$$

Sorenson 指数：

$$C_s=2a/(2a+b+c), \tag{3-10}$$

式中，a 为两个研究样地中的共有物种数目；b 为沿生境梯度所失去的物种数目，即上一个梯度内存在但在下一个梯度没有的物种数目；c 为沿生境梯度所增加的物种数目，即上一个梯度不存在而在下一个梯度内存在的物种数目。

Whittaker 指数：

$$\beta_{ws}=S/ma-1, \tag{3-11}$$

式中，S 为研究样地内所记录的物种总数；ma 是各样方中平均物种数。

Bray–Curtis 指数：

$$C_N=2jN/(N_a+N_b), \tag{3-12}$$

式中，N_a 为样地 A 内各物种所有个体数目和；N_b 是样地 B 中物种所有个体数目和；jN 指样地 A 和 B 中共有种个体数目较小者之和：

$$jN=\sum \min(jN_a, jN_b)。 \tag{3-13}$$

3.2.3 不同林分生物量及生产力

使用数学模型估测森林生态系统中乔木层各部分器官的干重，由此估算各优势树种的生物量，又称维量分析法，是目前应用最多的一种方法。本研究主要引用中科院森林固碳办公室（2014）研究得出的北京市优势树种生物量方程来计算油松和山杨纯林的生物量，用混合种组生物量方程来计算优势树种山杨、核桃楸和油松针阔混交林的生物量，蒙古栎纯林的生物量则采用许中旗等（2006）在研究东北地区蒙古栎得出的生物量模型。不同林分生物量回归关系如表 3-2 所示。

表 3-2　不同林分生物量回归关系

树种	器官	回归方程	相关系数（R^2）
蒙古栎林	干	$W_{干}$=0.1069D^2.51353	0.9801
	枝	$W_{枝}$=0.0176D^2.65462	0.9443
	叶	$W_{叶}$=0.0495D^1.84438	0.9524
	根	$W_{根}$=2.91599E^0.14465D	0.9170
油松纯林	干	$W_{干}$=0.0634（D^2H）^0.8189	0.9950
	枝	$W_{枝}$=0.0111（D^2H）^0.9805	0.9990
	叶	$W_{叶}$=0.0185（D^2H）^0.8195	0.9980
	根	$W_{根}$=0.0085（D^2H）^0.9324	0.9910
针阔混交林	干	$W_{干}$=0.077（D^2H）^0.812	0.9450
	枝	$W_{枝}$=0.009（D^2H）^0.974	0.8720
	叶	$W_{叶}$=0.008（D^2H）^0.871	0.7360
	根	$W_{根}$=0.180（D^2H）^0.629	0.2780
山杨纯林	干	$W_{干}$=0.016（D^2H）^1.0061	0.9960
	枝	$W_{枝}$=0.0015（D^2H）^1.144	0.9930
	叶	$W_{叶}$=0.0044（D^2H）^0.7968	0.9880
	根	$W_{根}$=0.0062（D^2H）^0.9817	0.9960

3.2.4　不同林分土壤养分

每块样方按“S”形取 5 个点，每个采样点开挖 40 cm 土壤剖面，按照 0~10 cm、10~20 cm 和 20~40 cm 将土壤坡面分为 3 个土层[①]，采集各土层内的

① 本研究中 10~20 cm 中不包含 10 cm，20~40 cm 中不包含 20 cm。

土壤样品，分别混合均匀带回实验室晾干。测土壤有机质、土壤全氮、土壤全磷和土壤全钾时均过 0.25 mm 筛，测土壤速效磷和速效钾时均过 1 mm 筛。用重铬酸钾容量法测定有机质含量，用半微量凯氏定氮法测全氮。用气相分子吸收光谱法测定铵态氮，用酸溶–钼锑抗比色法测定全磷，用钼蓝比色法测速效磷，用火焰光度计测速效钾（鲍士旦，2002）。

（1）土壤养分主成分分析法

利用主成分分析法，对研究区内不同林分土壤养分研究结果进行综合评价。综合评价土壤养分的 7 项指标，包括有机质（X_1）、全氮（X_2）、全磷（X_3）、全钾（X_4）、速效钾（X_5）、速效磷（X_6）、铵态氮（X_7）。

本研究采用 SPSS17.0，对所测定的 7 项指标进行主成分分析。

反映土壤养分效应综合评价的 7 项指标构成原始实测数据矩阵：

$$X=[X_{ij}]mxn, \tag{3-14}$$

式中：X_{ij} 为第 i 个林分样地的第 j 项指标实测数据（i=1，2，…，m；j=1，2，…，n）（田超，2012）。

（2）原始数据标准化

根据式（3–14）将原始数据标准化。式中 X_{ij} 为标准化后的数据；X_j 和 S_j 为第 j 个指标的平均值和标准差。

$$X_{ij}=(X_{ij}-X_j)/S_j。 \tag{3-15}$$

（3）主成分分析

对标准化后的数据进行主成分分析，然后根据式（3–15）列出各主成分和标准化变量的关系式。

$$Y_k=P_{k1}X_1+P_{k2}X_2+\cdots+P_{kn}X_n, \tag{3-16}$$

式中：Y_k 为第 k 个主成分；P_{kn} 为第 k 个主成分的第 n 项指标的特征向量。

（4）确定各成分权重

$$w_k=\lambda_k/\sum\mu k=1\lambda_k, \tag{3-17}$$

式中：w_k 为第 k 个主成分的权重；λ_k 为第 k 个主成分的贡献率；μ 为主成分数。

（5）土壤养分效应的综合评价

$$F = \sum \mu k = 1\ w_k Y_k, \tag{3-18}$$

式中：F 为各土壤养分效应的综合评价值；μ 为主成分数。

3.2.5 不同林分降雨再分配过程

3.2.5.1 气象观测

2017 年 7—9 月和 2018 年 5—9 月，对研究区域内气象数据进行观测采集。气象数据由北京燕山森林生态系统定位观测研究站直接获得，主要包括温度、湿度、太阳辐射等。其中，温度、湿度和太阳辐射由环境气象监测系统获得，每隔 10 min 记录 1 次。

3.2.5.2 穿透雨测定方法

如图 3-2 所示，以蒙古林纯林、油松纯林和山杨纯林样地内标准木为原点（图中白色圈位置），分别在标准木东、西、南、北 4 个方位每间隔 2 m 放置 1 个集水容器（集水容器为同一规格塑料桶，直径 30 cm，高 50 cm），每株标准木共放置 8 个集水容器。油松 + 毛白杨混交林样地内集水容器的放置方法以油松和毛白杨标准木交叉位置为原点，放置方式与纯林一致。随后将集水容器下部埋入土壤中，露出地表 20 cm 并加以固定，同时清理标准木周围的灌木，避免林下灌木对穿透雨观测造成影响。每场降雨后及时称取集水容器内水量，取 8 个集水容器的平均值为该林分穿透雨量。

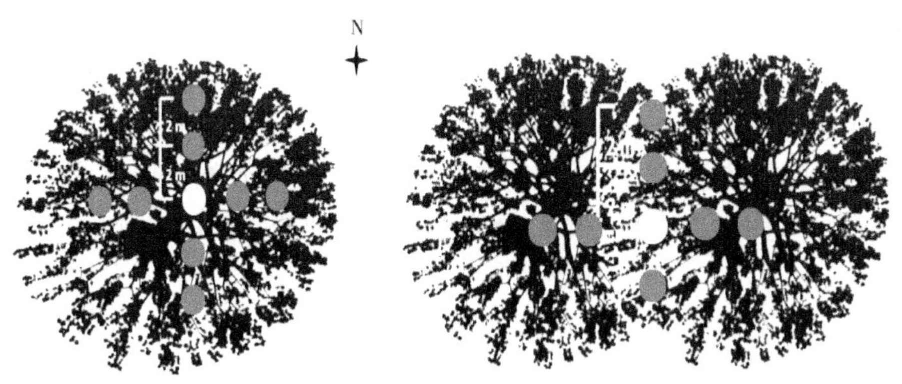

图 3-2 穿透雨集水容器放置

3.2.5.3 树干径流测定方法

各林分树干径流选用样树法进行测定。具体步骤为：用卷尺量出标准木胸径所在位置（与地表垂直距离 1.3 m 处），将橡胶管从标准木胸径处起，向下倾斜 30° 螺旋缠绕 2~3 环，并用钢钉将橡胶管固定在树干上，橡胶管与树干接触部位用硅胶或玻璃胶粘牢。将橡胶管近地面管口与集水桶（集水桶为密封型塑料桶，规格为 40 cm × 15 cm × 60 cm）连接，连接后用胶布将接口封牢。每场降雨后及时称取集水桶内水量，通过式（3–19）计算各林分树干径流量（油松 + 毛白杨混交林的树干径流量为油松标准木与毛白杨标准木的水量加权平均值）。

$$SF = 10^{-3} \times W_f \times N/F, \tag{3–19}$$

式中：SF 为林分树干径流量（mm）；W_f 为单株标准木树干径流量（mm）；N 为样地内林木总株数（株）；F 为样地面积（m^2）。

3.2.5.4 林冠截留测定方法

根据小型气象站获取的降水数据及各林分的穿透雨量和树干径流量，通过水量平衡方程计算各林分的林冠截留量。水量平衡方程为：

$$IF = P - (TF + SF), \tag{3–20}$$

式中：IF 为林冠截留量（mm）；P 为降雨量（mm）；TF 为穿透雨量（mm）；SF 为树干径流量（mm）。

3.2.5.5 枯落物厚度、储量和自然含水率测定方法

分别在 2017 年 7 月和 2018 年 7 月采集各林分枯落物。采集方法为：在样地内沿对角线选取 2 个标准点，每个标准点分别设置一个面积为 0.5 m × 0.5 m 的样方。用钢尺测量样方内枯落物层厚度，采集样方内枯落物（仅采集枯叶）并及时称鲜重，随后将枯落物分别装入牛皮纸袋。带回室内后，将装有枯落物的牛皮纸袋放入烘箱，设定温度为 85℃条件下烘 12 h，烘干后称取枯落物干重，并通过式（3–21）、式（3–22）计算各林分枯落物储量和自然含水率。

$$M = M_A / 100, \tag{3–21}$$

$$R_n = (M_W - M_A) / M_A \times 100\%, \tag{3–22}$$

式中：M 为枯落物储量（t/hm^2）；M_A 为枯落物干重（g）；M_W 为枯落物鲜重（g）；R_n 为枯落物自然含水率（%）。

3.2.5.6 枯落物持水实验

本研究选取室内浸泡法对枯落物持水能力进行测定。具体步骤为：用电子秤（精度为 0.01 g）称量尼龙网（同规格尼龙网，孔隙小于 0.1 mm）重量，重复3次取平均值,分别将烘干后的枯落物装入尼龙网备用。取2个长方形容器(容器规格为 50 cm × 30 cm × 10 cm)，将装有枯落物的尼龙网平铺于长方形容器内，随后向容器中倒入清水，使水平面高于尼龙网高度 5 cm 以上，保证枯落物在浸泡过程中处于完全浸没的状态。倒水后开始计时，分别经过 1 h、2 h、4 h、6 h、12 h、24 h 后将尼龙网取出，沥水（沥水时停表）至无水滴滴落后称量各时段的尼龙网重量，以浸泡 24 h 时的枯落物持水量作为最大持水量进行计算，计算时除去尼龙网重量。有研究表明，枯落物的有效拦蓄率约为最大持水率的 85%（张建利 等，2018）。因此，本研究以 0.85 作为枯落物有效拦蓄系数，计算有效拦蓄率。各林分枯落物最大持水量、最大持水率、有效拦蓄率和有效拦蓄量的计算公式如下：

$$W_m = M_{24} - M, \tag{3-23}$$

$$R_m = (M_{24} - M) / M \times 100\%, \tag{3-24}$$

$$R_c = 0.85 \times R_m - R_n, \tag{3-25}$$

$$W_c = R_c \times M, \tag{3-26}$$

式中：W_m 为枯落物最大持水量（t/hm^2）；M_{24} 为浸泡 24 h 后枯落物湿重（t/hm^2）；R_m 为枯落物最大持水率（%）；R_c 为枯落物有效拦蓄率（%）；W_c 为枯落物有效拦蓄量（t/hm^2）。

3.2.5.7 枯透水测定方法

本研究于 2018 年生长季（5—9 月）对各林分枯透水量进行观测。观测方法为：在各林分样地内随机选取 2 个标准点，分别设置一个面积为 0.5 m × 0.5 m 的样方，掘土 10 cm，将规格为 50 cm × 30 cm × 10 cm 的集水容器放入样方内，清除样方周围的灌木。将尼龙网平铺于集水容器上方加以固定，随后将样方内原状枯落物平铺于尼龙网上（图 3-3）。每场降雨过后及时称取集水容器水量，取 2 个标准点水量平均值即为该林分枯透水量，各林分在自然状态下的枯落物截留量为林内降雨量与枯透水量的差值。

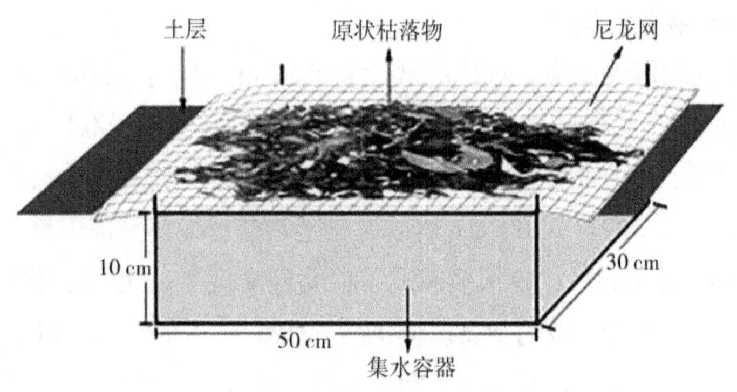

图 3-3　枯透水收集方法

3.2.5.8　土壤物理性质、持水量及入渗速率测定方法

本研究于 2018 年 10 月对各林分样地的土壤样品进行采集，具体步骤为：用体积为 100 cm³ 的环刀分别在土壤剖面的 0~20 cm、20~40 cm 及 40~60 cm 处取原状土样，取样后及时将环刀密封，避免环刀内土样结构发生改变及水分散失。带回室内后，按照《森林土壤水分－物理性质的测定》（LY/T1215—1999）描述方法对各林分土样进行处理，测定其容重、孔隙度和持水量。土壤入渗速率选用双环法（罗佳，2018）在野外测定，具体操作过程参照林业行业标准进行试验。

土壤物理性质计算公式：

$$\rho_b = W_{干} / V_{环},\qquad (3\text{-}27)$$

式中：ρ_b 为土壤容重（g/cm^3）；$W_{干}$为烘干后环刀内干土重（g）；$V_{环}$为环刀容积（cm^3）。

$$H_{max} = [W_{12} - W_{干}] / W_{干} \times 100\%,\qquad (3\text{-}28)$$

式中：H_{max} 为最大持水率（%）；W_{12} 为浸泡 12 h 后环刀内湿土重（g）；$W_{干}$为烘干后环刀内干土重（g）。

$$H_{毛} = [W_2 - W_{干}] / W_{干} \times 100\%,\qquad (3\text{-}29)$$

式中：$H_{毛}$为毛管持水率（%）；W_2 为干砂上放置 2 h 后环刀内湿土重（g）；$W_{干}$为烘干后环刀内干土重（g）。

$$H_{非毛} = [H_{max} - H_{毛}] \times \rho_b / \rho_{水}, \quad (3\text{-}30)$$

式中：$H_{非毛}$为非毛管持水率（%）；H_{max}为最大持水率（%）；$H_{毛}$为毛管持水率（%）；ρ_b为土壤容重（g/cm^3）；$\rho_{水}$为水的密度（g/cm^3）。

$$N_{毛} = H_{毛} \times \rho_b / \rho_{水}, \quad (3\text{-}31)$$

式中：$N_{毛}$为毛管孔隙度（%）；$H_{毛}$为毛管持水率（%）；ρ_b为土壤容重（g/cm^3）；$\rho_{水}$为水的密度（g/cm^3）。

$$N_{总} = N_{毛} + N_{非毛}, \quad (3\text{-}32)$$

式中：$N_{总}$为总孔隙度（%）；$N_{毛}$为毛管孔隙度（%）；$N_{非毛}$为非毛管孔隙度（%）。

土壤持水量计算公式：

$$H1_{有效} = 10^4 \times N_{非毛} \times D_{土}, \quad (3\text{-}33)$$

式中：$H1_{有效}$为有效持水量；$N_{非毛}$为非毛管孔隙度（%）；$D_{土}$为土层深度（m）。

$$H1_{毛} = 10^4 \times N_{毛} \times D_{土}, \quad (3\text{-}34)$$

式中：$H1_{毛}$为毛管持水量（t/hm^2）；$N_{毛}$为土壤毛管孔隙度（%）；$D_{土}$为土层深度（m）。

$$H1_{max} = 10^4 \times N_{总} \times D_{土}, \quad (3\text{-}35)$$

式中：$H1_{max}$为最大持水量（t/hm^2）；$N_{总}$为土壤总孔隙度（%）；$D_{土}$为土层深度（m）。

3.2.5.9　地表径流和壤中流的观测

如图 3-4、图 3-5 所示，各林分样地附近分别设有一个面积为 100 m^2（长 20 m，宽 5 m）的径流小区，用于对地表径流和壤中流进行长期定位观测。径流小区外壁由混凝土石板砌成，起到划分范围及阻隔水流的作用。距离径流小区 1~1.5 m 处设有观测室（面积约为 6 m^2），观测室配备一个规格为 80 cm × 40 cm × 30 cm 的地表径流泥沙池（泥沙池下端留有出水孔）和 3 个壤中流连通管，泥沙池和 3 个连通管下端各放置一个自计水位计（共 4 个）。降雨过程中，径流小区产生的地表径流和壤中流通过地表径流泥沙池和壤中流连通管流入自计水位计，自计水位计每隔 10 min 记录 1 次（采集时间仅为 2018 年生长季）。

（a）蒙古栎纯林径流小区

（b）油松纯林径流小区

（c）油松＋毛白杨混交林径流小区

（d）山杨纯林径流小区

图 3-4 径流小区实景

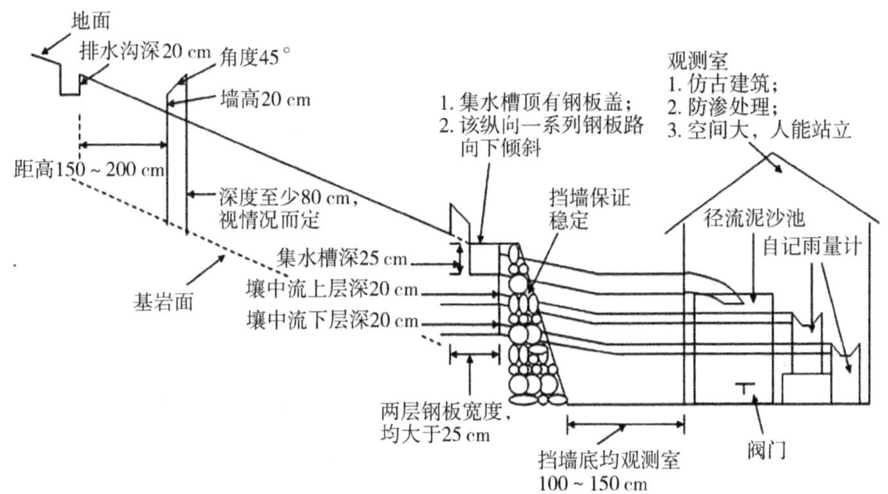

图 3-5 径流场剖面示意

3.2.5.10 生态水文功能综合评价方法

主成分分析法又称主量分析法（简称“PCA”），是一种常用的统计分析法。其原理是通过降维的方式将多项原始变量拆分后重新组合，形成全新且互不相关的综合变量，从中提取较少的综合变量来反映原始变量所包含的大部分信息。该方法在提取综合变量时，需遵循累计贡献率高于 0.85 且特征值大于 1 的原则，具体步骤如下。

①将各林分林冠层、枯落物层和土壤层水文指标的实测数据根据式（3–36）进行标准化处理。

$$X^*_{mn} = (X_{mn} - \overline{X}_n) / S_n \tag{3-36}$$

式中: X^*_{mn} 为第 m 个林分样地第 n 项水文指标标准化处理后的数值（m=1, 2, …, a; n=1, 2, …, b）; X_{mn} 为第 m 个林分样地第 n 项水文指标的原始数据; $\overline{X}_n$ 为第 n 项水文指标的平均值; S_n 为第 n 项水文指标的标准差。

②在 SPSS 软件中输入各项水文指标标准化数据进行主成分分析，确定 μ 个主成分，并建立各主成分与标准化数据的关系式。

$$Y_q = k_{q1} X^*_1 + k_{q2} X^*_2 + \cdots + k_{qn} X^*_n, \tag{3-37}$$

式中：Y_q 为第 q 个主成分；k_{qn} 为第 q 个主成分的第 n 项水文指标的特征向量。

③计算每个主成分的权重。

$$w_q = \lambda_q / \sum_{q=1}^{\mu} \lambda_q \tag{3-38}$$

式中：w_q 为第 q 个主成分的权重；λ_q 为第 q 个主成分的贡献率。

④根据确定的 μ 个主成分数量及各主成分权重，构建生态水文功能评价模型，通过模型计算不同林分生态水文功能综合得分并进行大小排序。

$$F = \sum_{q=1}^{\mu} w_q Y_q \tag{3-39}$$

式中：F 为各成分生态水文功能综合得分。

3.2.6 不同林分水质效应

3.2.6.1 样品采集

每月在降水量大于 20 mm 时收集所有水样，所有取样重复 3 次，降雨前取溪水、地下水、库区水等水样，测量雨前离子浓度。

① 林外降雨：在林外气象站放置集水容器（直径 30 cm，高 50 cm），收集每次降雨后的雨水。

② 穿透雨：以蒙古林纯林、油松纯林和山杨纯林样地内标准木为原点，分别在标准木东、西、南、北 4 个方向每间隔 2 m 放置一个集水容器（集水容器为同一规格塑料桶），每株标准木共放置 8 个集水容器。油松 + 毛白杨混交林样地内集水容器的放置点以油松和毛白杨标准木交叉位置为原点，放置方式同纯林一致。将集水容器下部埋入土壤中，露出地表 20 cm 并加以固定，清理标准木周围的灌木，避免林下灌木对穿透雨观测造成影响。每场降雨后及时收取集水容器内水样，24~48 h 内带回实验室检测水质。

③ 枯透水：在各个标准木附近，分东、南、西、北 4 个方向分别设置 1 块 50 cm × 50 cm 的样方，铁锹掘土 10 cm，清除样方内全部植被，留存植物枯落物，清理样方周围的灌木，将规格为 50 cm × 30 cm × 10 cm 的集水容器放入样方内，将尼龙网平铺于集水容器上方并将加以固定，随后将样方内原状枯落物平铺于尼龙网上，每场降雨过后 24~48 h 内采集集水容器内的水样，收集此

部分水样，带回实验室检测水质。

④ 地表径流和壤中流：各林分样地附近分别设有一个面积为 100 m^2（长 20 m，宽 5 m）的径流小区，用于对地表径流和壤中流进行长期定位观测。径流小区外壁由混凝土石板砌成，起到划分范围及阻隔水流的作用。距离径流小区 1~1.5 m 处设有观测室（面积约为 6 m^2），观测室配备一个规格为 80 cm × 40 cm × 30 cm 的地表径流泥沙池（泥沙池下端留有出水孔）和 3 个壤中流连通管（土壤层深度分别为 0~20 cm、20~40 cm 和 40~60 cm），泥沙池和 3 个连通管下端各放置 1 个自计水位计（共计 4 个）。降雨过程中，径流小区产生的地表径流和壤中流通过地表径流泥沙池和壤中流连通管流入自计水位计，自计水位计每隔 10 min 记录 1 次。雨后 24~48 h 内收集径流和三层壤中流水样，带回实验室检测。

⑤溪水：降雨后 24~48 h 内采集研究区内的溪流水样，带回实验室检测。

⑥地下水：降雨后 24~48 h 内采集研究区内塘子沟管理处井水入口深为 7~8 m 处水样，带回实验室检测。

⑦库区水：降雨后 24~48 h 内采集山脚下佛峪口水库的库区水水样，带回实验室检测。

3.2.6.2 水样检测

测定上述七部分水样品中水溶性无机离子包括 Na^+、NH_4^+、K^+、Mg^{2+}、Ca^{2+} 5 种阳离子和 F^-、Cl^-、NO_2^-、NO_3^-、SO_4^{2-} 5 种阴离子，使用离子色谱仪（上海精密 PIC-10A）和 ICP-MS（钢研钠克 Plasma MS 300）进行测定。

3.2.6.3 水质评价方法

目前，国内外围绕水质评价方法开展了一系列重要的研究，各种评价方法相继在水质评价中使用。主成分分析法充分考虑不同指标之间的信息重叠，对多维数据进行标准化，在尽可能地保留原有信息的基础上，对多维数据进行降维处理，更加客观地筛选出独立的综合因子，避免主观随意性，极大程度地提高了分析评价效率。因此本研究选用主成分分析法进行评价（薛伟锋，2020）。该方法在提取综合变量时，需遵循累计贡献率达到 85% 以上，且特征值大于 1 的原则，具体步骤如下。

将各林分林冠层、枯落物层和土壤层水质指标实测数据根据公式进行标准化处理。

$$X^*_{mn} = (X_{mn} - \overline{X}_n) / S_n, \quad (3\text{-}40)$$

式中，X^*_{mn}为第m个林分样地第n项水质指标标准化处理后的数值（m=1，2，…，a；n=1，2，…，b）；X_{mn}为第m个林分样地第n项水质指标的原始数据；$\overline{X}_n$为第n项水质指标的平均值；S_n为第n项水质指标的标准差。

在 SPSS 21.0 软件中输入各项水文指标标准化数据进行主成分分析，确定i个主成分，并建立各主成分与标准化数据的关系式。

$$Y_q = k_{q1} X^*_1 + k_{q2} X^*_2 + \cdots + k_{qn} X^*_n, \quad (3\text{-}41)$$

式中，Y_q为第q个主成分；k_{qn}为第q个主成分的第n项水文指标的特征向量。

计算主成分表达式的系数：

$$k_{qn} = V_{qn} / sqrt\lambda_q, \quad (3\text{-}42)$$

式中，V_{qn}为第q个主成分的第n项水文指标的初始因子载荷；λ_q为第q个主成分相对应的特征值。

根据确定的i个主成分数量及各主成分贡献率，构建生态水质净化功能评价模型，通过模型计算不同林分不同空间层次水质净化功能综合得分并进行大小排序。

$$F = \sum_{q=1}^{\mu} w_q Y_q, \quad (3\text{-}43)$$

式中，F为各成分生态水文功能综合得分；w_q为第q个主成分相对应贡献率。

3.2.7 松山国家级自然保护区景观格局及网络优化

3.2.7.1 景观分类

国内外众多学者使用景观分类的方法有很多种（曾辉 等，1998，2000；王静爱 等，2002）。依据实际研究情况，进行了斑块类型如林分类型或立地条件划分，建立分类的基本原则。

从景观的分类来看，可以按照属性分为不同类型，可以从空间形态属性及发生过程属性等其他属性方面进行分类，需全面综合考虑，遵循以下原则。

①人是景观的一个重要组成部分。

②异质性与均质性相结合的原则。

③景观结构与功能统一原则。

④主导因素原则。

⑤实用性原则。

本研究将森林资源二类数据进行划分，结合《土地利用现状分类》标准对松山森林进行景观分类（魏姿芃，2021）。选择三级分类，分为阔叶林、针叶林、混交林、其他灌木 4 个林地景观和水域、交通用地、宜林地 3 个非林地景观。松山国家级自然保护区以林地为主，选取林分类型作为景观类型进行景观格局分析，能够对森林异质性有一个更直观的判断。

3.2.7.2 景观格局指数分析

景观格局指数分析广泛应用于景观结构分析。主要是通过景观格局信息数据来综合性判断景观中的各结构指标（季翔，2014）。通常在研究中利用扩展模块 Spatial Analysis 准确编写和计算获得具体的景观格局空间数据，对数据进行调整和转换，为景观结构分析提供有力数据支持。本研究采用 Fragstats 4.2 分析软件进行指数分析，结合松山国家级自然保护区研究目的，从景观水平和斑块类型水平两个层面进行景观结构剖析。

（1）景观水平指数

本研究选取 8 个包括景观密度及大小差异、边缘性、斑块形状、景观多样性等在内的相关景观指数，作为松山森林生态系统景观格局的景观水平分析（表 3–3）。

（2）斑块类型水平指数

在选取 8 个景观水平指数的基础上，选取 6 个斑块类型水平指数进行景观格局分析，首在分析斑块异质性（表 3–4）。

表 3-3　景观水平指数

景观指数英文缩写	景观指数名称	单位	含义	公式	注释
NP	斑块数	个	反映景观中斑块数量的总和	$NP=n$	① n 为某斑块类型斑块总数；② A 为景观总面积；③ a_{ki} 为斑块面积；④ m 为景观类型数；⑤ E 为景观各类别斑块边界之和；⑥ g_{ii} 为第 i 斑块类型面积占景观百分比；⑦ E_{ki} 为 k 斑块类型与 i 斑块类型斑块邻接数
PD	斑块密度	n/100 hm²	反映每公顷斑块数量	$PD=\frac{n}{A}\times 100$	
PAFRAC	周长面积分维数	—	判断斑块形状的复杂情况	$PAFRAC=\frac{2}{\frac{\left[N\sum_{k=1}^{m}\sum_{i=1}^{n}\ln a_{ki}\right]-\left[\left(\sum_{k=1}^{m}\sum_{i=1}^{n}\ln p_{ki^2}\right)\left(\sum_{k=1}^{m}\sum_{i=1}^{n}\ln a_{ki}\right)\right]}{\left[N\sum_{k=1}^{m}\sum_{i=1}^{n}\left(\ln p_{ki^2}\right)\right]-\left(\sum_{k=1}^{m}\sum_{i=1}^{n}\ln p_{ki^2}\right)^2}}$	
TE	边缘总长度	m	表达景观的总边界长度	$TE=E$	
ED	边缘密度	m/ha	表达景观的边界密度	$ED=\frac{E}{A}$	
CONTAG	蔓延度	%	反映景观类型斑块的延展趋势	$CONTAG=\left[1+\frac{\sum_{k=1}^{m}\sum_{i=1}^{m}\left[\left(p_i\frac{g_{ki}}{\sum_{i=1}^{m}g_{ki}}\right)\ln\left(p_i\frac{g_{ki}}{\sum_{i=1}^{m}g_{ki}}\right)\right]}{2\ln(m)}\right]\times 100$	
SHDI	香农多样性指数	—	反映景观异质性和破碎度	$SHDI=-\sum_{i=1}^{m}(p_i\ln p_i)$	
SHEI	香农均匀指数	—	反映出景观受到一种或少数几种优势拼块类型所支配	$SHEI=\frac{H}{H_{max}}=\frac{-\sum_{i=1}^{m}p_i\ln(p_i)}{\ln m}$	

表 3-7 斑块类型水平指数

景观指数英文缩写	景观指数名称	单位	含义	公式	注释
PLAND	斑块占景观面积比	%	反映优势斑块类型	$PLAND=\frac{\sum_{i=1}^{n}a_{ki}}{A}\times 100$	① a_{ki} 为斑块面积；② A 为斑块类型总面积；③ n 为斑块类型内总斑块数；④ $\max(a_1,\cdots,a_n)$ 为斑块类型最大斑块面积；⑤ g_{ii} 为 i 斑块类型自身斑块邻接数；⑥ E_{ik} 为 i 斑块类型与其毗邻斑块类型的邻接边长；⑦ p_{ki} 为斑块周长
LPI	最大斑块占景观面积比	%	反映斑块的优势度	$LPI=\frac{\max\left(a_1,\cdots,a_n\right)}{A}\times 100$	
SPLIT	分散指数	%	反映空间结构的复杂性及细化程度	$SPLIT=\frac{A^2}{\sum_{k=1}^{m}\sum_{i=1}^{m}a_{ki}^2}$	
IJI	散布与并列指数	%	反映景观内斑块的具体分布情况	$IJI=-\frac{\sum_{i=1}^{m}\sum_{k=i+1}^{m}\left[\left(\frac{E_{ik}}{\sum_{i=1}^{m}E_{ik}}\right)\ln\left(\frac{E_{ik}}{\sum_{i=1}^{m}E_{ik}}\right)\right]}{\ln\frac{1}{2}m(m-1)}\times 100$	
PLADJ	相似临近百分比	%	反映斑块聚集度的量度	$PLADJ=\frac{g_{ii}}{\sum_{k=1}^{m}g_{ii}}\times 100$	
COHESION	斑块内聚力	%	反映斑块的整体性和凝聚度	$COHESION=\left[1-\frac{\sum_{i=1}^{n}p_{ki}}{\sum_{i=1}^{n}p_{ki}\sqrt{a_{ki}}}\right]\left[1-\frac{1}{\sqrt{A}}\right]^{-1}$	

3.2.7.3 生态网络优化

目前的生态网络正在通过不断地创造生态廊道来实现生态斑块的更新，进而开发潜在的生态网络空间来优化现存景观网络资源（张启斌，2019）。潜在生态网络在空间上的位置格局受到多方面因素的共同作用，其中有地形地貌、地表构筑物、生态资源涵养水源等，涉及范围囊括地下水位的变化、植被区域分布的变化、地理空间要素的变化。这些因素都关系到人们对于生态源斑块的调查统计，进而对生态网络的构建造成影响（王琦 等，2016）。

（1）选择生态源斑块

源斑块是重要生态功能斑块，是构建潜在生态廊道、优化生态网络的第一步。据景观生态学中的“源—汇”理论（苏凯 等，2019），源斑块是森林公园内最为常见的景观特征。其所附带的生态节点较为特殊，斑块类型和面积也有所不同。通常情况下这种斑块类型和面积会影响公园内部多样性生态保护的建设和发展。

（2）构建阻力面

生物在生态系统中不同生态源地之间行动需要借助一定的阻力才能实现。总体来说，判断生态源斑块空间连通性的难易程度，可以通过单元累积阻力大小来确定。景观斑块阻力值大小是构建潜在生态廊道过程中所用到的最小成本距离模型的重中之重，不同阻力值所产生的生态廊道结果也存在差异。因此，本研究需要结合松山森林生态系统的实际情况确定合理的阻力值。

基于研究区为森林生态系统，土地利用类型阻力影响较小，因此，本研究只考虑空间因素（高程、海拔）。利用 ArcGIS 软件，对下载的北京市区 *DEM* 数据和进行镶嵌并裁剪，得到松山国家级自然保护区 *DEM* 数据。通过重分类工具，对各分级进行赋值并参考相关文档资料数据、咨询相关领域专家，经过研究后确定符合松山国家级自然保护区景观发展现状的高程阻力值；同理，对高程数据进行坡度分析，然后进行重分类，对各分级进行赋值，生成坡度阻力面，制定相应的研究区阻力因子权重及赋值表。

（3）基于 MCR 模型构建潜在生态廊道

最小累积阻力模型 MCR 是用来计算物种从生态源地转移到其他地区所消耗成本的代价模型，将其与 GIS 内的相关成本距离问题有效结合，区别关键区域和关键节点，经常被用于自然生态的相关研究中（张继平 等，2017）。最小成本距离模型是最小阻力模型中很重要的一个分支，其功效在于求解并呈现出从生态源到目标最低成本路径，最小成本距离模型的作用就是有效避免外界环境的干扰，避免干扰的同时也要保证物种能顺利完成迁徙，核心任务就是保护生物多样性（陈洁 等，2007）。其具体求解公式如下。

$$MCR = f_{\min}\sum_{j=n}^{i=m} D_{ij} \times R_i \tag{3-44}$$

式中：MCR 代表最小累积阻力大小；$f_{\min}$ 代表相应的未知正函数，反映空间中任一点的最小阻力与其到所有源的距离和景观基面特征的正相关关系；D_{ij} 表征物种从生态源斑块景观单元 i 及景观单元 j 之间的距离；R_i 表征相应的景观单元 i 对某个物种运动所呈现出的阻力系数；m 为景观类型数；n 为斑块类型内总斑块数。

3.3 技术路线

北京松山森林生态系统技术路线如图 3-6 所示。

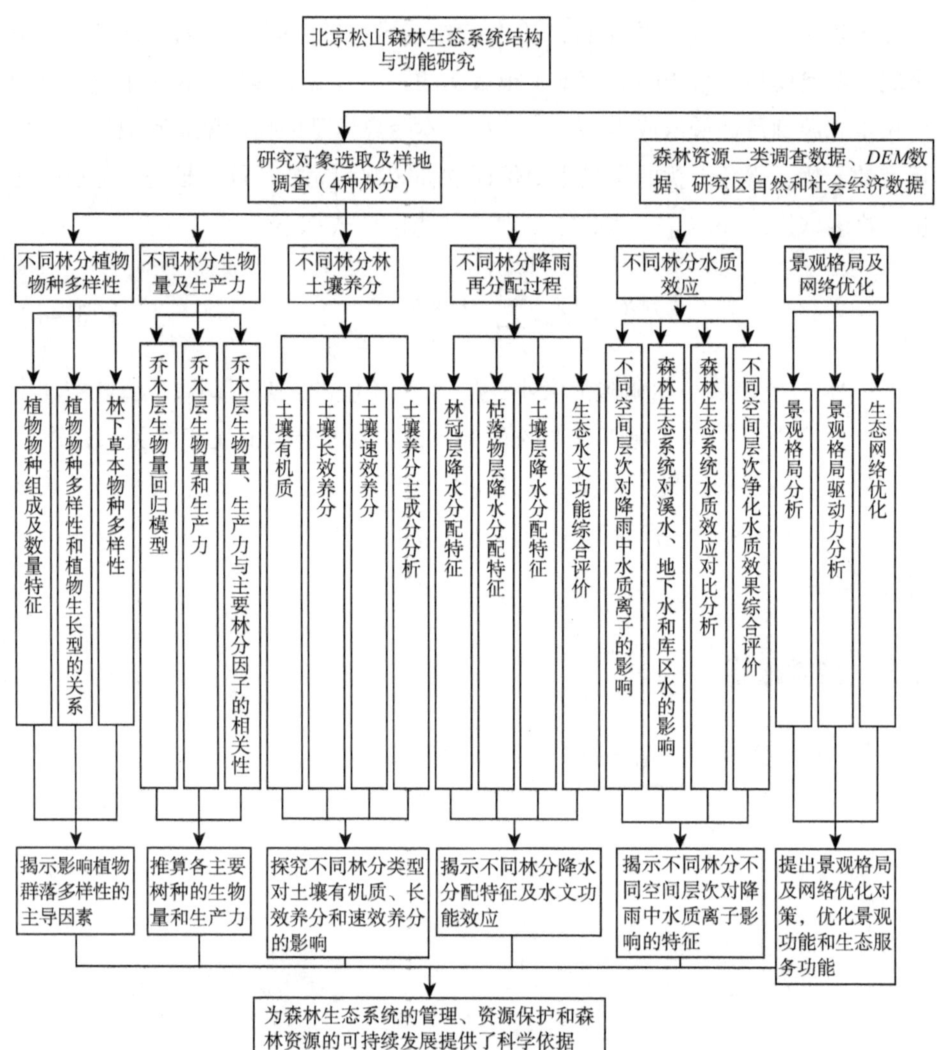
北京松山森林生态系统结构与功能研究
研究对象选取及样地调查（4种林分）
森林资源二类调查数据、DEM数据、研究区自然和社会经济数据
不同林分植物物种多样性
不同林分生物量及生产力
不同林分林土壤养分
不同林分降雨再分配过程
不同林分水质效应
景观格局及网络优化
植物物种组成及数量特征
植物物种多样性和植物生长型的关系
林下草本物种多样性
乔木层生物量回归模型
乔木层生物量和生产力
乔木层生物量、生产力与主要林分因子的相关性
土壤有机质
土壤长效养分
土壤速效养分
土壤养分主成分分析
林冠层降水分配特征
枯落物层降水分配特征
土壤层降水分配特征
生态水文功能综合评价
不同空间层次对降雨中水质离子的影响
森林生态系统对溪水、地下水和库区水的影响
森林生态系统水质效应对比分析
不同空间层次净化水质效果综合评价
景观格局分析
景观格局驱动力分析
生态网络优化
揭示影响植物群落多样性的主导因素
推算各主要树种的生物量和生产力
探究不同林分类型对土壤有机质、长效养分和速效养分的影响
揭示不同林分降水分配特征及水文功能效应
揭示不同林分不同空间层次对降雨中水质离子影响的特征
提出景观格局及网络优化对策，优化景观功能和生态服务功能
为森林生态系统的管理、资源保护和森林资源的可持续发展提供了科学依据

图 3-6　技术路线

4 不同林分植物物种多样性研究

4.1 植物物种组成及数量特征

据调查统计，4 种植被类型样地（1 号样地为蒙古栎纯林、2 号样地为油松纯林、3 号样地为油松 + 毛白杨混交林、4 号样地为山杨纯林）内共 75 种植物，隶属 40 科 58 属。其中菊科（Asteraceae）最多，蔷薇科（Rosaceae）和堇菜科（Violaceae）其次，榆科（Ulmaceae）、茄科（Solanaceae）、壳斗科（Fagaceae）和茜草科（Rubiaceae）物种数目较少（仅 1 种），但其多度较大（＞ 20）（如表 4–1 所示）。乔木树种隶属 10 科 11 属 11 种，除 3 号样地外，其他样地乔木优势种显著。3 号样地为杂木林，其中乔木优势种为毛白杨（占样地乔木种总数的 30%），次优种为胡桃楸（25%）。灌木物种较少，共 11 科 12 属 13 种（表 4–2、表 4–3），重要值较大的物种有大花溲疏（*Deutzia grandiflora*）、扁担杆（*Grewia biloba*）、土庄绣线菊（*Spiraea pubescens*）和荆条（*Vitex negundo* var. *heterophylla*）。由本研究区重要值排名前 5 位草本物种名录可知，草本物种 24 科 40 属 51 种，多中性或阳生植物，以菊科草本分布最广，种类最多（表 4–3）。除 3 号样地阴生植物居多外，各样地草本均以阳生和中性植物为主。主要草本物种有三脉紫菀（*Aster trinervius* subsp. *ageratoides*）、大头橐吾（*Ligularia japonica*）、野海茄（*Solanum japonense*）、黄瓜假还阳参（*Crepidiastrum denticulatum*）、大丁草（*Leibnitzia anandria*）和叉岐繁缕（*Stellaria dichotoma*）等（重要值大于 15%）。

表 4-1　北京松山森林生态系统 4 种植被类型样地各植物种组成分析

科名	物种数	多度	科名	物种数	多度
菊科 Compositae	8	256	薯蓣科 Dioscoreaceae	1	1
蔷薇科 Rosaceae	7	28	鼠李科 Rhamnaceae	1	1
堇菜科 Violaceae	5	60	石竹科 Caryophyllaceae	1	17
毛茛科 Ranunculaceae	4	72	伞形科 Umbelliferae	1	2
莎草科 Cyperaceae	3	86	忍冬科 Caprifoliaceae	1	3
桑科 Moraceae	3	13	茄科 Solanaceae	1	38
桔梗科 Campanulaceae	3	38	茜草科 Rubiaceae	1	20
豆科 Leguminosae	3	28	槭树科 Aceraceae	1	6
杨柳科 Salicaceae	2	55	葡萄科 Vitaceae	1	1
天南星科 Araceae	2	5	马鞭草科 Verbenaceae	1	7
木犀科 Oleaceae	2	29	萝藦科 Asclepiadaceae	1	4
虎耳草科 Saxifragaceae	2	29	龙胆科 Gentianaceae	1	1
大戟科 EupHorbiaceae	2	4	藜科 Chenopodiaceae	1	11
唇形科 Labiatae	2	13	壳斗科 Fagaceae	1	24
榆科 Ulmaceae	1	47	胡桃科 Juglandaceae	1	10
小檗科 Berberidaceae	1	1	禾本科 Gramineae	1	4
卫矛科 Celastraceae	1	4	防已科 Menispermaceae	1	1
透骨草科 Phrymaceae	1	69	椴树科 Tiliaceae	1	15
松科 Pinaceae	1	140	百合科 Liliaceae	1	30

表 4-2　北京松山森林生态系统 4 种植被类型样地主要灌木物种重要值

样地编号	种名	重要值
1	扁担杆 *Grewia biloba*	0.4485
	土庄绣线菊 *Spiraea pubescens*	0.4182
	葎叶蛇葡萄 *Ampelopsis humulifolia*	0.0963

续表

样地编号	种名	重要值
2	荆条 *Vitex negundo* var. *heterophylla*	0.3697
	大叶白蜡 *Fraxinus rhynchophylla*	0.1967
	扁担杆 *Grewia biloba*	0.1936
3	土庄绣线菊 *Spiraea pubescens*	0.1846
	雀儿舌头 *Leptopus chinensis*	0.1339
	柘 *Maclura tricuspidata*	0.0947
4	大花溲疏 *Deutzia grandiflora*	0.7218
	土庄绣线菊 *Spiraea pubescens*	0.1937
	扁担杆 *Grewia biloba*	0.0844

表 4-3　北京松山森林生态系统 4 种植被类型样地重要值排名前 5 位的草本植物

样地编号	种名	重要值	样地编号	种名	重要值
1	三脉紫菀 *Aster trinervius* subsp. *ageratoides*	0.2394	3	香茶菜 *Isodon amethystoides*	0.0762
	大叶白蜡 *F. rhynchophylla*	0.1045		大头橐吾 *Ligularia japonica*	0.3203
	心叶沙参 *Adenophora cordifolia*	0.1011		猪殃殃 *Galium spurium*	0.1369
	毛茛铁线莲 *Clematis ranunculoides*	0.0767		南蛇藤 *Celastrus orbiculatus*	0.0929
	披针薹草 *Carex lancifolia*	0.0659		桑 *Morus alba*	0.0765
2	野海茄 *Solanum japonense*	0.2612	4	玉竹 *Polygonatum odoratum*	0.0685
	大丁草 *Leibnitzia anandria*	0.1642		银背风毛菊 *Saussurea nivea*	0.1425
	叉歧繁缕 *Stellaria dichotoma*	0.1587		黄瓜假还阳参 *Crepidiastrum denticulatum*	0.1409
	三脉紫菀 *Aster trinervius* subsp. *ageratoides*	0.1412		大叶白蜡 *F.rhynchophylla*	0.1143
	香茶菜 *Isodon amethystoides*	0.0762		花木蓝 *Indigofera kirilowii*	0.0987

注：大叶白蜡、桑和榆处于幼苗期时，将其归于草本样方统计；其幼树统计于灌木样方内；其成年乔木归于乔木样方统计。

4.2 植物物种多样性和植物生长型的关系

不同植物生长型 Simpson 多样性指数（H'）、Shannon-Wienner 多样性指数（H）和 Margalef 丰富度指数（R）变化趋势为草本＞灌木＞乔木，其中 3 号杂木林样地乔木、灌木 Simpson 多样性指数（H'）、Shannon-Wienner 多样性指数（H）和 Margalef 丰富度指数（R）均显著高于其他样地，但其草本 R 却低于其他样地（图 4-1）；1 号、2 号和 3 号样地灌木 Simpson 多样性指数（H'）、Shannon-Wienner 多样性指数（H）和 Margalef 丰富度指数（R）均高于 4 号样地。由图 4-1 可知，1 号、2 号和 4 号样地内乔木 Alatalo 均匀度指数（E_u）相对较低（0.44、0.41 和 0.40），4 号样地灌木各 Alatalo 均匀度指数（E_u）为 0.48，远低于其他样地。各个样地草本均匀度间差异较小。综上，除 3 号样地乔木组成丰富外，本研究区域其他样地乔木物种组成单一。随着海拔高度的增加，灌木多样性与丰富度指数减小，草本丰富度指数略增，乔、灌和草均匀度随山体高度增加无显著变化。

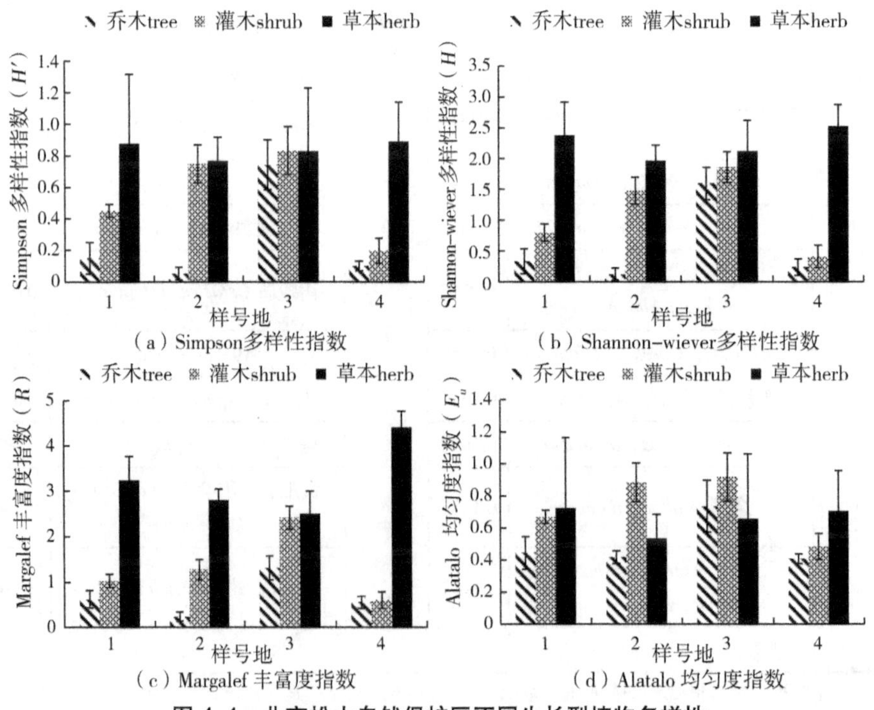

图 4-1　北京松山自然保护区不同生长型植物多样性

4.3　林下草本物种多样性

4.3.1　草本物种 α 多样性

比较保护区林下草本 α 多样性发现，随着山体高度的增加，除 2 号样地油松林外，其他样地林下草本 Shannon–Wienner 多样性指数（H）递增，而 Simpson 多样性指数（H'）无显著差异（图 4–2）；4 号山杨林样地草本 Margalef 丰富度指数（R）最高（4.41），3 号样地杂木林最低（2.50）。随山体高度的增加，各 Alatalo 均匀度指数（E_u）、Pielou 均匀度指数（J_s 和 J_{sw}）均增大。1 号蒙古栎林下草本均匀度指数（E_u）最高，而 2 号样地最低，这可能与油松林下草本物种种类稀少相关。

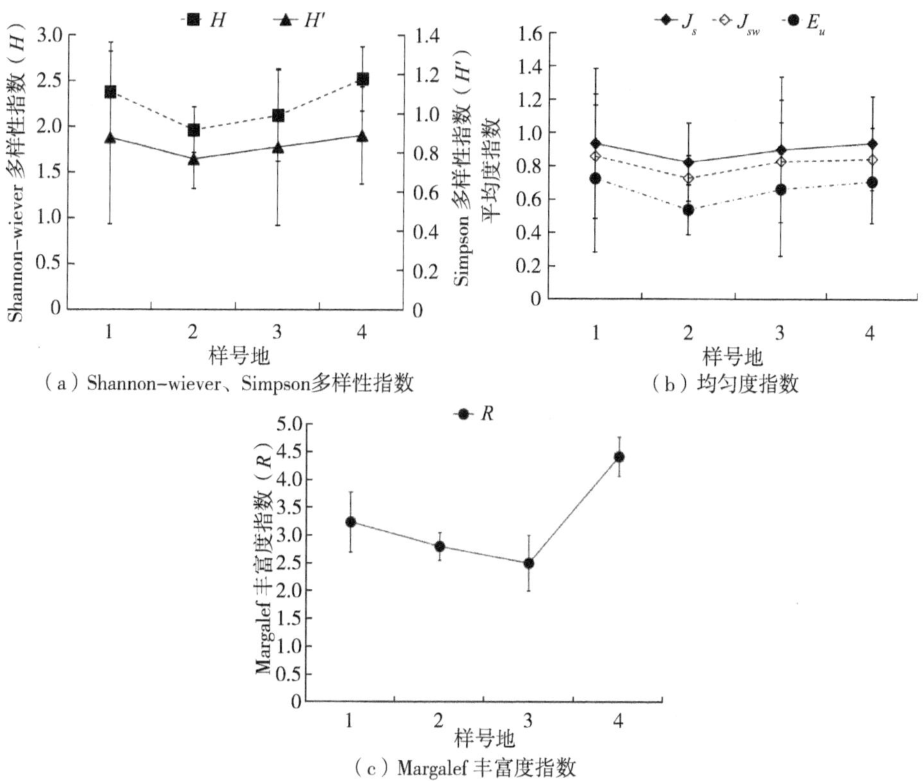

图 4–2　北京松山自然保护区林下草本物种 α 多样性比较

4.3.2 草本物种 β 多样性

从草本群落相异性角度分析 6 块样地林下草本 β 多样性可知，1~4 号样地间 Cody 指数（β_c）最大（15.50），随着山体高度的增加，相邻样地间草本 Cody 指数（β_c）呈先增加后减少趋势（表 4–4）。3 号样地与其他样地间的草本 Whittaker 指数（β_{ws}）较大，即草本共有种较少，相邻样地间草本 Whittaker 指数（β_{ws}）与 Cody 指数（β_c）随海拔变化趋势相似；其中 2~3 号样地间 Whittaker 指数（β_{ws}）最大（3.14），4 号样地间最小（1.83）。

由表 4–4 可知，Jaccard 指数和 Sorenson 指数（C_J 和 C_S 指数）反映各样地草本 β 多样性变化趋势基本一致。3 号杂木林草本物种与其他样地间的相似度较低，物种间隔度大，表现为 2~3 号样地间 Jaccard 指数、Sorenson 指数（C_J 指数和 C_S 指数）和 Bray–Curtis 指数（C_N）最低。相邻两样地间 Jaccard、Sorenson 指数（C_J 指数和 C_S 指数）和 Bray–Curtis 指数（C_N）均表现为随海拔高度升高递增。2 号林下草本 Jaccard 指数、Sorenson 指数（C_J 指数和 C_S 指数）和 Bray–Curtis 指数（C_N）较大，共有种较多，可见草本相似性 β 多样性受上层乔木组成的影响。

表 4–4 北京松山自然保护区林下草本物种 β 多样性指数

β 多样性指数样地编号		样地编号			
		1	2	3	4
2	C_J	0.11			
	C_S	0.19			
	C_N	0.14			
	β_c	12.50			
	β_{ws}	2.74			
3	C_J	0.04	0.04		
	C_S	0.07	0.07		
	C_N	0.09	0.01		
	β_c	13.50	13.00		
	β_{ws}	3.00	3.14		

续表

β多样性指数样地编号		样地编号			
		1	2	3	4
4	C_J	0.20	0.13	0.10	
	C_S	0.33	0.23	0.18	
	C_N	0.22	0.13	0.05	
	β_c	12.00	13.50	13.50	
	β_{ws}	2.22	2.31	2.52	

4.4 讨论

4.4.1 物种组成及数量特征

除针阔混交林样地外，其他样地乔木组成相对单一；灌木多以土庄绣线菊和扁担杆为优势种；本地区林下草本植物丰富度与多样性均较高。调查表明，随着山体高度的增加，三脉紫菀的重要值逐渐减小，这说明海拔作为一个复合环境因子，会影响上层乔木叶面积指数，二者协同影响林下草本组成结构，这与朱源等（2010）研究贺兰山林下草本物种组成随海拔的变化趋势一致。

针阔混交林特征与草本物种多样性往往呈负相关，即为抑制作用（张建宇等，2018）。3 号样地杂木林中的乔木层和灌木层物种种类最丰富，但草本层物种种类较少，多以阴生植物为主，这与林冠较大的叶面积指数相对应（3.51），即林冠郁闭可导致喜阴草本植物占优势地位。而其他各样地林下均分布有菊科草本，且重要值较高，这与赵勃（2005）所研究的北京山区植被分布的结果一致。由此进一步证实菊科草本生态位广，资源利用能力强，在北京山区分布广泛，能够较好地适应松山海拔 700~1000 m 环境条件；同时也说明物种重要值与生态位具有正相关性（胡正华 等，2009；陈丝露 等，2018）。

4.4.2 物种多样性和植物生长型的关系

林下环境复杂，则林下草本物种多样性特征表现有所不同，由此造成本研究区草本层物种丰富度和多样性大于乔木、灌木层，这与张建宇等（2018）的研究结果一致。对比各样地不同植物生长型灌木多样性、丰富度指数发现，1号、2号和3号样地的灌木物种多样性、丰富度与均匀度指数大于其他样地，但其草本层植被多样性却不及后3个样地，可能与空间异质及演替过程对生境的影响作用相关（鱼腾飞 等，2011），也存在灌木多样性大于草本的现象（陈丝露 等，2018）。与此同时，还需要综合考虑不同林型所带来的林下植被差异（张建宇 等，2018）。

4.4.3 林下草本物种多样性与 β 多样性变化特征

陈煜等（2016）研究发现，温带森林林下草本物种占群落全部维管植物的90%以上。这说明林下草本物种不仅可指示立地环境，还可以发挥强大的生态功能（Gilliam, 2007）。在分析林下草本物种多样特征时，要综合考虑冠层物种组成与结构、微地形及土壤因子的调控作用（余敏 等，2013）。综合分析本研究区林下草本多样性、丰富度与均匀度指数发现，林下草本多样性、均匀度指数与山体高度呈正相关，这是由于本研究区海拔为717~950 m，正处于丰富度与多样性指数递增区间内（宋爱云 等，2006; 张建华 等，2014），符合“中间膨胀”规律（王长庭 等，2004）。而2号、3号样地较大的灌木多样性会对阳生草本产生遮蔽，不利其生长（张佳 等，2011），使草本多样性指数略小。

探讨相邻样地各草本 β 多样性指数发现，相邻两样地间草本物种 Jaccard 指数、Sorenson 指数（C_J 指数、C_S 指数）和 Bray-Curtis 指数（C_N 指数）在2~3号样地间达到最低，后随海拔逐渐增加。松山早期砍伐原有植被，次生林随山体自然演替，造成中海拔高度立地条件逐渐复杂化，形成混交林，共有种减少，物种替代率增大，因此，该样地林下草本物种与其他样地间的相似度较低，数量数据 β 多样性指数较低；而二元属性 β 多样性 Whittaker 指数（β_{ws}）与 Cody 指数（β_c）均在2~3号、3~4号样地最大，从山底到山顶 Whittaker 指数（β_{ws}）与 Cody 指数（β_c）经历先增加后减少，这与徐广平等（2006）的研究结果相一致。尽管2、3号样地毗邻，但由于乔木组分不同，林下环境因子存在差异，共有种缺乏，草本丰富度较低，因此，2~3号样地间草本 Whittaker 指数（β_{ws}）最高。以上现象说明在土壤、光照等立地条件适中条件下，具有较大的环境异质性，会出现沿着山体高度增加，林下草本 β 多样性表现为先减小后增大的变化趋势，这与 Gracia 等（2007）的研究结果相似。

4.5 结论

由于其特殊的地理位置，松山森林生态系统在首都生态环境保护中发挥着重要作用，但前期缺乏重视与管理落后，造成大量乔木被采伐、资源过度开发，生物多样性受到严重威胁。经过近年来保护力度的加强，采伐迹地萌生的次生林逐渐成林。结合本研究植物物种多样性特征分析，在今后生物多样性保护实施过程中，需按照自然演替规律综合考虑冠层物种组成与结构、微地形的调控作用，寻找适合林分类型的森林群落多样性，制定合理可行的保护经验和技术，为森林群落生态功能的发挥提供科学支撑。

5 不同林分生物量及生产力研究

5.1 不同林分乔木层生物量和生产力

生物量分配模式不仅与植物本身的遗传发育有关，在很大程度上还受外界生长环境的影响（Kobe et al.，2010）。一般来说，随着土壤养分和水分的降低，分配到根系的生物量比例增加。地上生物量的分配比例会随着光照的降低而增加（Poorter et al.，2000）。此外，森林生物量和生产力也受温度和降水量等气象因子的影响，温度和降水量的大小及其区域的分布都会直接影响森林生物量，水热条件也会直接影响森林生产力的大小（杨远盛 等，2015）。同一树种不同器官间生物量的分配比例则反映了植物生长的权衡策略（Shipley et al.，2007），最优分配理论认为植物应该分配生物量到获取资源最受限制的器官（Mccarthy et al.，2007）。

5.1.1 蒙古栎纯林生物量和生产力

蒙古栎纯林的生物量和生产力分配如表 5-1 所示，由表 5-1 可知，蒙古栎纯林各器官总平均生物量为 183.51 t/hm^2，从大到小依次为干＞根＞枝＞叶。干的平均生物量最大，达到 113.61 t/hm^2，所占比例为 61.91%；叶的平均生物量最低，为 6.81 t/hm^2，占蒙古栎纯林总平均生物量的 3.71%。

样地中蒙古栎纯林各器官的总净初级生产力平均为 5.57 t/hm^2/a。干的初级净生产力最大为 3.44 t/hm^2/a，所占比例为 61.76%；叶的最小，为 0.21 t/hm^2/a，占总平均初级净生产力的 3.64%。蒙古栎纯林各器官平均初级净生产力从大到小依次为干＞根＞枝＞叶。该样地中的蒙古栎纯林属于萌生起源，以成熟林为主，生长速度快，未受人为干扰，立地条件优越，出材率较高，生物量的积累和分配随着林龄的增加由枝、叶、根转移到干，树干积累的干物质占主要部分，是主要的用材树种。

5.1.2 油松纯林生物量和生产力

油松纯林的生物量和生产力分配如表 5–1 所示。由表 5–1 可知，油松纯林各器官总平均生物量为 58.31 t/hm^2，从大到小依次为干＞枝＞叶＞根。干的平均生物量最大，达到 51.05 t/hm^2，所占比例为 87.55%；根的平均生物量最低，为 0.23 t/hm^2，占油松总平均生物量的 0.39%。表明样地中的油松纯林以成熟林为主，出材率较高，生物量的积累和分配以树干为主，树干积累的干物质占主要部分。油松纯林各器官的总净初级生产力平均为 1.77 t/hm^2/a，干的净初级生产力最大为 1.55 t/hm^2/a，所占比例为 87.57%；根的最小，为 0.01 t/hm^2/a，占总平均初级生产力的 0.56%。油松纯林各器官平均净初级生产力从大到小依次为干＞枝＞叶＞根。可见，油松的生产力是以树干积累为主。

5.1.3 针阔混交林生物量和生产力

通过调查，针阔混交林的主要树种组成为山杨、核桃楸、山杏和油松，其生物量和生产力分配如表 5–1 所示。由表 5–1 可知，针阔混交林各器官总平均生物量为 305.49 t/hm^2，从大到小依次为干＞枝＞根＞叶。干的平均生物量最大，达到 139.87 t/hm^2，所占比例为 45.79%；叶的平均生物量最低，为 26.67 t/hm^2，占各器官总平均生物量的 8.73%。针阔混交林各器官的总净初级生产力平均为 9.26 t/hm^2/a，干的净初级生产力最大为 4.24 t/hm^2/a，占比为 45.79%；叶的最小，为 0.81 t/hm^2/a，占比为 8.75%。针阔混交林各器官平均净初级生产力从大到小依次为干＞枝＞根＞叶，说明净初级生产力的积累以树干为主。

5.1.4 山杨纯林生物量和生产力

山杨纯林的生物量和生产力分配如表 5–1 所示。由表 5–1 可知，山杨纯林各器官总平均生物量为 171.65 t/hm^2，从大到小依次为干＞枝＞根＞叶。干的平均生物量最大，达到 102.61 t/hm^2，所占比例为 59.78%；叶的平均生物量最低，为 4.45 t/hm^2，占山杨总平均生物量的 2.59%，这说明样地山杨纯林以近熟林为主，出材率较高，生物量的积累以树干、枝为主。样地中山杨纯林各器官的总净初级生产力平均为 5.20 t/hm²/a，干的净初级生产力最大为 3.11 t/hm²/a，占比为 29.81%；叶最小，为 0.13 t/hm²/a，占总平均初级生产力的 2.50%。山杨纯林各器官平均净初级生产力从大到小依次为干＞枝＞根＞叶，表明山杨净初级生产力的积累以树干为主。

表 5-1　各林分生物量和净生产力

林分	指标	干	枝	叶	根	总
蒙古栎纯林	生物量（t/hm^2）	113.61	28.88	6.81	34.21	183.51
	净初级生产力（$t/hm^2/a$）	3.44	0.88	0.21	1.04	5.57
	生物量所占比例（%）	61.91	15.74	3.71	18.64	100.00
油松纯林	生物量（t/hm^2）	51.05	6.48	0.55	0.23	58.31
	净初级生产力（$t/hm^2/a$）	1.55	0.20	0.02	0.01	1.77
	生物量所占比例（%）	87.57	11.11	0.94	0.39	100.00
针阔混交林	生物量（t/hm^2）	139.87	87.47	26.67	51.48	305.49
	净初级生产力（$t/hm^2/a$）	4.24	2.65	0.81	1.56	9.26
	生物量所占比例（%）	45.79	28.63	8.73	16.85	100.00
山杨纯林	生物量（t/hm^2）	102.61	32.54	4.45	32.05	171.65
	净初级生产力（$t/hm^2/a$）	3.11	0.99	0.13	0.97	5.20
	生物量所占比例（%）	59.78	18.96	2.59	18.67	100.00

注：表格中数据均为保留小数点后两位，因为四舍五入问题，所占比例数据会有些许错误。

5.2　乔木层生物量、生产力与主要林分因子的相关性

乔木层生物量、生产力会受到多种因子的影响，如树种组成、林分年龄、立木密度、郁闭度等因素。通过林分乔木层生物量、生产力与主要林分因子的偏相关分析显示：林分乔木层单株平均生物量和单株平均生产力、立木密度均与海拔梯度呈显著负相关（$P < 0.05$），林分类型、坡向和坡度与海拔梯度呈显著正相关（$P < 0.05$）；叶面积指数与林分总生物量与生产力、单株平均生

物量与生产力呈正相关，显著性不强（$P > 0.05$），而与林分密度呈负相关关系；针叶类树种生产力与林分密度呈正相关关系；阔叶类树种生产力与林分密度呈负相关关系，与郁闭度呈正相关关系（表 5–2）。

通过分析可知，随着林分密度的上升，林分的乔木层生物量、生产力逐渐下降。高海拔地区的单株平均生物量和生产力略大于低海拔地区，林分结构分化较大。立木密度较大的林分中，针叶树种的发育状况优于阔叶类，海拔越高，这种优势越为明显，说明针叶类树种对于海拔梯度的响应比阔叶树更为敏感。然而林木密度过大则会影响到林分的整体发育，表现为林分生物量偏小，单株平均生产力低下等。此外，林分年龄偏大也导致林分生产力下降，在一定程度上也阻碍了林分的正常发育。

表 5–2 乔木层生物量、生产力与林分因子的偏相关分析

偏相关系数	林分类型	立木密度	叶面积指数	郁闭度	海拔	坡向	坡度	林分总生物量	单株平均生物量	林分总生产力	单株平均生产力
林分类型	1										
立木密度	0.01	1									
叶面积指数	−0.24	−0.71	1								
郁闭度	−0.58	−0.48	0.91	1							
海拔	0.98*	−0.56*	−0.43	−0.73	1						
坡向	0.95	0.24	−0.53	−0.80	0.99**	1					
坡度	0.91	0.12	−0.34	−0.32	0.86*	0.81	1				
林分总生物量	0.27	−0.68	0.87	0.62	0.07	−0.05	0.44	1			
单株平均生物量	−0.34	−0.89	0.94	0.74	−0.48*	−0.34	0.05	0.91	1		
林分总生产力	0.27	−0.68	0.87	0.62	0.07	−0.48	0.44	1	0.91	1	
单株平均生产力	−0.34	−0.89	0.94	0.74	−0.48*	−0.34	0.05	0.91	1	0.91	1

注：偏相关—双尾检验；* 表示 $P < 0.05$，** 表示 $P < 0.01$。

5.3 讨论

5.3.1 不同林分类型乔木层生物量

植物的生物量体现了植物在生长发育过程中通过光合作用对能量的有效积累（张运龙，2020）。从不同林分的生物量来看，北京松山自然保护区4种林分的乔木层平均生物量排序为针阔混交林（305.49 t/hm^2）＞山杨纯林（171.65 t/hm^2）＞油松纯林（58.31 t/hm^2）＞蒙古栎纯林（183.51 t/hm^2），与冯宗炜（1999）等的研究结果相比，山杨、蒙古栎和油松的生物量较高；与鲁绍伟等（2013）的研究结果相比，油松纯林的生物量较低，山杨纯林较高；与曹云生等（2012）的研究结果相比，蒙古栎纯林和山杨纯林的生物量较高，但生产力略低，油松纯林的生物量较低。可能是由研究区立地条件、林分密度等多方面因素的差异性造成的。

森林类型不同，林分生物量在各组分的分配比例也不相同（孟盛旺，2018）。研究表明，从不同器官的生物量来看，各种林分类型树干生物量所占比例最大，其中油松纯林的干生物量占比最大，为87.57%；其次为蒙古栎纯林（61.91%）；再次为山杨纯林（59.78%）；最小的为针阔混交林（45.79%），与已发表的研究结果较为一致。这其中针阔混交林与其他林型差异较大，更多地将生物量从干转移到了叶片，这可能与针叶树种和阔叶树种的相互作用有关。

5.3.2 不同林分乔木层净初级生产力

净初级生产力是指森林中植物群落在单位时间、单位面积上所产生有机物质的总量（吴国训，2015）。乔木作为森林生态系统的主体，是森林生产力的主要贡献者（薛立，2004）。从不同林分的生产力来看，北京松山自然保护区4种林分的乔木层净生产力从大到小依次为针阔混交林（9.26 t/hm^2/a）＞蒙古栎纯林（5.57 t/hm^2/a）＞山杨纯林（5.20 t/hm^2/a）＞油松纯林（1.77 t/hm^2/a）。

植物各器官净初级生产力的分配格局会因树种、树龄、植株大小及外界环境而有所不同（代海军 等，2013）。从不同器官的生产力来看，4种林分平均为干＞枝＞根＞叶。研究区内针阔混交林、山杨纯林和蒙古栎纯林这3种林分为成熟林，其中叶片的净生产力最小，树干的生产力最大。植物呼吸消耗了大部分森林生态系统中总生产力，而呼吸作用大多用于维持旧组织，很少用于构建新组织，因此树叶仅占生产力的小部分。在树木生长过程中，随着林龄的增加，分配在枝、叶、根上的生产力会向树干发生直接转移，生物量的累积与此同时发生同样的转移。因此，在选用回归模型时，回归方程无法准确预测树木的生物量积累，单株树木的生长环境也会影响植株生物量和生产力的分配，通过计算树木平均生物量和生产力可以弱化单株对整个林分造成的影响，以达到一定的预期效果。受条件限制，本研究没有测定树种年凋落量和草食动物的采食量，这些因素会对测定结果造成一定程度的影响。

研究区内的针阔混交林多为自然生的油松、山杨和栎类混交林，由于林分郁闭度大，林下杂灌较多，栎类等阔叶树种更新优于油松，大多数油松的更新幼苗处于林分下层，只有当油松高于栎类或与栎类同高时，油松才能正常生长发育。因此，该地区针阔混交林的健康发育仍需进一步的抚育经营。油松林是该地区中山地带主要的森林类型，生长和生物产量受气候、土壤、海拔等因子的影响，也与林分本身的年龄、密度、起源等特征密切相关。研究区针阔混交林发育基本良好，但是集中连片成林的不多。由于油松林在不同海拔地区的生产力相差悬殊，研究表明油松林的最优生长海拔为 1750~2000 m，实际经营中应以此着重考虑。针阔混交林在 1500 m 海拔以上比较常见，由于海拔较高，分布坡度较大，之前的补植及自然更新疏于管理，林分总体发育欠佳，亟须制定相关的经营方案予以实施管理（康乐，2012）。

5.4 结论

本研究以松山森林生态系统 4 种林分为研究对象，利用数学模型对森林生态系统中乔木层各部分器官的干重进行估测，由此推算各林分的生物量和生产力。主要结果为：各林分生物量范围在 58.31~305.49 t/hm^2，大小依次为针阔混交林＞蒙古栎纯林＞山杨纯林＞油松纯林；4 种林分的各器官生物量的积累以树干和树枝为主。其中，树干的生物量最大，占总生物量的 45.79%~87.57%；根、枝和叶的生物量分配因林分而异。针阔混交林和山杨纯林生物量分配呈现出相同的趋势，各器官生物量大小依次为干＞枝＞根＞叶。油松纯林则是干＞枝＞叶＞根，这与针叶树种与阔叶树种的生物量分配方式有关。各林分净初级生产力范围在 1.77~9.26 t/hm^2/a，从大到小依次为针阔混交林＞蒙古栎纯林＞山杨纯林＞油松纯林；4 种林分的净初级生产力的积累以树干和树枝为主。其中，树干的净初级生产力最大，占总初级生产力的 45.79%~87.57%。本研究通过对松山森林生态系统主要树种生物量和生产力的大小及分配的研究，旨在为北京山地森林生态系统可持续经营及调控提供科学依据。

6 不同林分土壤养分研究

6.1 不同林分对土壤有机质的影响

如图 6–1 所示，在 0~10 cm、10~20 cm 和 20~40 cm 土层内，各样地的有机质排序均为蒙古栎＞针阔混交林＞油松＞山杨。只有油松在 10~20 cm 土层内有机质含量高于表层,其他林分类型均为表层土壤有机质高于下层土壤有机质。从 3 层土壤层有机质来看，0~10 cm 土层土壤有机质最大，10~20 cm 土层土壤有机质居中，20~40 cm 土层土壤有机质最小。从 3 层土壤有机质均值来看，各样地的排序为蒙古栎（49.60 g/kg）＞针阔混交林（43.97 g/kg）＞油松（40.60 g/kg）＞山杨（35.73 g/kg），蒙古栎是山杨的 1.39 倍。

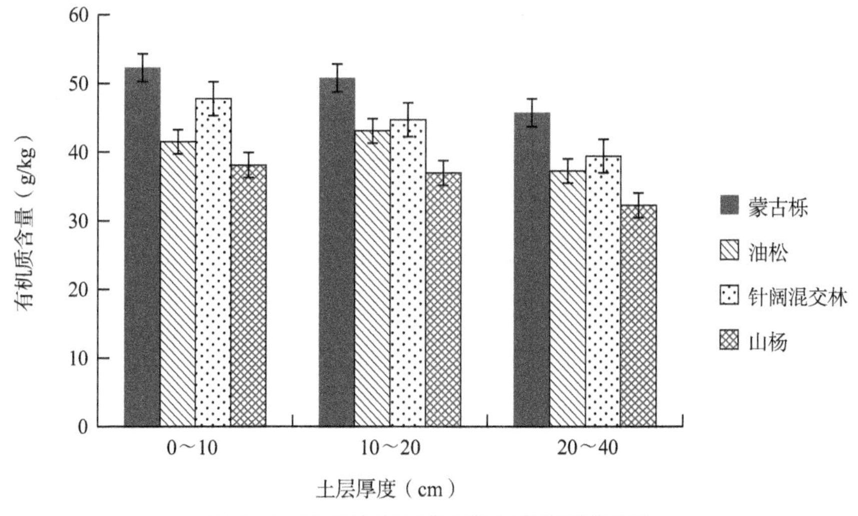

图 6–1 不同林分不同土层土壤有机质含量

6.2　不同林分对土壤全磷、全氮和全钾的影响

由表 6-1 可知，随土壤厚度的增加，全磷含量呈现递减趋势，在土壤全磷含量均值最大的针阔混交林中从 0~10 cm 的 1.04 g/kg 减少到 20~40 cm 的 0.89 g/kg，在土壤全磷含量均值最小的山杨中从 0~10 cm 的 0.41 g/kg 减少到 20~40 cm 的 0.22 g/kg。各样地土壤全磷含量均值的变化趋势为针阔混交林＞油松＞蒙古栎＞山杨，即混交林的土壤磷贮量最大，为 0.98 g/kg。

表 6-1　不同林分土壤全磷、全氮、全钾含量

不同林分	土层厚度（cm）	全磷（g/kg）	全氮（g/kg）	全钾（g/kg）
蒙古栎	0~10	0.48	3.28	24.97
	10~20	0.36	1.69	21.20
	20~40	0.30	1.29	12.02
	平均值	0.38	2.09	19.40
油松	0~10	0.76	3.28	19.44
	10~20	0.45	1.76	18.03
	20~40	0.42	1.64	14.14
	平均值	0.54	2.23	17.20
针阔混交林	0~10	1.04	3.05	29.33
	10~20	1.02	2.59	21.91
	20~40	0.89	2.31	20.80
	平均值	0.98	2.65	24.01
山杨	0~10	0.41	2.72	16.61
	10~20	0.24	1.42	9.90
	20~40	0.22	0.76	9.90
	平均值	0.29	1.63	12.14

由表 6-1 可知，随土层厚度的增加，全氮含量呈现递减趋势。在土壤全

氮含量均值最大的针阔混交林中从 0~10 cm 的 3.05 g/kg 减少到 20~40 cm 的 2.31 g/kg，在土壤全氮含量均值最小的山杨中从 0~10 cm 的 2.72 g/kg 减少到 20~40 cm 的 0.76 g/kg。各样地土壤全氮含量均值的变化趋势为针阔混交林＞油松＞蒙古栎＞山杨，即针阔混交林的土壤供氮的总水平最高，为 2.65 g/kg。

由表 6-1 可知，随土层厚度的增加，全钾含量呈现递减趋势，在土壤全钾含量均值最大的针阔混交林中从 0~10 cm 的 29.33 g/kg 减少到 20~40 cm 的 20.80 g/kg，在土壤全钾含量均值最大的山杨中从 0~10 cm 的 16.61 g/kg 减少到 10~20 cm 和 20~40 cm 的 9.90 g/kg。各样地土壤全钾含量均值的变化趋势为针阔混交林＞蒙古栎＞油松＞山杨，即针阔混交林的土壤含钾量最大为，24.01 g/kg。

不同林分全磷、全氮和全钾养分含量均为阔叶林大于针叶林，在不同土层全磷、全氮和全钾均值排序为全钾含量＞全氮含量＞全磷含量。

6.3 不同林分对土壤速效养分的影响

由表 6-2 可知，随着土壤深度的增加，土壤中速效钾的含量逐渐减少，在速效钾含量均值最大的针阔混交林中从 0~10 cm 的 148.60 mg/kg 减少到 20~40 cm 的 130.60 mg/kg，在速效钾含量均值最小的蒙古栎中从 0~10 cm 的 76.90 mg/kg 减少到 20~40 cm 的 52.30 mg/kg。不同林分土壤速效钾含量均值在 66.50~137.63 mg/kg，变化趋势为针阔混交林＞山杨＞油松＞蒙古栎，均值最大的针阔混交林（137.63 mg/kg）是均值最小的蒙古栎（66.50 mg/kg）的 2.07 倍。

表 6-2 不同林分土壤速效养分含量

不同林分	土层厚度（cm）	速效钾（mg/kg）	速效磷（mg/kg）	铵态氮（mg/kg）
蒙古栎	0~10	76.90	5.00	9.10
	10~20	70.30	7.00	11.30
	20~40	52.30	3.60	8.40
	平均值	66.50	5.20	9.60

续表

不同林分	土层厚度（cm）	速效钾（mg/kg）	速效磷（mg/kg）	铵态氮（mg/kg）
油松	0~10	85.00	7.40	11.90
	10~20	81.10	5.90	11.70
	20~40	61.20	6.40	10.30
	平均值	75.77	6.57	11.30
针阔混交林	0~10	148.60	10.30	13.50
	10~20	133.70	9.90	14.40
	20~40	130.60	8.00	11.70
	平均值	137.63	9.40	13.20
山杨	0~10	84.50	5.70	6.40
	10~20	78.60	4.90	9.20
	20~40	77.70	5.10	5.00
	平均值	80.27	5.23	6.87

由表 6–2 可知，不同林分土壤速效磷含量均值在 5.20~9.40 mg/kg，各样地的排序为针阔混交林（9.40 mg/kg）>油松（6.57 mg/kg）>山杨（5.23 mg/kg）>蒙古栎（5.20 mg/kg），针阔混交林的土壤速效磷含量均值最大，是均值最小的蒙古栎的 1.81 倍。

4 种不同林分中（表 6–2），土壤铵态氮含量均值在 6.87~13.20 mg/kg，变化趋势为针阔混交林（13.20 mg/kg）>油松（11.30 mg/kg）>蒙古栎（9.60 mg/kg）>山杨（6.87 mg/kg），针阔混交林的铵态氮均值含量是山杨的 1.92 倍。从针阔叶角度来看，阔叶林分下的土壤铵态氮含量低于针叶林下的土壤速效磷。

6.4　不同林分土壤养分主成分分析

研究 4 个林分类型综合评价土壤养分效应，根据式（3–14）对各样地所测的原始数据进行标准化处理，结果如表 6–3 所示。将 4 个林分类型的 7 项指标转化为 7 个成分。由表 6–4 可以看出，前 3 个成分的累计贡献率为 92.341%，表明前 3 个主成分已经把 4 个林分类型的 92.341% 信息反映出来，且前 3 个主成分的特征值均大于 1，介于 1.325~4.020。因此，前 3 个成分可以较好地反映出各评价指标所包含的综合信息。根据各性状相关矩阵的特征向量（表 6–5）及式（3–16）可构造土壤养分效应评价函数，根据式（3–17）确定权重，3 个主成分的权重依次为：0.561、0.252、0.196；由式（3–18）得出 4 种不同林分的综合得分和排名（表 6–6）。由表 6–6 可知，不同林分类型土壤养分效应评价值表现为：针阔混交林（6.230）＞蒙古栎（1.854）＞山杨（0.331）＞油松（–1.093）。

表 6–3　不同林分评价指标标准化数据

评价指标	样地编号			
	1	2	3	4
X_1	0.37	–0.34	–0.13	–0.69
X_2	0.26	–0.13	–0.15	–0.58
X_3	–0.32	1.37	–0.92	–0.36
X_4	1.72	0.19	1.00	–0.79
X_5	1.17	1.38	–0.74	–0.77
X_6	0.44	0.52	–0.27	–0.09
X_7	0.55	1.00	1.13	0.90

表 6–4　主成分初始特征值

主成分	合计	方差百分比	累计（%）
1	4.020	51.583	51.583
2	1.935	22.868	74.451
3	1.325	17.890	92.341
…			

表 6-5　主成分得分系数矩阵

评价指标	主成分		
	1	2	3
X_1	0.272	0.014	0.056
X_2	0.312	0.015	0.155
X_3	0.157	0.231	0.021
X_4	0.134	0.011	0.593
X_5	0.017	0.521	0.162
X_6	0.111	0.373	0.313
X_7	0.299	0.084	0.079

表 6-6　不同林分类型综合效应评价结果

样地编号	主成分			综合评价值	排名
	Y_1	Y_2	Y_3		
1	4.395	−1.658	−0.967	1.854	2
2	−1.827	−1.121	0.995	−1.093	4
3	8.585	2.662	4.020	6.230	1
4	−1.074	3.080	0.850	0.331	3

6.5　讨论

6.5.1　不同林分土壤长效养分的影响

土壤有机质是指存在于土壤中的各种含碳有机化合物，包括动植物残体、微生物及生命活动的各种有机产物（鲍士旦，2005）。蒙古栎、针阔混交林和山杨 0~10 cm 土层土壤有机质含量最多，因为土壤的表层比土壤深层有更多的动物植物残体及一些腐殖质等，所以表层土壤有机质含量高于其他土壤层的有机质含量。油松 10~20 cm 土层的有机质含量高于表层，是由于表层土壤覆盖的针叶凋落物含有大量木质素，分解较慢，因此，有机质含量相对下层偏低。

磷是植物三大必需营养元素之一，它以多种方式参与植物体内的各种生物化学过程，对植物新陈代谢和生长发育起着至关重要的作用（孟京辉 等，2010；尹艳杰，2014）；土壤全氮包括所有形式的氮，是土壤肥力的重要物质基础；钾是植物吸收量最多且土壤营养元素含量最高的元素之一。通过对 4 种林分类型土壤化学性质的研究分析得出：4 种林分类型土壤全磷、全氮和全钾含量会随土层深度的增加而逐渐降低，其主要是植被枯枝落叶的营养成分大多存留在土壤表层，导致表层营养程度高于深层土壤，这与前人研究结果一致（满秀玲 等，2010）。在本研究中，与其他 3 种林分相比，针阔混交林土壤全磷、全氮和全钾含量较高，结果表明针阔混交林凋落物腐化后所能释放出的营养物质要多于其他 3 种林分。

6.5.2 不同林分土壤速效养分差异

与其他 3 种林分相比，针阔混交林的速效元素含量相对较高，这是由于针阔混交林的植物和微生物在起作用。针阔混交林土壤中植物根系生物量、微生物生物量较高，其分泌的多种有机酸和活性酶加快了土壤中矿化元素及有机物的分解（田大伦 等，2003），从而增加了土壤中速效元素的含量，提高了元素利用率。不同林分土壤养分结构大体呈现由上向下递减的形式，这是由于土壤养分的表聚性，地表枯枝落叶的积累与分解、土壤与植被的相互作用对其产生的影响（张川 等，2014）。表层土壤是植物根系分布及协同微生物分布的集中层，是供应植株生长的主要养分层（张超 等，2012）。地上植被根系从深层土壤吸收养分，再通过枯枝落叶等形式将部分养分归还于土壤表层（姜沛沛 等，2016），因此上层土壤的养分含量相对下层较高。

6.5.3 不同林分土壤养分主成分分析

针阔混交林的土壤养分效应评价值最高，说明该林分土壤各层的养分含量相对较高，这表明针阔混交林相比其他 3 种林分具有更高的土壤养分储量和更好的土壤养分循环机制。由于本研究的 4 种林分于同一气候和立地条件下种植，枯落物的数量和质量差异可能是导致针阔混交林土壤养分效应评价值高的重要原因。混交林中植被的种类多且数量大，对土壤涵养水源和累积有机质有巨大作用，明显改善了土壤的通透性，降低了土壤的紧实程度和容重，特别是表层土壤最为明显。针阔混交林中土壤最上层有大量的枯落物，它们分解后成为表层土，大大改善了表层土的物理性状，增加了土壤有机质和团粒结构，提高了土壤孔隙度，减小了土壤容重。在混交林中，由于增加了阔叶树种，加速了枯枝落叶的分解速率，各营养元素的释放量得以提高，故与纯林相比，所有混交林同一土层中的有机质、全氮、水解氮、全磷、速效磷、全钾、速效钾的含量都有不同程度的增加。枯落物层和腐殖质层更厚，相对于纯林其土壤质地松散、结构优异、持水能力强、透水性强。

6.6 结论

松山森林生态系统中阔叶林的土壤有机质普遍大于针叶林；随土壤厚度的增加土壤速效养分含量和土壤长效养分含量呈现递减趋势，全钾含量均值（12.14~24.01 g/kg）＞全氮含量均值（1.63~2.65 g/kg）＞全磷含量均值（0.29~0.98 g/kg），阔叶林大于针叶林；速效钾含量均值针阔混交林最大（137.63 mg/kg），蒙古栎最小（66.50 mg/kg）；速效磷含量均值针阔混交林最大（9.40 mg/kg），蒙古栎最小（5.20 mg/kg）；铵态氮含量均值针阔混交林最大（13.20 mg/kg），山杨最小（6.87 mg/kg）。不同林分类型土壤养分综合效应评价针阔混交林最大（6.230），油松最小（–1.093）。

7　不同林分降雨再分配过程研究

7.1　不同林分林冠层降水分配特征

林冠层是森林生态系统第一活动层，也是森林对大气降水的第一次分配。降水从大气落入森林后，在林冠层枝叶作用下分为穿透雨、树干径流和林冠截留 3 个水文分量（Chen et al.，2016）。林冠截留能将雨水拦截在林冠表面，通过蒸腾作用将水分返还给大气，穿透雨和树干径流是森林水分的主要输入方式之一，对促进其内部水分循环和养分流动起到重要作用。林冠层降水分配过程十分复杂，主要受降雨特征、林分特征等因素影响（段旭 等，2010）。目前，众多学者对北京地区典型林分林冠层水文特征已有较多研究，但对北京松山自然保护区不同林分的林冠层水文研究还未见报道。因此，本研究选取保护区 4 种典型林分，根据 2017—2018 年生长季观测数据，对不同林分穿透雨量、树干径流量及林冠截留量进行研究，阐明不同林分林冠层水文特征及降水分配差异。

7.1.1　不同雨量级下林冠层降雨再分配特征

如表 7-1 所示，2017—2018 年生长季共观测到 24 场降雨，总降雨量为 806.71 mm。根据中国气象局对降雨等级的划分标准，将 24 场降雨划分为 0~5 mm、5~10 mm、10~25 mm、25~50 mm、50~100 mm 和 ＞ 100 mm 6 个雨量级。其中，最小雨量级（0~5 mm）和最大雨量级（＞ 100 mm）的降雨各有 1 场，均占总降雨场次的 4.17%，降雨量分别为 2.89 mm 和 110.21 mm，占总降雨量的 0.36% 和 13.66%；雨量级在 5~10 mm 和 50~100 mm 的降雨各有 4 场，分别占总降雨场次的 16.67%，两个雨量级的累计降雨量分别为 31.49 mm

和 323.71 mm，占总降雨量的 3.90% 和 40.13%；雨量级在 10~25 mm 的降雨有 8 场，占总降雨场次的 33.33%，累计降雨量为 124.81 mm，占总降雨量的 15.47%；雨量级在 25~50 mm 的降雨有 6 场，占总降雨场次的 25.00%，累计降雨量为 213.59 mm，占总降雨量的 26.48%。从不同雨量级的降雨场次和降雨量分布情况来看，雨量级在 10~25 mm 的降雨场次最多，但降雨量主要集中在 50~100 mm 雨量级。

各林分在不同雨量级下的穿透雨量（率）、树干径流量（率）和林冠截留量（率）变化趋势差异明显。穿透雨量和林冠截留量最小值出现在 0~5 mm 雨量级，穿透雨量最小值分别为蒙古栎纯林 1.20 mm、油松纯林 0.78 mm、油松 + 毛白杨混交林 1.07 mm 和山杨纯林 0.9 mm；林冠截留量最小值依次为 1.69 mm、2.11 mm、1.81 mm 和 1.99 mm，最大值出现在 50~100 mm 雨量级，穿透雨量最大值分别为蒙古栎纯林 224.98 mm、油松纯林 203.44 mm、油松 + 毛白杨混交林 229.70 mm 和山杨纯林 254.03 mm，林冠截留量最大值依次为 86.34 mm、119.09 mm、80.03 mm 和 67.42 mm。各林分树干径流量最小值出现在 0~5 mm 雨量级，表现为除油松 + 毛白杨混交林最小值为 0.01 mm 外，其他林分均为 0 mm，蒙古栎纯林、油松 + 毛白杨混交林和山杨纯林最大值出现在 50~100 mm 雨量级，分别为 12.39 mm、13.98 mm 和 2.26 mm，油松纯林出现在＞100 mm 雨量级，最大值为 1.21 mm。研究发现，除油松纯林外，各林分穿透雨量、树干径流量和林冠截留量最大值均未出现在最大雨量级，这主要与不同雨量级的降雨场次有关。研究期间＞ 100 mm 的降雨仅有 1 场，50~100 mm 雨量级有 4 场，后者的累计降雨量和各水文分量累计值均高于前者。若按各水文分量均值进行大小排序，得出各林分穿透雨量、树干径流量和林冠截留量随雨量级增大而逐渐增大。此外，各林分穿透率随雨量级增大而逐渐增大，林冠截留率随雨量级增大而逐渐减小。穿透率最小值和截留率最大值出现在 0~5 mm 雨量级，穿透率最小值分别为蒙古栎纯林（41.65%）、油松纯林（26.99%）、油松 + 毛白杨混交林（37.05%）和山杨纯林（31.24%）；截留率最大值依次为 58.35%、73.01%、62.49% 和 68.86%，穿透率最大值和截留率最小值出现在大于 100 mm 雨量级，穿透率最大值分别为蒙古栎纯林（73.75%）、油松纯林（67.13%）、油松 + 毛白杨混交林（74.91%）和山杨纯林（81.28%），截留率最小值依次为 22.58%、31.77%、20.45% 和 17.70%。树干径流率随雨量级增加的变化趋势不明显，但最小值出现在 0~5 mm 雨量级，表现为油松 + 毛白杨混交林为 0.36%，其他林分均为 0。

从不同雨量级的降水分配特征来看，各林分在 0~5 mm 雨量级表现为：林冠截留＞穿透雨＞树干径流，说明在该雨量级的降水分配特征均以林冠截留为主。在 5~10 mm 雨量级中，蒙古栎纯林降水分配特征发生改变，表现为：穿透雨＞林冠截留＞树干径流，其他林分与 0~5 mm 雨量级相同。在 10~25 mm 雨量级表现为：穿透雨＞林冠截留＞树干径流，说明各林分林冠层降水分配特征需根据雨量级大小进行划定，降水分配特征基本以穿透雨为主。

表 7-1　2017—2018 年不同雨量级下各林分林冠层分配特征

林分类型	雨量级（mm）	场次	降雨量（mm）	穿透雨		树干径流		林冠截留	
				穿透量（mm）	穿透率（%）	干流量（mm）	径流率（%）	截留量（mm）	截留率（%）
蒙古栎纯林	0~5	1	2.89	1.20	41.65	0	0	1.69	58.35
	5~10	4	31.49	15.60	49.54	0.36	1.15	15.53	49.31
	10~25	8	124.81	69.20	55.43	1.98	1.59	53.65	42.98
	25~50	6	213.59	125.57	58.79	5.46	2.56	82.55	38.65
	50~100	4	323.71	224.98	69.50	12.39	3.83	86.34	26.67
	＞ 100	1	110.21	81.28	73.75	4.04	3.67	24.89	22.58
	合计	24	806.71	517.83	64.19	24.23	3.00	264.65	32.81
油松纯林	0~5	1	2.89	0.78	26.99	0	0	2.11	73.01
	5~10	4	31.49	12.99	41.25	0.03	0.08	18.47	58.67
	10~25	8	124.81	64.67	51.80	0.04	0.04	60.12	48.16
	25~50	6	213.59	117.02	54.79	0.21	0.10	96.35	45.11
	50~100	4	323.71	203.44	62.84	1.18	0.37	119.09	36.79
	＞ 100	1	110.21	73.98	67.13	1.21	1.10	35.02	31.77
	合计	24	806.71	472.88	58.62	2.67	0.33	331.16	41.05

续表

林分类型	雨量级（mm）	场次	降雨量（mm）	穿透雨		树干径流		林冠截留	
				穿透量（mm）	穿透率（%）	干流量（mm）	径流率（%）	截留量（mm）	截留率（%）
油松＋毛白杨混交林	0~5	1	2.89	1.07	37.05	0.01	0.36	1.81	62.49
	5~10	4	31.49	14.69	46.66	0.48	1.51	16.32	51.83
	10~25	8	124.81	69.62	55.77	2.00	1.61	53.21	42.62
	25~50	6	213.59	127.93	59.89	7.54	3.53	78.11	36.58
	50~100	4	323.71	229.70	70.96	13.98	4.32	80.03	24.72
	＞100	1	110.21	82.56	74.91	5.11	4.64	22.54	20.45
	合计	24	806.71	525.57	65.15	29.12	3.61	252.02	31.24
山杨纯林	0~5	1	2.89	0.90	31.24	0	0	1.99	68.86
	5~10	4	31.49	14.44	45.87	0.01	0.03	17.04	54.10
	10~25	8	124.81	87.25	69.89	0.32	0.25	37.26	29.86
	25~50	6	213.59	162.70	76.18	0.65	0.30	50.23	23.52
	50~100	4	323.71	254.03	78.47	2.26	0.70	67.42	20.83
	＞100	1	110.21	89.58	81.28	1.12	1.02	19.51	17.70
	合计	24	806.71	608.90	75.48	4.36	0.54	193.45	23.98

7.1.2 生长季不同月份的林冠层分配特征

2018年生长季（5—9月）共观测到15场降雨，总降雨量为456.93 mm。5月、6月和8月降雨场次均为3场，均占总降雨场次的20%；月降雨总量依次为54.38 mm、45.30 mm和76.87 mm，分别占总降雨量的11.90%、9.91%和16.82%。7月降雨场次为4场，占总降雨场次的26.67%；月降雨总量为235.47 mm，占总降雨量的51.53%。9月降雨场次为2场，占总降雨场次的13.33%；月降雨总量为44.91 mm，占总降雨量的9.83%。从生长季各月降雨分布情况上看，生长季降雨量和降雨场次为7月最大，说明7月降水对森林水分输入的贡献最大。

如图 7-1 所示，不同林分在生长季的穿透雨量、树干径流量和林冠截留量月动态变化差异明显。各林分穿透雨月总量、树干径流月总量和林冠截留月总量最大值均出现在 7 月，蒙古栎纯林与油松 + 毛白杨混交林各水文分量最小值均出现在 6 月和 9 月，蒙古栎纯林最小值分别为 25.83 mm（6 月）、0.85 mm（9 月）和 16.99 mm（9 月），油松 + 毛白杨混交林最小值分别为 26.14 mm（9 月）、1.09 mm（6 月）和 15.43 mm（6 月）。油松纯林最小值依次出现在 5 月、6 月和 9 月，分别为 22.56 mm、0 mm 和 20.64 mm。山杨纯林最小值依次出现在 9 月、9 月和 5 月，分别为 31.85 mm、0.13 mm 和 13.33 mm。各林分穿透雨月总量表现为蒙古栎纯林、油松 + 毛白杨混交林和山杨纯林在 5—6 月随月总降雨量变化不大，其他月份均随月总降雨量变化不大，油松纯林穿透雨月总量在生长季各月均随月降雨总量增加而增加；树干径流月总量表现为蒙古栎纯林随月降雨总量增加而增加，其他林分呈波动性变化；林冠截留月总量表现为蒙古栎纯林和油松 + 毛白杨混交林随月降雨总量增加而增加，油松纯林和山杨纯林变化趋势不明显，这可能与生长季各月的降雨特征和各树种的发育情况有关。

从不同林分生长季各月林冠层降水分配特征来看，除 5 月油松纯林外，各林分各月份均表现为：林冠截留月总量＞穿透雨月总量＞树干径流月总量，其他月份均表现为：穿透雨月总量＞林冠截留月总量＞树干径流月总量，说明 2018 年生长季各林分林冠层降水分配特征基本以穿透雨为主。

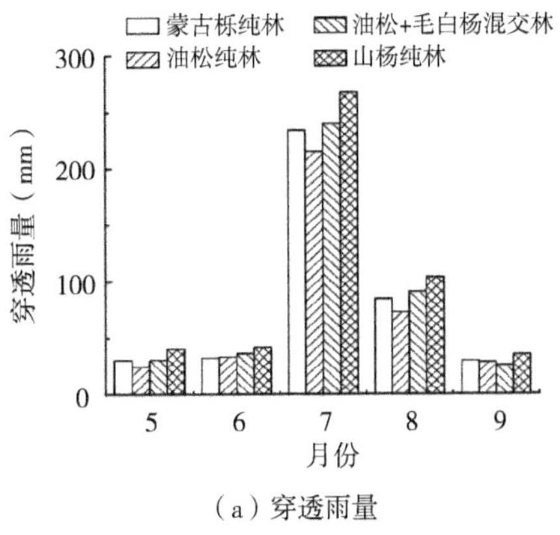

（a）穿透雨量

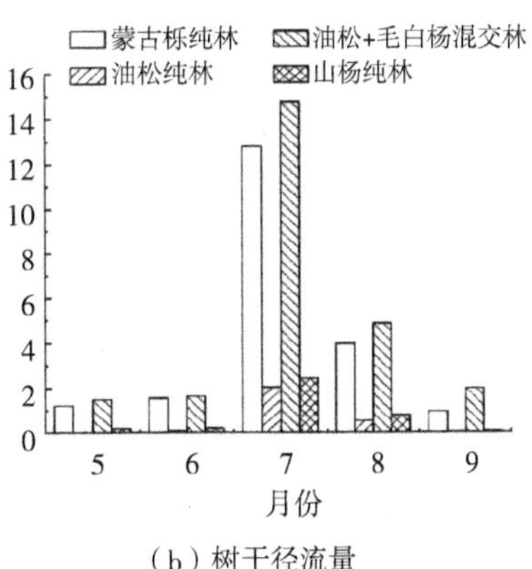

（b）树干径流量

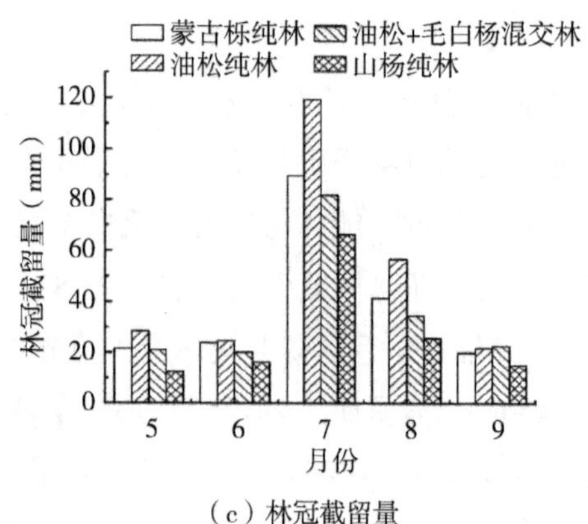

（c）林冠截留量

图 7-1　不同林分生长季各月林冠层分配特征

7.1.3　不同林分穿透雨特征

各林分在 24 场降雨中产生穿透雨，穿透雨总量分别为蒙古栎纯林 517.83 mm、油松纯林 472.88 mm、油松 + 毛白杨混交林 525.57 mm 和山杨纯林 608.90 mm。其中，2017 年穿透雨总量依次为 229.50 mm、214.12 mm、230.91 mm 和 260.13 mm，2018 年依次为 288.33 mm、258.76 mm、294.66 mm 和 348.77 mm；平均穿透雨量分别为蒙古栎纯林 21.58 mm、油松纯林 19.70 mm、油松 + 毛白杨混交林 21.90 mm 和山杨纯林 25.37 mm；穿透率依次为 64.19%、58.62%、65.15% 和 75.48%。实测数据显示，山杨纯林的穿透雨总量、穿透率为最大，其次是油松 + 毛白杨混交林、蒙古栎纯林，油松纯林最小。随即对各林分在一次性降雨下穿透雨量进行配对样本检验，结果显示除蒙古栎纯林与山杨纯林穿透雨量无明显差异外，其他林分有显著差异（$P < 0.05$）。综合实测数据与检验结果得出，蒙古栎纯林、油松 + 毛白杨混交林和山杨纯林的穿透雨总量大于油松纯林，蒙古栎纯林与山杨纯林相差不大，在数值上表现为山杨纯林＞蒙古栎纯林。

为进一步探究不同林分在一次性降雨下穿透雨量与降雨量的关系，对各林分穿透雨量与同时期降雨量进行拟合，拟合结果如图 7-2 和表 7-2 所示。从图 7-2 可以看出，各林分穿透雨量与降雨量呈显著的线性正相关关系（$P < 0.05$），即穿透雨量随降雨量增加而逐渐增加，拟合方程 R^2 范围在 0.9899~0.9961，说明穿透雨量与降雨量高度相关，且拟合方程能较好地解释二者间的变化关系。

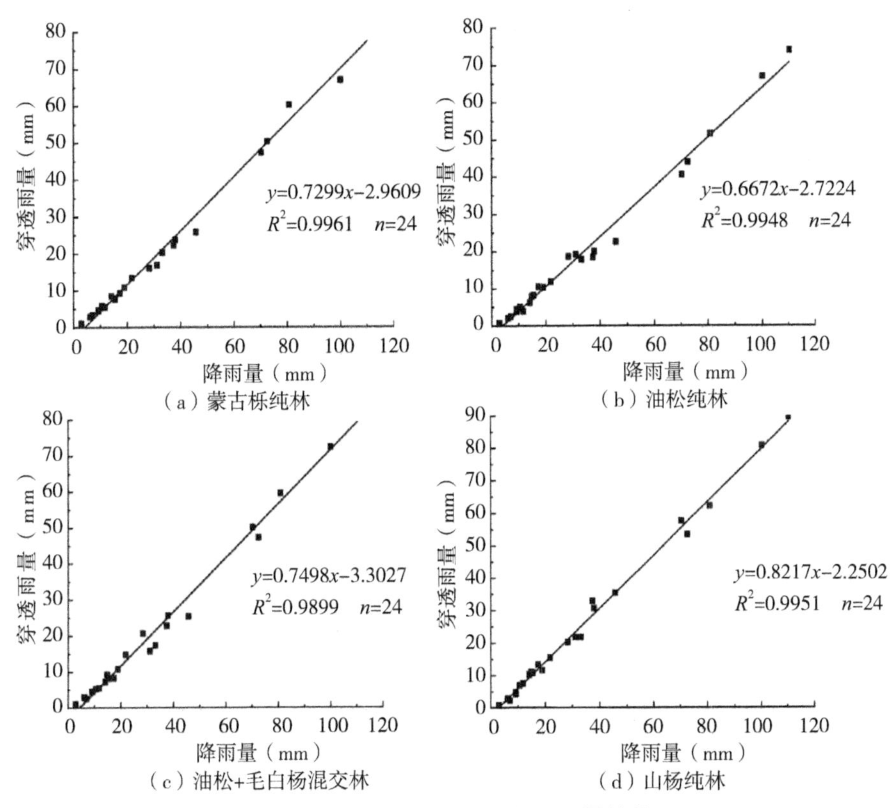

图 7-2 不同林分穿透雨量与降雨量的关系

在不考虑树干径流条件下，林分郁闭度为 1 时，降雨能被林冠层完全截留，可将此时的降雨量视为各林分林冠层对降雨截留达到饱和所需要的最小降雨量，即林冠层最大截留量（田晶，2009）。通过拟合方程计算得出，各林分林冠层达到饱和时所需最小降雨量分别为蒙古栎纯林（4.06 mm）、油松纯林（4.08 mm）、油松 + 毛白杨混交林（4.40 mm）和山杨纯林（2.73 mm），油松 + 毛白杨混交林最大，其次是油松纯林和蒙古栎纯林，山杨纯林最小。从林分类型上看，蒙古栎纯林、山杨纯林和油松 + 毛白杨混交林的穿透雨量均大于油松纯林，其原因主要与不同树种的林冠结构特征有关。就单一叶片而言，阔叶树种叶片宽大，承接面积大于针叶树种，但针叶树种林冠枝叶量较多，枝叶交互叠加增加了承接面积，达到增大林冠截留量、减少穿透雨量的效果。

表 7-2　不同林分穿透雨量与降雨量的拟合方程

林分类型	拟合方程	R^2	样本数（n）
蒙古栎纯林	y=0.7299 x-2.9609	0.9961	24
油松纯林	y=0.6672 x-2.7224	0.9948	
油松 + 毛白杨混交林	y=0.7498 x-3.3027	0.9899	
山杨纯林	y=0.8217 x-2.2502	0.9951	

7.1.4　不同林分树干径流特征

研究期间各林分产生树干径流次数不同，分别为蒙古栎纯林 23 次、油松纯林 9 次、油松 + 毛白杨混交林 22 次和山杨纯林 17 次，树干径流总量为蒙古栎纯林 24.23 mm、油松纯林 2.67 mm、油松 + 毛白杨混交林 29.12 mm 和山杨纯林 4.36 mm。其中，2017 年树干径流总量依次为 11.12 mm、0.84 mm、12.14 mm 和 2.07 mm；2018 年依次为 13.01 mm、1.83 mm、16.89 mm 和 2.30 mm，平均树干径流率依次为 3.00%、0.33%、3.61% 和 0.54%。实测数据显示，油松 + 毛白杨混交林树干径流总量和平均树干径流率均为最大，其次为蒙古栎纯林和山杨纯林，油松纯林最小。对各林分在一次性降雨下树干径流量进行配对样本检验，结果显示各林分树干径流量差异显著（$P < 0.05$）。综合实测数据与检验结果得出，各林分树干径流总量由大到小顺序为：油松 + 毛白杨混交林＞蒙古栎纯林＞山杨纯林＞油松纯林。

为进一步探究树干径流量与降雨量的关系，各林分在一次性降雨下树干径流量与同时期降雨量进行拟合，拟合结果如表 7-3 和图 7-3 所示。从图 7-3 可以看出，各林分树干径流量与降雨量之间呈显著的线性正相关关系（$P < 0.05$），树干径流量随降雨量增大而逐渐增大，拟合方程 R^2 范围在 0.9159~0.9848，说明树干径流量与降雨量呈高度相关，且拟合方程能较好地解释二者间变化关系。

表 7-3　不同林分树干径流量与降雨量的拟合方程

林分类型	拟合方程	R^2	样本数（n）
蒙古栎纯林	y=0.0417 x–0.4044	0.9727	23
油松纯林	y=0.0103 x–0.1546	0.9159	9
油松 + 毛白杨混交林	y=0.0481 x–0.3747	0.9848	22
山杨纯林	y=0.0095 x–0.1297	0.9325	17

通过拟合方程计算得出，各林分产生树干径流所需的最小降雨量分别为蒙古栎纯林 9.70 mm、油松纯林 15.01 mm、油松 + 毛白杨混交林 7.79 mm 和山杨纯林 13.65 mm。说明在一定降雨条件下，油松 + 毛白杨混交林仅需 7.79 mm 的降雨量就能产生树干径流，而油松纯林需 15.01 mm，这也基本印证了树干径流总量的大小排序。从不同林分类型上看，蒙古栎纯林、油松 + 毛白杨混交林和山杨纯林的树干径流总量大于油松纯林，这可能与各树种胸径大小有关。一般认为，树木胸径越大，对雨水可承接面积就越大，雨水沿树干流动时的水量就越多。由样地调查结果可知，蒙古栎纯林、油松 + 毛白杨混交林和山杨纯林平均胸径大于油松纯林，故树干径流总量也大于油松纯林。

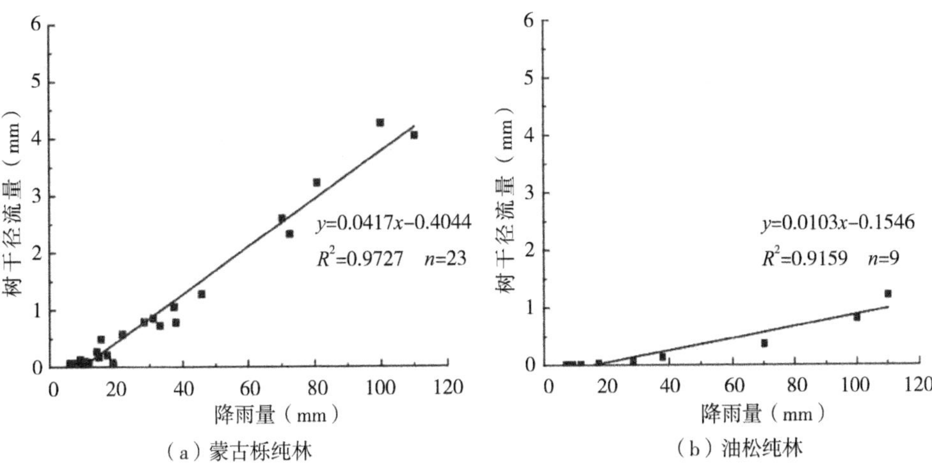

（a）蒙古栎纯林　　（b）油松纯林

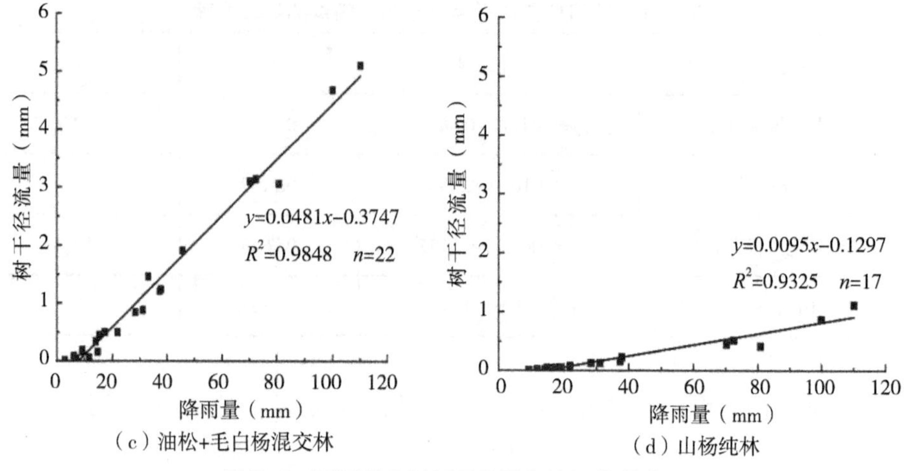

（c）油松+毛白杨混交林　　（d）山杨纯林

图 7-3　不同林分树干径流量与降雨量的关系

7.1.5　不同林分林冠截留特征

不同林分林冠截留总量分别为蒙古栎纯林 264.65 mm、油松纯林 331.16 mm、油松 + 毛白杨混交林 252.02 mm 和山杨纯林 193.45 mm。其中，2017 年各林分林冠截留总量依次为 109.08 mm、134.84 mm、106.75 mm 和 87.60 mm，2018 年依次为 155.57 mm、196.32 mm、145.27 mm 和 105.84 mm。各林分平均截留量分别为蒙古栎纯林（11.03 mm）、油松纯林（13.80 mm）、油松 + 毛白杨混交林（10.50 mm）和山杨纯林（8.06 mm），平均截留率依次为 32.81%、41.05%、31.24% 和 23.98%。从实测数据上看，油松纯林林冠截留总量、平均林冠截留率均表现为最大，其次为蒙古栎纯林和油松 + 毛白杨混交林，山杨纯林最小。随即对各林分在一次性降雨下林冠截留量进行配对样本检验，结果显示除蒙古栎纯林与油松 + 毛白杨混交林林冠截留量无显著差异外，其他林分均表现出显著差异（$P < 0.05$）。综合实测数据与检验结果得出，油松纯林林冠截留总量最大，山杨纯林最小，蒙古栎纯林和油松 + 毛白杨混交林基本相同，但在数值上表现为蒙古栎纯林＞油松 + 毛白杨混交林。

为进一步探究林冠截留量、林冠截留率与降雨量的关系，分别对各林分在一次性降雨下的林冠截留量、林冠截留率与同时期降雨量进行拟合，拟合结果如表 7–4、图 7–4、图 7–5 所示。从图 7–4、图 7–5 可以看出，各林分林冠截留量与降雨量之间均呈显著正相关关系（$P < 0.05$），即林冠截留量随降雨量增大而增大；林冠截留率与降雨量之间均呈显著负相关关系（$P < 0.05$），即林冠截留率随降雨量增大而减小。各林分林冠截留量拟合方程 R^2 范围在 0.8962~0.9789，说明林冠截留量与降雨量高度相关，且拟合方程能较好地解释二者间变化关系；林冠截留率拟合方程 R^2 范围在 0.6802~0.8594，二者呈中度相关，说明降雨量对林冠截留率产生影响外，还可能与林冠层自然含水率、降雨强度和降雨历时等多方面因素有关。

表 7–4　不同林分林冠截留量、林冠截留率与降雨量的拟合方程

研究内容	林分类型	拟合方程	R^2	样本数（n）
林冠截留量	蒙古栎纯林	$y=-0.0015x^2+0.3813x+1.2014$	0.9509	24
	油松纯林	$y=-0.0019x^2+0.5247x+0.0639$	0.9789	
	油松 + 毛白杨混交林	$y=-0.0018x^2+0.3851x+1.1521$	0.9281	
	山杨纯林	$y=-3.5448e-4x^2+0.2063x+1.8501$	0.8962	
林冠截留率	蒙古栎纯林	$y=-9.154\ln x+68.834$	0.8594	24
	油松纯林	$y=-9.833\ln x+78.6011$	0.6951	
	油松 + 毛白杨混交林	$y=-11.41\ln x+75.484$	0.7627	
	山杨纯林	$y=-13.15\ln x+73.162$	0.6802	

研究发现，通过拟合方程计算出的林冠截留量与水量平衡公式计算结果不一致，原因归结于两点：一是拟合方程建立条件与自然状态下不一致，忽略了郁闭度、蒸发量等环境因素影响；二是由于植被在生长季的冠幅、枝叶数量等处于动态变化过程。此外，各林分林冠截留量在降雨初期随降雨量增大而增大，随后以平稳状态继续增加。这是由于降雨初期的林冠枝叶含水量较低且未达到饱和状态，随着降雨的持续进行，枝叶对雨水截留达到自身最大承载能力，超

出部分不再被枝叶截留（Lup et al.，2010），并在叶片衬托力、雨滴内聚力及重力相互作用下飞溅或滑落，形成穿透雨落入地表。

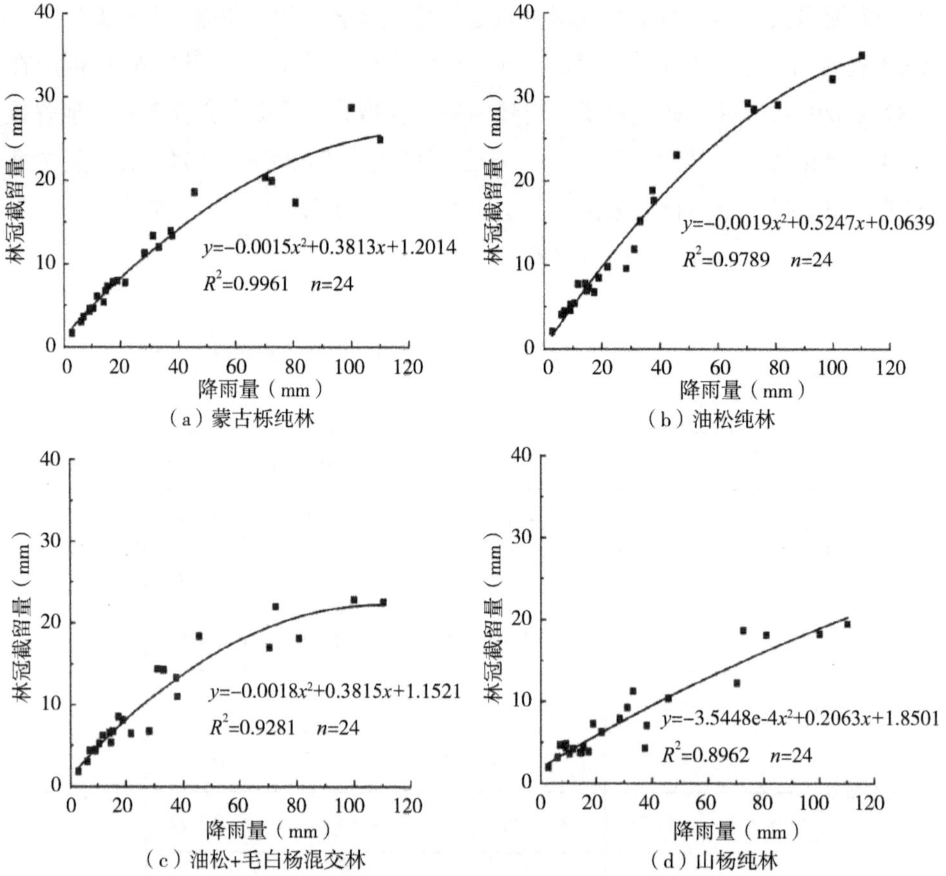

林冠截留量（mm）

y=−0.0015x^2+0.3813x+1.2014

R^2=0.9961　n=24

降雨量（mm）

（a）蒙古栎纯林

林冠截留量（mm）

y=−0.0019x^2+0.5247x+0.0639

R^2=0.9789　n=24

降雨量（mm）

（b）油松纯林

林冠截留量（mm）

y=−0.0018x^2+0.3815x+1.1521

R^2=0.9281　n=24

降雨量（mm）

（c）油松+毛白杨混交林

林冠截留量（mm）

y=−3.5448e-4x^2+0.2063x+1.8501

R^2=0.8962　n=24

降雨量（mm）

（d）山杨纯林

图 7-4　不同林分林冠截流量与降雨量的关系

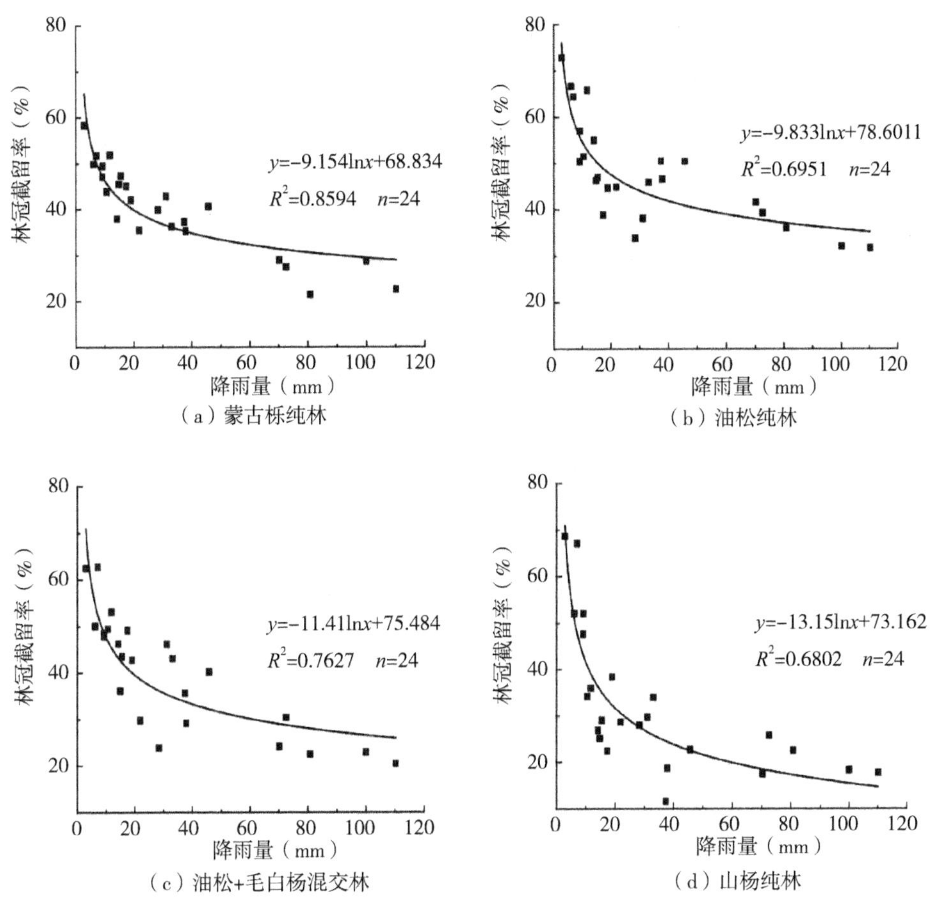

图 7-5 不同林分、林冠截留率与降雨量的关系

7.2 不同林分枯落物层降水分配特征

枯落物层作为森林生态系统第二活动层，具有维持森林生态系统结构稳定、调节水文功能的作用。枯落物水文效应主要体现在对大气降水拦截和蓄存两个方面。一方面能承接林内降水，防止雨水对土壤的直接侵蚀和冲刷；另一方面能通过枯落物持水特性蓄存雨水，起到维持林内水分循环的功效（刘姝媛等，2013）。同时，枯落物层还能为土壤层输送大量有机质，对改善土壤结构特征起到关键作用（田晶，2009）。本研究对松山自然保护区内不同林分枯落物层厚度、储量、持水过程、最大持水量和有效拦蓄量进行深入分析，探究各林分枯落物层水文特征及降水分配特征差异性。

7.2.1 枯落物厚度与储量

由表 7–5 可知，两年内各林分枯落物层厚度与储量均值及年变化特征差异明显。各林分总厚度均值变化范围在 4.83~6.32 cm，由大到小顺序为：蒙古栎纯林（6.32 cm）＞山杨纯林（5.71 cm）＞油松＋毛白杨混交林（5.05 cm）＞油松纯林（4.83 cm）；枯落物总储量均值变化范围在 3.07~3.61 t/hm^2，由大到小顺序为：山杨纯林（3.61 t/hm^2）＞油松＋毛白杨混交林（3.34 t/hm^2）＞油松纯林（3.22 t/hm^2）＞蒙古栎纯林（3.07 t/hm^2）。其中，2017 年各林分枯落物层总厚度变化范围在 5.60~6.65 cm，总储量由大到小顺序为：山杨纯林（3.04 t/hm^2）＞蒙古栎纯林（3.00 t/hm^2）＞油松＋毛白杨混交林（2.87 t/hm^2）＞油松纯林（2.00 t/hm^2）；2018 年各林分枯落物层总厚度变化范围在 4.05~5.98 cm，总储量由大到小顺序为：油松纯林（4.43 t/hm^2）＞山杨纯林（4.17 t/hm^2）＞油松＋毛白杨混交林（3.80 t/hm^2）＞蒙古栎纯林（3.14 t/hm^2）。

表 7–5 不同林分枯落物层厚度与储量

林分类型	年份	总厚度（cm）	总储量（t/hm^2）	未分解层		半分解层	
				储量（t/hm^2）	比例（%）	储量（t/hm^2）	比例（%）
蒙古栎纯林	2017	6.65	3.00	1.13	37.67	1.87	62.33
	2018	5.98	3.14	1.26	40.13	1.88	59.87
均值		6.32	3.07	1.20	38.9	1.86	61.1
油松纯林	2017	5.60	2.00	0.69	34.50	1.31	65.50
	2018	4.05	4.43	2.28	51.47	2.15	48.53
均值		4.83	3.22	1.49	42.99	1.73	57.02
油松＋毛白杨混交林	2017	5.96	2.87	0.77	26.83	2.10	73.17
	2018	4.14	3.80	1.74	45.79	2.06	54.21
均值		5.05	3.34	1.26	36.31	2.08	63.69

续表

林分类型	年份	总厚度（cm）	总储量（t/hm^2）	未分解层		半分解层	
				储量（t/hm^2）	比例（%）	储量（t/hm^2）	比例（%）
山杨纯林	2017	6.57	3.04	1.28	42.11	1.76	57.89
	2018	4.85	4.17	2.15	51.56	2.02	48.44
均值		5.71	3.61	1.72	46.84	1.89	53.17

从枯落物总储量的年变化来看，油松纯林变化幅度最大，蒙古栎纯林最小，分别增加 2.43 t/hm^2 和 0.14 t/hm^2。一般认为，枯落物厚度与储量呈正相关关系。本研究各林分 2018 年的枯落物总厚度低于 2017 年，总储量却有所增大，可能是由于森林枯落物种类繁多且排布错综复杂，枯叶上翘或下弯、果实与枝叶交错排布增加枯落物厚度，导致不同林分枯落物层厚度与储量的关系不明显。

此外，各林分枯落物不同分解层储量及年变化幅度有一定差异。2017 年各林分半分解层储量均大于未分解层，2018 年仅蒙古栎纯林和油松 + 毛白杨混交林的枯落物半分解层储量大于未分解层，油松纯林和山杨纯林表现为未分解层大于半分解层。产生这种现象的原因是与不同林分的枯落物分解速率有关，油松纯林枯落物以松针为主，松针内含有大量油脂，油脂在自然条件下难以分解（李红云 等，2005），导致油松纯林半分解层储量小于未分解层；山杨纯林未分解层储量较大的原因主要与林内温度、湿度等环境因素有关。

7.2.2 枯落物持水过程

通过室内浸泡法得出，各林分枯落物不同分解层的持水量与浸泡时间存在一定关系。如图 7–6 所示，在浸泡前 6 h 内，各林分枯落物持水量随浸泡时间增长而增大，且未分解层和半分解层变化幅度不一致。未分解层表现为蒙古栎纯林、油松纯林和油松 + 毛白杨混交林变化幅度较大，山杨纯林变化幅度较小；半分解层表现为蒙古栎纯林和油松纯林变化幅度较大，油松 + 毛白杨混交林变化幅度较小。浸泡 6 h 后，蒙古栎纯林、油松纯林和油松 + 毛白杨混交林的未分解层持水量基本达到饱和状态，山杨纯林未分解层持水量变化幅度突然增大，直至浸泡 12 h 后才趋近于饱和；而半分解层仅油松纯林在此时基本达到饱和状态，其他林分在浸泡 12 h 后趋近于饱和。从林分类型上看，阔叶林和针阔混交林的枯落物持水量大于针叶林，这是由于阔叶树种的持水能力强于针叶树种（罗佳 等，2019），针阔混交林包含阔叶树种，在一定程度上提升了该林分持水能力，说明阔叶林和针阔混交林林地枯落物对降水的截留效果强于针叶林。

根据浸泡各时段的枯落物持水量实测数据，对各林分枯落物不同分解层的持水量与浸泡时间进行拟合，拟合结果如表 7-6 所示。各林分枯落物不同分解层的持水量与浸泡时间呈显著正相关关系（$P < 0.05$），即枯落物持水量随浸泡时间增长而逐渐增大，当枯落物自身达到饱和时，持水量增加幅度减缓。拟合方程符合对数函数表达式：$Q=a\ln(t)+b$，式中：Q 为枯落物持水量（t/hm^2），t 为浸泡时间（h），a、b 分别为拟合方程系数和常数项。各林分拟合方程 R^2 范围在 0.8342~0.9387，说明枯落物不同分解层的持水量与浸泡时间呈高度相关，且拟合方程能较好地解释二者间的变化关系。

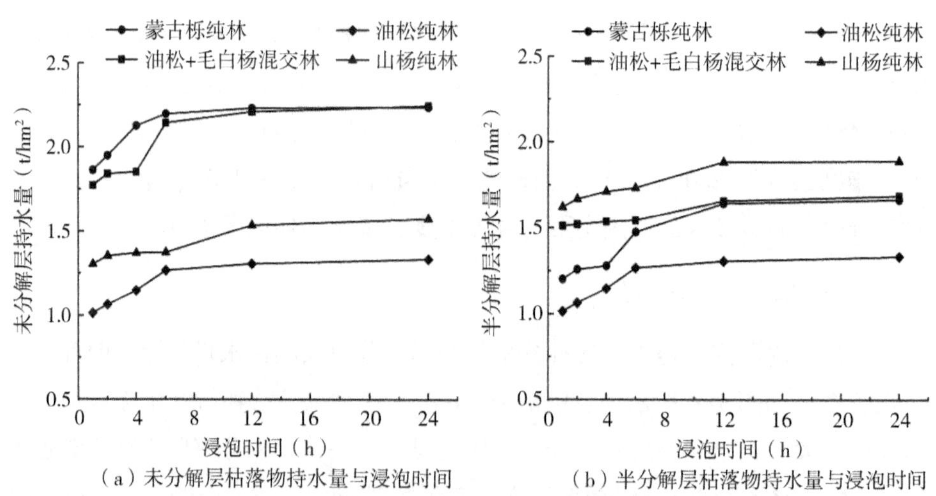

（a）未分解层枯落物持水量与浸泡时间　（b）半分解层枯落物持水量与浸泡时间

图 7-6　各林分不同分解层枯落物持水量与浸泡时间

表 7-6 各林分不同分解层的枯落物持水量、吸水速率与浸泡时间拟合方程

分解层	林分类型	持水量（Q）拟合方程	R^2	速率（V）拟合方程	R^2
未分解层	蒙古栎纯林	Q=0.1276 lnt+1.8984	0.8822	V=1.8995t-0.938	0.9994
	油松纯林	Q=0.1108 lnt+1.0128	0.9387	V=0.7781t-0.941	0.9981
	油松 + 毛白杨混交林	Q=0.169 lnt+1.7432	0.8668	V=1.7517t-0.916	0.9987
	山杨纯林	Q= 0.0888 lnt+1.277	0.8755	V=1.2828t-0.938	0.9994
半分解层	蒙古栎纯林	Q=0.1667 lnt+1.1558	0.9019	V=1.1699t-0.883	0.9982
	油松纯林	Q=0.1106 lnt+1.0137	0.9377	V=1.0176t-0.905	0.9992
	油松 + 毛白杨混交林	Q=0.0601 lnt+1.4809	0.8342	V=1.4833t-0.962	0.9997
	山杨纯林	Q=0.0925 lnt+1.6049	0.9251	V=1.6087t-0.947	0.9998

7.2.3 枯落物吸水速率

枯落物吸水速率反映出不同林分枯落物对降水吸收的快慢程度（吴迪，2014）。如图 7-7 所示，各林分枯落物不同分解层的吸水速率随浸泡时间的变化趋势基本相同，表现为枯落物吸水速率随浸泡时间增长而逐渐减少。在浸泡 1 h 内，各林分枯落物不同分解层的吸水速率处于较高值，这是由于枯落物叶片在浸泡前进行过烘干处理时内部死细胞处于严重失水状态。在吸水初期，叶片内死细胞逐渐吸水膨胀，与浸泡前形成较大水势差，导致枯落物吸水速率较高（陈波，2013）。随着浸泡时间的不断增长，叶片细胞内外水势差逐渐减小，枯落物吸水速率也随之逐渐减小；当浸泡 24 h 后，枯落物基本达到饱和状态，吸水过程终止。各林分枯落物在吸水过程中均表现为初始吸水速率远大于终止吸水速率，说明枯落物吸水作用主要发生在降雨初期，随降雨的持续而逐渐减弱。

对各林分枯落物不同分解层的吸水速率与浸泡时间进行拟合，拟合结果如表 7-6 所示。各林分枯落物不同分解层的吸水速率与浸泡时间呈显著负相关关系（$P < 0.05$），符合幂函数表达式：$V=mt-n$，式中：V 为枯落物吸水速率（t/hm^2/h），t 为浸泡时间（h），m、n 分别为拟合方程系数和指数项。各林

分拟合方程 R^2 范围在 0.9981~0.9994，说明枯落物不同分解层的吸水速率与浸泡时间呈高度相关，且拟合方程能较好地解释二者间的变化关系。

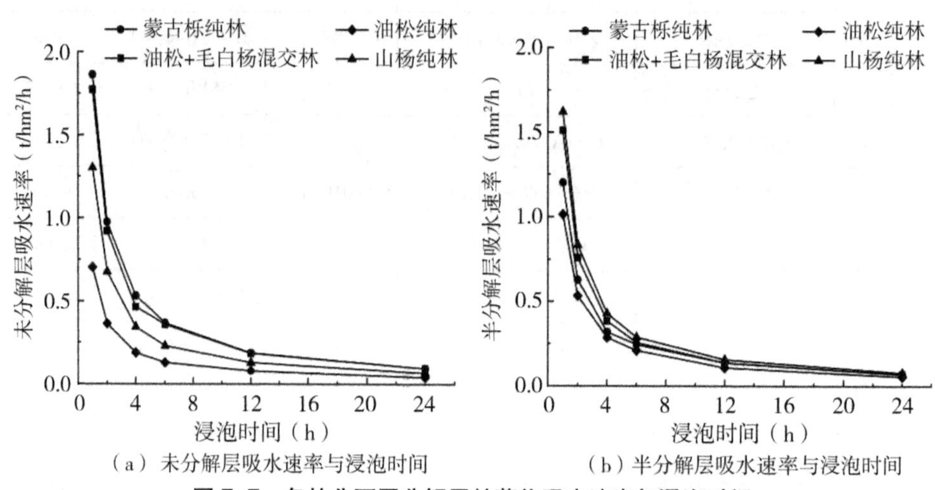

图 7-7　各林分不同分解层枯落物吸水速率与浸泡时间

7.2.4　枯落物层最大持水量

枯落物层最大持水量能反映枯落物对降水截留的最大潜力值。如表 7-7 所示，各林分枯落物层最大持水量均值变化范围在 3.77~6.59 t/hm²，由大到小顺序为：油松 + 毛白杨混交林（6.59 t/hm²）>山杨纯林（6.02 t/hm²）>蒙古栎纯林（4.72 t/hm²）>油松纯林（3.77 t/hm²），油松 + 毛白杨混交林最大，其次是山杨纯林和蒙古栎纯林，油松纯林最小，各林分在 2017 年和 2018 年测定的最大持水量大小顺序与两年均值一致。有研究表明，国内主要森林类型枯落物层最大持水量可达到自身干重的 1~3 倍（闫东锋 等，2011），本研究得出的倍数关系为：油松 + 毛白杨混交林（1.98 倍）>山杨纯林（1.87 倍）>蒙古栎纯林（1.53 倍）>油松纯林（1.04 倍），均小于自身干重的 2 倍，说明各林分枯落物层截留潜力处于国内中下层水平。

各林分枯落物层最大持水率均值变化范围在 115.10%~213.66%，由大到小顺序为：油松 + 毛白杨混交林（213.66%）>山杨纯林（166.07%）>蒙古栎纯林（160.63%）＞油松纯林（115.10%），大小顺序与最大持水量一致，同为油松＋毛白杨混交林最大，油松纯林最小。综合枯落物层最大持水量和最大持水率研究结果得出，油松＋毛白杨混交林枯落物层最大持水量和最大持水率均值最大，其次是山杨纯林和蒙古栎纯林，油松纯林最小，说明油松＋毛白杨混交林林地枯落物对降水具有较强的截留潜力。

表 7-7 不同林分枯落物层最大持水量和最大持水率

林分类型	最大持水量（t/hm^2）		均值	最大持水率（%）		均值
	2017 年	2018 年	2017—2018 年	2017 年	2018 年	2017—2018 年
蒙古栎纯林	3.51	5.92	4.72	126.06	195.20	160.63
油松纯林	2.47	5.07	3.77	114.79	115.40	115.10
油松＋毛白杨混交林	5.81	7.38	6.59	230.90	196.41	213.66
山杨纯林	4.85	7.19	6.02	159.29	172.84	166.07

7.2.5 枯落物层拦蓄能力

枯落物层拦蓄能力主要体现在有效拦蓄量（率）的大小。通过室内浸泡法计算得出有效拦蓄量（率）仅能代表在供水充足条件下的理论拦蓄值，在一定程度上表明了不同林分枯落物层的实际拦蓄能力。

如表 7-8 所示，各林分枯落物层自然含水率、有效拦蓄量（率）均值差异显著。枯落物层自然含水率均值变化范围在 27.62%~49.30%，由大到小顺序为：油松纯林（49.30%）＞蒙古栎纯林（38.35%）＞油松＋毛白杨混交林（30.65%）＞山杨纯林（27.62%），油松纯林最大，山杨纯林最小。2017 年各林分自然含水率由大到小顺序为：油松纯林（78.88%）＞蒙古栎纯林（45.28%）＞油松＋毛白杨混交林（38.23%）＞山杨纯林（34.28%），2018 年蒙古栎纯林、油松＋毛白杨混交林和山杨纯林 3 种林分的自然含水率大小排序与 2017 年一致，油松纯林出现较大变化的原因可能与两年内枯落物层储量、林内温度、湿度等因素有关。

表 7-8　不同林分枯落物层自然含水率、有效拦蓄量和有效拦蓄率

林分类型	自然含水率（%）		均值	有效拦蓄量（t/hm²）		均值	有效拦蓄率（%）		均值
	2017 年	2018 年	2017—2018 年	2017 年	2018 年	2017—2018 年	2017 年	2018 年	2017—2018 年
蒙古栎纯林	45.28	31.42	38.35	2.40	4.51	3.46	84.51	150.21	117.36
油松纯林	78.88	19.71	49.30	1.33	3.87	2.60	58.13	87.93	73.03
油松 + 毛白杨混交林	38.23	23.07	30.65	4.32	5.82	5.07	177.15	155.41	166.28
山杨纯林	34.28	20.95	27.62	3.62	5.64	4.63	118.26	135.38	126.82

各林分枯落物层有效拦蓄量均值变化范围在 2.60~5.07 t/hm^2，由大到小顺序为：油松 + 毛白杨混交林（5.07 t/hm^2）＞山杨纯林（4.63 t/hm^2）＞蒙古栎纯林（3.46 t/hm^2）＞油松纯林（2.60 t/hm^2），油松 + 毛白杨混交林最大，其次是山杨纯林和蒙古栎纯林，油松纯林最小，所对应的降雨量依次为 0.57 mm、0.46 mm、0.34 mm 和 0.26 mm。有效拦蓄率均值变化范围在 73.03%~166.28%，大小顺序与有效拦蓄量均值一致。从林分类型上看，蒙古栎纯林、油松 + 毛白杨混交林和山杨纯林的枯落物层有效拦蓄率均值在 100% 以上，油松纯林仅为 73.03%，这与杜捷（2017）的研究结果相近，说明针叶林的枯落物层拦蓄能力低于阔叶林和针阔混交林。

7.2.6　枯落物层降水分配特征

如表 7–9 所示，各林分枯透水量和枯落物截留量差异明显，枯落物层降水分配特征一致。林内降雨总量（穿透雨总量与树干径流总量之和）分别为蒙古栎纯林 301.34 mm、油松纯林 260.60 mm、油松 + 毛白杨混交林 311.64 mm 和山杨纯林 351.07 mm，枯透水总量依次为 292.92 mm、254.23 mm、298.46 mm 和 341.45 mm，枯透率依次为 97.21%、97.56%、95.77% 和 97.26%，枯落物层截留总量依次为 8.42 mm、6.37 mm、13.18 mm 和 9.62 mm，截留率依次为 2.79%、2.44%、4.23% 和 2.74%。实测数据显示，枯透水总量表现为山杨纯林最大，其次是油松 + 毛白杨混交林和蒙古栎纯林，油松纯林最小；枯落物层截留总量

为油松＋毛白杨混交林最大，油松纯林最小。随即对各林分在一次性降雨下的枯透水量和枯落物层截留量进行配对样本检验，枯透水量检验结果显示，除油松＋毛白杨混交林与油松纯林、山杨纯林呈极显著差异（$P < 0.05$）外，蒙古栎纯林无明显差异；枯落物层截留量检验结果显示，除油松纯林与山杨纯林无明显差异外，其他林分均呈显著差异（$P < 0.05$）。综合实测数据和检验结果得出山杨纯林枯透水总量最大，油松纯林最小，油松＋毛白杨混交林与蒙古栎纯林相同，但在数值上表现为油松＋毛白杨混交林＞蒙古栎纯林；枯落物层截留总量表现为油松＋毛白杨混交林大于蒙古栎纯林，油松纯林与山杨纯林相同，但在数值上表现为山杨纯林＞油松纯林。从枯落物层降水分配特征上看，各林分枯透率变化范围在95.77%~97.56%，枯落物层截留率变化范围仅在2.44%~4.23%，且枯透水总量远大于枯落物层截留总量，说明各林分枯落物层降水分配特征均以枯透水为主。

此外，本研究计算得出各林分枯落物层截留量较小，其原因主要归结于两点：一是由于部分采样点上方林冠稀疏，当降雨量或降雨强度较大时，大部分雨水直接穿过林冠层到达枯落物层，使林地内枯落物层截留量瞬间达到饱和，未被枯落物层所截留的雨水沿着枯落物层缝隙流向地表，形成枯透水；二是由于枯落物层截留量不仅受降水特征影响，还与林地枯落物储量、分解程度和林内气候特征等因素有关。

表 7-9　不同林分枯落物层降水分配特征

林分类型	降雨量（mm）	林内降雨量（mm）	枯透水		枯落物层截留	
			量（mm）	率（%）	量（mm）	率（%）
蒙古栎纯林	456.93	301.34	292.92	97.21	8.42	2.79
油松纯林		260.60	254.23	97.56	6.37	2.44
油松＋毛白杨混交林		311.64	298.46	95.77	13.18	4.23
山杨纯林		351.07	341.45	97.26	9.62	2.74

7.3 不同林分土壤层降水分配特征

土壤层是森林生态系统第三活动层，也是森林对降水蓄存的主要场所。土壤蓄水能力主要受土壤类型、质地结构等物理性质影响，土壤越疏松多孔，就越利于水分渗透。土壤蓄水能为植被生长发育提供充足水分，对森林水土流失、提升水源涵养能力起到重要作用（王景升 等，2015），土壤蓄水量还能判断林地水土保持能力。本研究对松山自然保护区不同林分土壤物理性质、持水能力、入渗特征及径流特征进行研究，揭示不同林分土壤层水文特征及径流分配差异性。

7.3.1 不同林分土壤容重

土壤容重（又称土壤假比重）是指一定容积下土壤干重与体积的比值，其大小能反映出林地土壤质量、通透性及植被根系发育情况（Suuster et al., 2011）。土壤容重作为土壤层水文效应的研究基础，是评价林地土壤健康状况的重要指标之一，在森林水文研究中意义重大。

由表 7–10 可知，不同林分 0~60 cm 土层的土壤容重均值变化范围在 1.14~1.27 g/cm^3，由大到小顺序为：油松纯林（1.27 g/cm^3）＞山杨纯林（1.19 g/cm^3）＞蒙古栎纯林（1.18 g/cm^3）＞油松 + 毛白杨混交林（1.14 g/cm^3），油松纯林最大，其次是山杨纯林和蒙古栎纯林，油松 + 毛白杨混交林最小。从土壤容重的垂直变化来看，蒙古栎纯林土壤容重从 0~20 cm 到 40~60 cm 土层增加 0.20 g/cm^3，油松纯林、油松 + 毛白杨混交林和山杨纯林分别增加 0.27 g/cm^3、0.24 g/cm^3 和 0.25 g/cm^3，油松纯林变化幅度最大，蒙古栎纯林最小。研究发现，各林分土壤容重均随土层深度增加而逐渐增大，这与鲁绍伟（2013）在 2013 年对松山自然保护区 5 种典型林分土壤容重变化规律的研究结果一致。分析其原因主要与不同土层深度有机质含量有关，土壤有机质含量随土层深度增加而逐渐减少，有机质含量越少，土壤板结程度越高，其容重就越大。

表 7-10 不同林分土壤容重及土壤孔隙度

林分类型	土层深度（cm）	土壤容重（g/cm³）	毛管孔隙度（%）	非毛管孔隙度（%）	总孔隙度（%）
蒙古栎纯林	0~20	1.09	30.15	11.81	41.96
	20~40	1.16	28.92	10.73	39.65
	40~60	1.29	26.64	9.02	35.66
	均值	1.18	28.57	10.52	39.09
油松纯林	0~20	1.13	30.82	9.63	40.45
	20~40	1.28	27.94	10.82	38.76
	40~60	1.40	28.31	7.96	36.27
	均值	1.27	29.02	9.47	38.49
油松＋毛白杨混交林	0~20	1.03	32.14	14.43	46.57
	20~40	1.12	27.31	13.91	41.22
	40~60	1.27	26.34	10.50	36.84
	均值	1.14	28.60	12.95	41.55
山杨纯林	0~20	1.07	32.61	12.15	44.76
	20~40	1.19	30.50	13.61	44.11
	40~60	1.32	22.43	9.60	32.03
	均值	1.19	28.51	11.79	40.30

7.3.2 不同林分土壤孔隙度

土壤层是由小型土壤颗粒和团聚体组成的物质，土壤颗粒与团聚体之间、团聚体内部都存在极小孔隙，这些孔隙被称为土壤孔隙。在土壤层水文研究中，毛管孔隙和非毛管孔隙是学者们探究的重点，通过分析土壤毛管孔隙和非毛管孔隙在土壤孔隙中所占比例，能切实反映出林地土壤的物理性质及水文功能。

由表 7-10 可知，不同林分在 0~60 cm 土层的土壤孔隙度及各土层的变化规律差异明显。各林分土壤毛管孔隙度均值变化范围在 28.51%~29.02%，由大到小顺序为：油松纯林（29.02%）＞油松 + 毛白杨混交林（28.60%）＞蒙古栎纯林（28.57%）＞山杨纯林（28.51%）。蒙古栎纯林、油松 + 毛白杨混交林和山杨纯林的土壤毛管孔隙度均随土层深度增加而逐渐减小，油松纯林呈现出波动性变化。土壤毛管孔隙度反映出林地土壤为植被生长发育提供的有效水所占比例的大小，土壤毛管孔隙度越大，土壤蓄存有效水量就越多（陈步峰 等，2004）。由此可见，油松纯林的土壤为植被生长提供的有效水量最多。

土壤非毛管孔隙度均值变化范围在 9.47%~12.95%，由大到小顺序为：油松 + 毛白杨混交林（12.95%）＞山杨纯林（11.79%）＞蒙古栎纯林（10.52%）＞油松纯林（9.47%）。蒙古栎纯林和油松 + 毛白杨混交林的非毛管孔隙度随土层深度增加而逐渐减小，油松纯林和山杨纯林表现出波动性变化。油松纯林由 0~20 cm 到 20~40 cm 土层，非毛管孔隙度先增大 1.19%，到 40~60 cm 土层又减小 2.86%；山杨纯林与油松纯林变化规律一致，表现为先增大 1.46% 后减小 4.01%，且两个林分最大值均出现在 20~40 cm 土层。土壤非毛管孔隙度反映出林地土壤对植被适应程度和对雨水的滞留能力，非毛管孔隙度越大，土壤对林内植被适应程度越高且具有较强的通透性（彭达 等，2006）。由此认为，油松 + 毛白杨混交林的土壤对林内植被适应程度高，具有较强的蓄水能力。

土壤总孔隙度是指毛管孔隙度与非毛管孔隙度之和，其均值变化范围在 38.49%~41.55%，由大到小顺序为：油松 + 毛白杨混交林（41.55%）＞山杨纯林（40.30%）＞蒙古栎纯林（39.09%）＞油松纯林（38.49%），油松 + 毛白杨混交林最大，其次是山杨纯林和蒙古栎纯林，油松纯林最小。各林分土壤总孔隙度随土层深度增加而逐渐减小，蒙古栎纯林总孔隙度从 0~20 cm 到 40~60 cm 土层减少 6.30%，油松纯林、油松 + 毛白杨混交林和山杨纯林依次减少 4.18%、9.73% 和 12.73%，山杨纯林变化幅度最大，油松纯林变化幅度最小。此外，本研究得出各林分总孔隙度均值大小顺序与非毛管孔隙度均值相同，这与其他学者的结论不一致，多数学者得出与毛管孔隙度一致，其原因是研究区域、所选树种和土壤类型不同所致。

7.3.3 不同林分土壤持水能力

土壤持水量主要包括土壤毛管持水量、有效持水量和最大持水量。毛管持水量是指供给植被生长发育的有效水量，有效持水量和最大持水量能反映土壤层对降水的实际蓄存能力和最大蓄水潜力。

由表 7–11 中可知，不同林分在 0~60 cm 土层的土壤毛管持水量、有效持水量和最大持水量差异明显。各林分土壤毛管持水量均值变化范围在 570.20~580.47 t/hm^2，由大到小顺序为：油松纯林（580.47 t/hm^2）＞油松 + 毛白杨混交林（571.93 t/hm^2）＞蒙古栎纯林（571.40 t/hm^2）＞山杨纯林（570.20 t/hm^2）。在不同土层深度中，0~20 cm 土层的毛管持水量表现为山杨纯林最大，蒙古栎纯林最小，分别为 652.20 t/hm^2 和 603.00 t/hm^2；20~40 cm 土层表现为山杨纯林最大，油松 + 毛白杨混交林最小，分别为 610.00 t/hm^2 和 546.20 t/hm^2；土层深度达到 40~60 cm 时，山杨纯林的毛管持水量急剧下降，仅为 448.60 t/hm^2，与该土层最大值（油松纯林）相差 117.60 t/hm^2。除油松纯林外，其他各林分在不同土层深度的毛管持水量变化规律与毛管孔隙度一致，均随土层深度增加而逐渐减小。

各林分土壤有效持水量均值变化范围在 189.40~258.93 t/hm^2，由大到小顺序为：油松 + 毛白杨混交林（258.93 t/hm^2）＞山杨纯林（235.73 t/hm^2）＞蒙古栎纯林（210.40 t/hm^2）＞油松纯林（189.40 t/hm^2），所对应的降雨量依次为 25.89 mm、23.57 mm、21.04 mm 和 18.94 mm。各林分有效持水量最大值出现在不同土层，蒙古栎纯林和油松 + 毛白杨混交林出现在 0~20 cm 土层，分别为 236.20 t/hm^2 和 288.60 t/hm^2，油松纯林和山杨纯林出现在 20~40 cm 土层，分别为 216.40 t/hm^2 和 272.20 t/hm^2。从各林分土壤有效持水量均值上看，油松 + 毛白杨混交林最大，说明该林分在 0~60 cm 土层的持水能力最强。

各林分土壤最大持水量均值变化范围在 769.87~830.87 t/hm^2，由大到小顺序为：油松 + 毛白杨混交林（830.87 t/hm^2）＞山杨纯林（805.93 t/hm^2）＞蒙古栎纯林（781.80 t/hm^2）＞油松纯林（769.87 t/hm^2），所对应的降雨量依次为 83.09 mm、80.59 mm、78.18 mm 和 76.99 mm。各林分土壤最大持水量均随土层深度增加而减小，这与土壤总孔隙度变化规律一致。此外，油松 + 毛白杨混交林和山杨纯林土壤最大持水量均值明显大于油松纯林，这是由于阔叶树种的枯落物分解速率大于针叶树种，枯落物分解后形成有机质进入土壤，增加了土壤有机质含量，从而提高了林地土壤蓄水潜力。

表 7-11　不同林分土壤持水量

林分类型	土层深度（cm）	毛管持水量（t/hm²）	有效持水量（t/hm²）	有效持水深度（mm）	最大持水量（t/hm²）	最大持水深度（mm）
蒙古栎纯林	0~20	603.00	236.20	23.62	839.20	83.92
	20~40	578.40	214.60	21.46	793.00	79.30
	40~60	532.80	180.40	18.04	713.20	71.32
	均值	571.40	210.40	21.04	781.80	78.18
油松纯林	0~20	616.40	192.60	19.26	809.00	80.90
	20~40	558.80	216.40	21.64	775.20	77.52
	40~60	566.20	159.20	15.92	725.40	72.54
	均值	580.47	189.40	18.94	769.87	76.99
油松＋毛白杨混交林	0~20	642.80	288.60	28.86	931.40	93.14
	20~40	546.20	278.20	27.82	824.40	82.44
	40~60	526.80	210.00	21.00	736.80	73.68
	均值	571.93	258.93	25.89	830.87	83.09
山杨纯林	0~20	652.20	243.00	24.30	895.20	89.52
	20~40	610.00	272.20	27.22	882.20	88.22
	40~60	448.60	192.00	19.20	640.60	64.06
	均值	570.27	235.73	23.57	805.93	80.59

7.3.4　不同林分土壤入渗特征

土壤入渗是土壤层对降水分配的主要方式之一，本研究对各林分在 0~20 cm 土层土壤入渗速率进行测定，分析不同林分土壤入渗特征。

各林分土壤初渗速率、稳渗速率差异明显，随入渗时间的变化趋势基本一致。由表 7-12 可知，各林分土壤初渗速率由大到小顺序为：油松＋毛白杨混交林（30.77 mm/min）＞山杨纯林（22.64 mm/min）＞蒙古栎纯林（22.22 mm/min）＞油松纯林（16.90 mm/min），油松＋毛白杨混交林是油松纯林的 1.82 倍。入渗过程中，各林分土壤入渗速率在 0~10 min 内迅速下降，随后趋于平稳，直至到达土壤稳渗速率。土壤稳渗速率由大到小顺序为：油松纯林（5.52 mm/min）＞蒙古栎纯林（3.56 mm/min）＞山杨纯林（3.43 mm/min）＞油松 + 毛白杨混交林（2.80 mm/min），油松纯林最大，其次是蒙古栎纯林和山杨纯林，油松 + 毛白杨混交林最小。从各林分到达稳渗速率所需时间上看，蒙古栎纯林用时 44.41 min，油松纯林、油松 + 毛白杨混交林和山杨纯林分别用时 33.48 min、60.38 min 和 56.11 min，油松 + 毛白杨混交林用时最长，油松纯林用时最短，二者相差 26.90 min。一般认为，达到稳渗速率所需时间越长，土壤渗入的水量就越多，故油松 + 毛白杨混交林的土壤入渗量最大，原因是油松 + 毛白杨混交林在该土层的非毛管孔隙度大于其他林分，非毛管孔隙度越大，越有利于水分下渗。

由图 7-8 可知，各林分土壤入渗速率与入渗时间均呈显著负相关关系（$P<0.05$），符合幂函数方程：$V_c=qt^{-P}$，式中：V_c 为入渗速率（mm/min），t 为入渗时间（min），q、P 分别为拟合方程系数和幂指数。各林分拟合方程 R^2 范围在 0.8868~0.9762，说明土壤入渗速率与入渗时间高度相关，且拟合方程能较好地解释二者间的变化关系。

表 7-12　不同林分土壤入渗速率与入渗时间的拟合方程

林分类型	初渗速率（mm/min）	稳渗速率（mm/min）	稳渗时间（mm/min）	拟合方程	R^2
蒙古栎纯林	22.22	3.56	44.41	$V_c=15.364t^{-0.419}$	0.8868
油松纯林	16.90	5.52	33.48	$V_c=17.321t^{-0.340}$	0.9415
油松 + 毛白杨混交林	30.77	2.80	60.38	$V_c=19.939t^{-0.489}$	0.9762
山杨纯林	22.64	3.43	56.11	$V_c=16.071t^{-0.408}$	0.9315

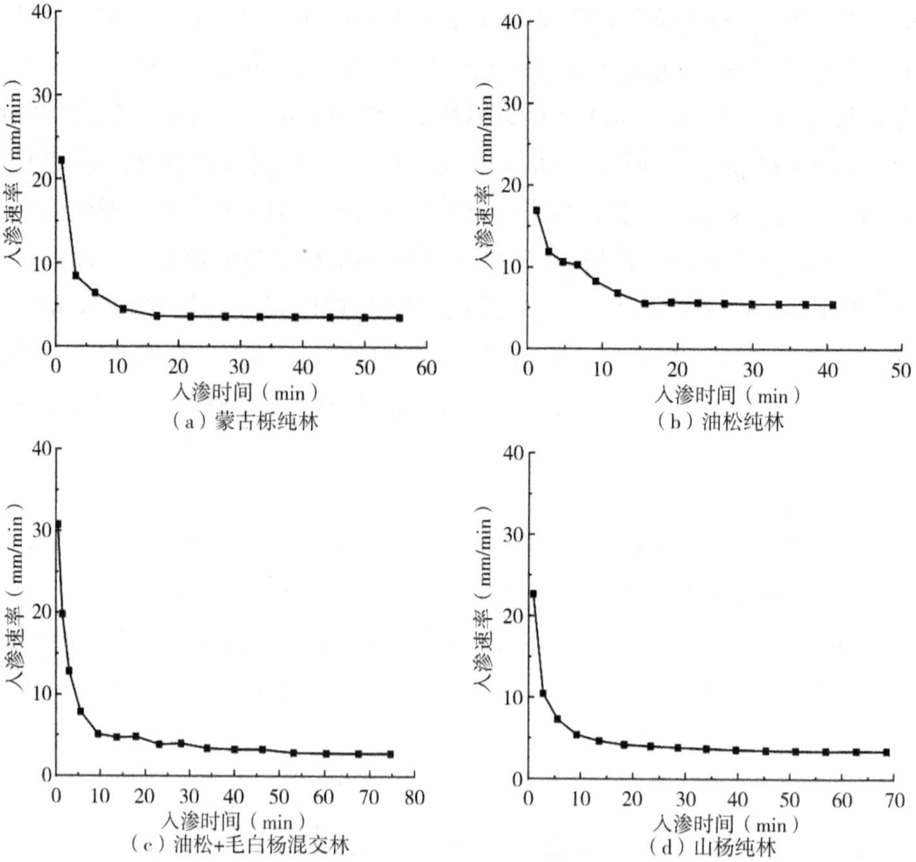
入渗速率（mm/min）
入渗时间（min）
（a）蒙古栎纯林
（b）油松纯林
（c）油松+毛白杨混交林
（d）山杨纯林

图 7-8　不同林分土壤入渗速率与入渗时间的关系

7.3.5　不同林分地表径流、壤中流特征

地表径流和壤中流是土壤层特有的分配方式，也是衡量林地水土保持功能的重要指标之一。地表径流是指大气降水超过土壤极限蓄水能力产生于地表的水流；壤中流是指雨水渗入土壤后，沿土层横向流动的水流（汪邦稳 等，2009）。本研究于 2018 年生长季观测到各林分径流小区产生少量地表径流和壤中流，通过对实测数据分析研究，揭示不同林分地表径流和壤中流特征。

7.3.5.1　不同林分地表径流特征

由表 7-13 可知，各林分径流小区产生的地表径流总量差异明显。研究期间共观测到产生地表径流的降雨 8 场，累计降雨量为 384.77 mm，蒙古栎纯林和山杨纯林产生 6 次地表径流，油松纯林和油松 + 毛白杨混交林产生 7 次。地表径流总量分别为蒙古栎纯林（0.63 mm）、油松纯林（1.35 mm）、油松 + 毛白杨混交林（0.42 mm）和山杨纯林（0.51 mm），占累计降雨量的比例依次为 0.16%、0.35%、0.11% 和 0.13%。实测数据显示，油松纯林地表径流总量及占累计降雨量的比例最大，其次是蒙古栎纯林和山杨纯林，油松 + 毛白杨混交林最小。随即对各林分在一次性降雨下地表径流量进行配对样本检验，结果显示除油松纯林与其他林分呈显著差异（$P < 0.05$），其他林分无明显差异。综合实测数据和检验结果得出，油松纯林地表径流总量最大，其他林分在数值上表现为蒙古栎纯林＞山杨纯林＞油松 + 毛白杨混交林。

在 8 场降雨中，第 2 场降雨量最小，第 5 场降雨量最大，分别为 21.83 mm 和 110.21 mm。蒙古栎纯林和油松纯林地表径流最大值对应降雨量最大值，山杨纯林地表径流最小值对应降雨量最小值，尝试对各林分地表径流量与降雨量进行拟合，其结果表现为二者间关系不明显。说明降雨量在各林分产流过程中不是主要影响因素，可能还受降雨强度、降雨历时、土壤含水量等因素影响。此外，油松纯林径流小区产生的地表径流总量表现为最大，这主要与油松纯林土壤层物理性质有关。油松纯林的土壤容重大，非毛管孔隙度小，持水能力和入渗性能弱于其他林分，在相同降雨条件下更容易产生地表径流，同时也表明了其林地土壤的水土保持能力相对较弱。

表 7-13　一次性降雨下地表径流量及占降雨量比例

场次	降雨量（mm）	蒙古栎纯林		油松纯林		油松 + 毛白杨混交林		山杨纯林	
		地表径流（mm）	比例（%）	地表径流（mm）	比例（%）	地表径流（mm）	比例（%）	地表径流（mm）	比例（%）
1	37.36	0.06	1.07	0.06	1.07	0.03	0.54	0.03	0.54
2	21.83	0.06	1.83	0.24	7.33	0.15	4.58	0.00	0
3	45.74	0.06	0.87	0.00	0	0.06	0.87	0.03	0.44
4	70.29	0.15	1.42	0.33	3.13	0.03	0.28	0.12	1.14
5	110.21	0.21	1.27	0.36	2.18	0.03	0.18	0.09	0.54

续表

场次	降雨量（mm）	蒙古栎纯林		油松纯林		油松 + 毛白杨混交林		山杨纯林	
		地表径流（mm）	比例（%）	地表径流（mm）	比例（%）	地表径流（mm）	比例（%）	地表径流（mm）	比例（%）
6	33.11	0.00	0	0.27	5.44	0.12	2.42	0.09	1.81
7	28.32	0.00	0	0.03	0.71	0.00	0	0.09	2.12
8	37.91	0.09	1.58	0.06	1.06	0.00	0	0.06	1.06
总计	384.77	0.63	0.16	1.35	0.35	0.42	0.11	0.51	0.13

7.3.5.2 不同林分壤中流特征

由表 7-14 可知，各林分在 0~60 cm 土层的壤中流总量差异显著。分别为蒙古栎纯林 3.01 mm，油松纯林 1.83 mm、油松 + 毛白杨混交林 4.44 mm 和山杨纯林 3.27 mm，壤中流总量依次占总径流量的 82.72%、57.55%、91.36% 和 86.51%。实测数据显示，油松 + 毛白杨混交林的壤中流总量及其占总径流量比例最大，其次是山杨纯林和蒙古栎纯林，油松纯林最小。随即对各林分在一次性降雨下壤中流量进行配对样本检验，结果显示 4 个林分壤中流量无明显差异。综合实测数据和检验结果得出，各林分壤中流总量基本相同，在数值上表现为：油松 + 毛白杨混交林＞山杨纯林＞蒙古栎纯林＞油松纯林。从径流分配特征上看，油松纯林壤中流总量占总径流量的 57.55%，其他林分均占总径流量的 82% 以上。可见，各林分土壤对径流的分配特征均以壤中流为主。此结论与吕锡芝（2015）对北京山区典型林分的研究结果不一致，其原因是所选树种、林地土壤类型及质地结构的不同所致。

表 7-14　不同林分地表径流和壤中流总量

林分类型	地表径流		壤中流		总径流量（mm）
	量（mm）	比例（%）	量（mm）	比例（%）	
蒙古栎纯林	0.63	17.28	3.01	82.72	3.64
油松纯林	1.35	42.45	1.83	57.55	3.18
油松 + 毛白杨混交林	0.42	8.64	4.44	91.36	4.86
山杨纯林	0.51	13.49	3.27	86.51	3.78

如图 7–9 所示，各林分在不同土层深度的壤中流总量变化趋势差异明显。在 0~20 cm 土层表现为山杨纯林最大，油松纯林最小，分别为 2.61 mm 和 0.96 mm；20~40 cm 土层表现为油松 + 毛白杨混交林最大，山杨纯林最小，分别为 1.47 mm 和 0.15 mm；40~60 cm 土层表现为油松纯林最大，蒙古栎纯林最小，分别为 0.96 mm 和 0.57 mm。为方便对比，现将不同土层深度重新命名，将 0~20 cm 土层定义为上土层，20~40 cm 土层定义为中土层，40~60 cm 土层定义为下土层。蒙古栎纯林和油松 + 毛白杨混交林在各土层深度的壤中流总量由大到小顺序为：上土层＞中土层＞下土层，表现为随土层深度增加而逐层减少；油松纯林和山杨纯林由大到小顺序为：上土层＞下土层＞中土层，表现为随土层深度增加，壤中流总量先减少后增加，且下土层壤中流总量未超过上土层。由此得出，各林分在不同深度的壤中流总量表现为上土层（0~20 cm）最大。

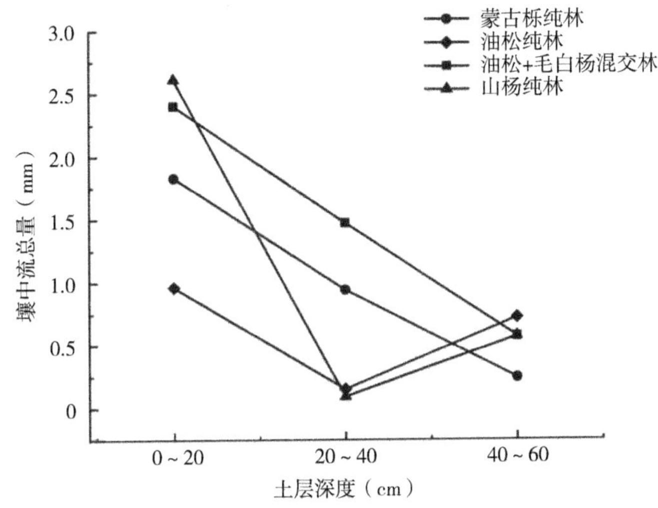

图 7–9 不同土层深度的壤中流总量变化趋势

7.4 不同林分生态水文功能综合评价与分析

本研究选用主成分分析法对不同林分生态水文功能进行综合评价，揭示各林分生态水文功能现状，针对水文功能较弱的林分提出科学合理的建议。

7.4.1 不同林分生态水文功能综合评价

本研究根据前文研究结果，对 2018 年生长季各林分生态水文功能进行综合评价。共选取 14 项水文指标，其中林冠层选取 3 项，分别为穿透雨量（mm）、树干径流量（mm）和林冠截留量（mm）；枯落物层选取 4 项，分别为枯落物储量（t/hm^2）、最大持水量（t/hm^2）、最大持水率（%）和枯透水总量（mm）；土壤层选取 7 项，分别为非毛管孔隙度（%）、毛管孔隙度（%）、总孔隙度（%）、有效持水量（t/hm^2）、毛管持水量（t/hm^2）、最大持水量（t/hm^2）和总径流量（mm）。将 14 项水文指标实测数据进行标准化处理，处理结果如表 7-15 所示。

由表 7-16 可知，在研究选取的 14 个成分中，前 3 个成分累计贡献率分别为 69.471%、88.143% 和 100%，第 3 个成分累计贡献率达到 100%，说明前 3 个成分反映出 14 项水文指标的全部信息。通过计算得出，前 3 个成分特征值依次为 3.119、1.617 和 1.288，均符合特征值大于 1 的原则。因此，将前 3 个成分确定为各林分生态水文功能综合评价的主要成分，再结合表 7-17 和式（3-39）计算出各林分生态水文功能综合得分。

表 7-15 不同林分各项水文指标标准化处理结果

水文指标	蒙古栎纯林	油松纯林	油松 + 毛白杨混交林	山杨纯林
穿透雨量（mm）	−0.25	−1.04	−0.08	1.36
树干径流量（mm）	0.59	−0.88	1.10	−0.82
林冠截留量（mm）	0.13	1.23	−0.15	−1.21
枯落物储量（t/hm^2）	−1.33	0.97	−0.15	0.51
最大持水量（t/hm^2）	−0.43	−1.21	0.91	0.73
最大持水率（%）	−0.15	−1.02	1.38	−0.21
枯透水总量（mm）	−0.11	−1.19	0.05	1.25
非毛管孔隙度（%）	−0.44	−1.13	1.17	0.40
毛管孔隙度（%）	−0.45	1.48	−0.32	−0.71
总孔隙度（%）	−0.57	−1.01	1.25	0.33

续表

有效持水量（t/hm²）	-0.44	-1.13	1.17	0.40
毛管持水量（t/hm²）	-0.45	1.48	-0.33	-0.70
最大持水量（t/hm²）	-0.57	-1.01	1.25	0.33
总径流量（mm）	-0.32	-0.96	1.40	-0.12

表 7-16　主成分方差贡献率和累计贡献率

主成分	合计	方差贡献率（%）	累计贡献率（%）
1	9.726	69.471	69.471
2	2.614	18.672	88.143
3	1.66	11.857	100

表 7-17　主成分特征向量

水文指标	主成分 1	主成分 2	主成分 3
穿透雨量（mm）	0.22	-0.44	0.02
树干径流量（mm）	0.18	0.45	-0.31
林冠截留量（mm）	-0.26	0.35	0.04
枯落物储量（t/hm²）	-0.10	-0.18	0.70
最大持水量（t/hm²）	0.31	-0.06	0.14
最大持水率（%）	0.27	0.32	0.04
枯透水总量（mm）	0.25	-0.38	-0.05
非毛管孔隙度（%）	0.31	0.09	0.16
毛管孔隙度（%）	-0.28	0.17	0.33
总孔隙度（%）	0.30	0.13	0.23
有效持水量（t/hm²）	0.31	0.09	0.16
毛管持水量（t/hm²）	-0.28	0.17	0.33
最大持水量（t/hm²）	0.30	0.13	0.23
总径流量（mm）	0.28	0.30	0.13

如表 7-18 所示，各林分生态水文功能综合得分由大到小顺序为：油松 + 毛白杨混交林（2.44）＞山杨纯林（0.83）＞蒙古栎纯林（–0.54）＞油松纯林（–2.74），油松 + 毛白杨混交林最高，其次是山杨纯林和蒙古栎纯林，油松纯林最低，说明油松 + 毛白杨混交林生态水文功能最强，山杨纯林和蒙古栎纯林处于中等水平，油松纯林最小。罗佳（2018）对武陵山区不同植被类型生态水文功能的评价结果表明，阔叶混交林生态水文功能强于针叶林和阔叶林，与本研究结果相近。由此认为，营造针阔混交林能有效提升森林水文效应，对维持森林生态系统稳定发展和改善生态环境等方面起到积极作用。

表 7-18　各林分水文功能评价结果

林分类型	F1	F2	F3	综合评分值	排名
油松 + 毛白杨混交林	2.05	0.32	0.07	2.44	1
山杨纯林	1.19	–0.41	0.05	0.83	2
蒙古栎纯林	–0.35	0.04	–0.23	–0.54	3
油松纯林	–2.89	0.05	0.10	–2.74	4

7.4.2　不同林分生态水文功能分析

不同林分生态水文功能综合评价结果表现为油松 + 毛白杨混交林最大，油松纯林最小，这与两个林分林地水源涵养功能及林分结构特征有关。由前文研究结果可知，油松 + 毛白杨混交林的林冠层水文特征表现为穿透雨量和树干径流量大于油松纯林，林冠截留量小于油松纯林，说明油松 + 毛白杨混交林的林冠层截留能力小于油松纯林，林内降雨量大于油松纯林。林地水源涵养功能主要体现在枯落物层和土壤层水文特征上，油松 + 毛白杨混交林的枯落物层和土壤层水文特征表现为枯落物持水量大、土壤容重小、非毛管孔隙度大、地表径流小，说明该林分的枯落物层持水能力、土壤层蓄水能力及调节径流能力均大于油松纯林。故该林分综合得分高于油松纯林，蒙古栎纯林和山杨纯林林冠层水文特征及林地水源涵养能力处于油松 + 毛白杨混交林和油松纯林之间，这也基本解释了蒙古栎纯林和山杨纯林生态水文功能高于油松纯林，但低于油松 + 毛白杨混交林的现象。

林分结构特征对生态水文功能的影响主要通过林分混交程度、植被胸径及树高等环境因子来体现。各因子影响程度大小关系表现为：混交程度＞平均胸径＞平均树高，且每个因子与生态水文功能呈正相关关系（余蔚青，2015）。不同林分中，油松 + 毛白杨混交林作为针阔混交林，其混交程度明显大于其他纯林。由样地调查结果可知，各林分平均胸径由大到小顺序为：油松 + 毛白杨混交林（20.29 cm）＞山杨纯林（19.94 cm）＞蒙古栎纯林（18.22 cm）＞油松纯林（13.21 cm）；平均树高由大到小顺序为：山杨纯林（15.03 m）＞蒙古栎纯林（11.78 m）＞油松 + 毛白杨混交林（9.55 m）＞油松纯林（8.71 m），油松 + 毛白杨混交林和山杨纯林的平均树高和平均胸径处于中上等水平，蒙古栎纯林处于中等水平，油松纯林为最小。由此认为，油松 + 毛白杨混交林混交程度高，平均胸径和平均树高相对较大，油松纯林混交程度为 0 且平均胸径和平均树高为最小，山杨纯林和蒙古栎纯林混交程度虽与油松纯林一致，但平均胸径和平均树高大于油松纯林。因此，从林分特征的角度也基本揭示了各林分生态水文功能大小关系。

松山自然保护区以油松而闻名，研究结果为油松树种在纯林配置下的生态水文功能相对较差，这是由于油松纯林林地水源涵养功能较低、林分结构单一的缘故。因此，可根据合理的植被配置，在油松纯林林地内补种阔叶树种，使其变为针阔混交林。也可栽植多种类型的灌木和草本植物，丰富林下灌木和草本植物（孙浩 等，2016），从而有效提升林地水源涵养功能，达到改善油松纯林生态水文功能的效果。

7.5　讨论

7.5.1　不同林分林冠层降水分配特征

（1）不同林分在不同雨量级和生长季各月的降水分配特征

不同林分在不同雨量级和生长季各月的林冠层降水分配月动态差异明显，降水分配特征基本一致。在 0~100 mm 雨量级下不同雨量级表现为穿透雨量、穿透率和林冠截留量随雨量级增大而增大，林冠截留率随雨量级增大而减小，树干径流量（率）随雨量级增大呈波动性变化；林冠层降水分配特征需分树种讨论，除蒙古栎纯林在雨量级≤ 5 mm 时，油松纯林、油松 + 毛白杨混交林和山杨纯林在雨量级≤ 10 mm 时降水分配特征以林冠截留为主，其他雨量级以穿透雨为主。生长季不同月份的穿透雨月总量、树干径流月总量和林冠截留月总量最大值均出现在 7 月，油松纯林穿透雨月总量、蒙古栎纯林树干径流月总量、蒙古栎纯林和油松 + 毛白杨混交林林冠截留月总量随月降雨总量增大而增大，其他水文分量变化趋势不明显，但降水分配特征基本以穿透雨为主。

（2）不同林分林冠层水文分量特征

不同林分林冠层水文分量与降雨量具有相关性。穿透雨总量表现为油松纯林（472.88 mm）最小，蒙古栎纯林和油松 + 毛白杨混交林基本相同；树干径流总量呈显著差异，由大到小顺序为：油松 + 毛白杨混交林（29.12 mm）＞蒙古栎纯林（24.23 mm）＞山杨纯林（4.36 mm）＞油松纯林（2.67 mm）；林冠截留总量表现为油松纯林（331.16 mm）最大，山杨纯林（193.45 mm）最小，蒙古栎纯林和油松 + 毛白杨混交林基本相同；各林分在一次性降雨下的穿透雨量、树干径流量和林冠截留量与降雨量均呈显著正相关关系（$P < 0.05$），林冠截留率与降雨量呈显著负相关关系（$P < 0.05$）。

7.5.2 不同林分枯落物层降水分配特征

（1）不同林分枯落物水文特征

不同林分枯落物层水文特征差异明显，持水量及吸水速率变化趋势基本一致。枯落物层总厚度均值变化范围在 4.83~6.32 cm；总储量均值由大到小顺序为：山杨纯林（3.61 t/hm^2）＞油松 + 毛白杨混交林（3.34 t/hm^2）＞油松纯林（3.22 t/hm^2）＞蒙古栎纯林（3.07 t/hm^2）；枯落物不同分解层的持水量与浸泡时间呈显著正相关关系（$P < 0.05$），吸水速率与浸泡时间呈显著负相关关系（$P < 0.05$）；最大持水量均值由大到小顺序为：油松 + 毛白杨混交林（6.59 t/hm^2）＞山杨纯林（6.02 t/hm^2）＞蒙古栎纯林（4.72 t/hm^2）＞油松纯林（3.77 t/hm^2），最大持水率大小顺序与最大持水量一致，同为油松 + 毛白杨混交林最大，油松纯林最小；自然含水率均值变化范围在 27.62%~49.30%；

有效拦蓄量（率）同为油松＋毛白杨混交林最大，油松纯林最小。

（2）枯落物层降水分配特征

不同林分枯透水量、枯落物层截留总量差异明显，降水分配特征一致。各林分枯透水总量表现为山杨纯林（341.45 mm）最大，油松纯林（254.23 mm）最小；枯落物层截留总量表现为油松＋毛白杨混交林（13.18 mm）最大，油松纯林（6.37 mm）最小。各林分枯落物层降水分配均以枯透水为主。

7.5.3 不同林分土壤层降水分配特征

（1）不同林分土壤物理性质及持水能力

各林分在0~60 cm土层的土壤物理性质和持水量均值及其在各土层变化趋势差异显著。土壤容重均值由大到小顺序为：油松纯林（1.27 g/cm^3）＞山杨纯林（1.19 g/cm^3）＞蒙古栎纯林（1.18 g/cm^3）＞油松＋毛白杨混交林（1.14 g/cm^3）；毛管孔隙度均值表现为油松纯林最大，山杨纯林最小，分别为29.02%和28.51%；非毛管孔隙度均值由大到小顺序为：油松＋毛白杨混交林（12.95%）＞山杨纯林（11.79%）＞蒙古栎纯林（10.52%）＞油松纯林（9.47%），总孔隙度均值大小顺序与非毛管孔隙度一致；土壤毛管持水量均值由大到小顺序为：油松纯林（580.47 t/hm^2）＞油松＋毛白杨混交林（571.93 t/hm^2）＞蒙古栎纯林（571.40 t/hm^2）＞山杨纯林（570.20 t/hm^2）；油松＋毛白杨混交林土壤有效持水量和最大持水量均值为最大，分别为258.93 t/hm^{2}和830.87 t/hm^2，油松纯林最小，分别为189.40 t/hm^{2}和769.87 t/hm^2，说明油松＋毛白杨混交林林地内土壤具有较强持水能力。

（2）不同林分土壤入渗特征

各林分0~20 cm土层的土壤入渗速率随入渗时间变化趋势基本一致。初渗速率表现为油松＋毛白杨混交林（30.77 mm/min）最大，油松纯林（16.90 mm/min）最小，稳渗速率表现为油松纯林（5.52 mm/min）最大，油松＋毛白杨混交林（2.80 mm/min）最小。各林分土壤入渗速率与入渗时间均呈显著负相关关系（$P < 0.05$），即土壤入渗速率随入渗时间增长而逐渐减小。

（3）不同林分径流特征

不同林分地表径流与壤中流总量及各土层壤中流变化趋势差异显著。地表径流总量表现为油松纯林（1.35 mm）大于其他林分，其他林分相近；壤中流总量差异显著，仅在数值上表现为油松 + 毛白杨混交林（4.44 mm）最大，油松纯林（1.83 mm）最小。各林分壤中流总量随土层深度增加而减少，表现为上土层（0~20 cm）最大。

7.5.4 不同林分生态水文功能综合评价

根据评价结果，油松 + 毛白杨混交林的生态水文功能（综合得分 2.44）排名第一，山杨纯林（综合得分 0.83）排名第二，蒙古栎纯林（综合得分 –0.54）排名第三，油松纯林（综合得分 –2.74）排名第四。在本研究中，混交林水文功能大于纯林，阔叶林水文功能大于针叶林。

7.6 结论

本研究选取松山森林生态系统 4 种典型林分为研究对象，对不同林分林冠层、枯落物层和土壤层水文特征及降水分配差异性进行分析研究，并对生态水文功能进行综合评价，得出以下几点结论。

（1）林冠层降水分配特征

①不同林分在不同雨量级和生长季各月的林冠层降水分配月动态差异明显，降水分配特征基本一致。在 0~100 mm 雨量级表现为穿透雨量、穿透率和林冠截留量随雨量级增大而增大，林冠截留率随雨量级增大而减小，树干径流量（率）随雨量级增大呈波动性变化。生长季不同月份中，油松纯林穿透雨月总量、蒙古栎纯林树干径流月总量、蒙古栎纯林和油松 + 毛白杨混交林林冠截留月总量随月降雨总量增大而增大，其他水文分量变化趋势不明显。各林分在不同雨量级和生长季各月的林冠层降水分配特征基本以穿透雨为主。

②不同林分林冠层水文分量与降雨量具有相关性。穿透雨总量油松纯林（472.88 mm）最小，山杨纯林（608.90 mm）最大。树干径流总量由大到小顺序为：油松 + 毛白杨混交林（29.12 mm）＞蒙古栎纯林（24.23 mm）＞山杨纯林（4.36 mm）＞油松纯林（2.67 mm）。林冠截留总量油松纯林（331.16 mm）最大，山杨纯林（193.45 mm）最小，蒙古栎纯林与油松 + 毛白杨混交林基本相同。各林分穿透雨量、树干径流量和林冠截留量与降雨量均呈显著正相关关

系，林冠截留量与降雨量呈显著负相关关系。

（2）枯落物层降水分配特征

①不同林分枯落物层水文特征差异明显，持水量及吸水速率变化趋势一致。枯落物层总厚度均值变化范围在 4.83~6.32 cm；自然含水率均值变化范围在 27.62%~49.30%；总储量均值由大到小顺序为：山杨纯林（3.61 t/hm^2）＞油松＋毛白杨混交林（3.34 t/hm^2）＞油松纯林（3.22 t/hm^2）＞蒙古栎纯林（3.07 t/hm^2）；各林分枯落物不同分解层的持水量与浸泡时间呈显著正相关关系，吸水速率与浸泡时间呈显著负相关关系；最大持水量（率）和有效拦蓄量（率）均值同为油松＋毛白杨混交林最大，油松纯林最小。

②不同林分枯透水量、枯落物层截留量差异明显，降水分配特征一致。枯透水总量山杨纯林（351.07 mm）最大，油松纯林（260.60 mm）最小；枯落物层截留总量表现为油松＋毛白杨混交林（13.18 mm）最大，油松纯林（6.37 mm）最小。各林分枯落物层降水分配特征均以枯透水为主。

（3）土壤层降水分配特征

①各林分在 0~60 cm 土层的土壤物理性质、水文特征及其各土层变化趋势差异显著，入渗速率变化趋势基本一致。土壤容重均值由大到小顺序为：油松纯林（1.27 g/cm^3）＞山杨纯林（1.19 g/cm^3）＞蒙古栎纯林（1.18 g/cm^3）＞油松＋毛白杨混交林（1.14 g/cm^3）；毛管孔隙度均值油松纯林（29.02%）最大，山杨纯林（28.51%）最小；非毛管孔隙度均值由大到小顺序为：油松＋毛白杨混交林（12.95%）＞山杨纯林（11.79%）＞蒙古栎纯林（10.52%）＞油松纯林（9.47%），总孔隙度均值大小顺序与非毛管孔隙度一致；毛管持水量均值由大到小顺序为：油松纯林（580.47 t/hm^2）＞油松＋毛白杨混交林（571.93 t/hm^2）＞蒙古栎纯林（571.40 t/hm^2）＞山杨纯林（570.20 t/hm^2）；油松＋毛白杨混交林土壤有效持水量和最大持水量均值最大，分别为 258.93 t/hm^2 和 830.87 t/hm^2，油松纯林最小，分别为 189.40 t/hm^2 和 769.87 t/hm^2，0~20 cm 土层的土壤入渗速率与入渗时间呈显著负相关关系。

②不同林分地表径流与壤中流总量及各土层壤中流变化趋势差异显著。地表径流总量表现为油松纯林（1.35 mm）最大，其他林分相似，壤中流总量均无明显差异。壤中流总量随土层深度增加而减少，表现为上土层（0~20 cm）

壤中流总量最大。

（4）不同林分生态水文功能综合评价

运用主成分分析法对各林分生态水文功能进行综合评价，结果表现为油松 + 毛白杨混交林最大（综合得分为 2.44），油松纯林最小（综合得分为 –2.74），表明大面积营造针阔混交林能有效提升森林水文功能，对维持森林生态系统稳定发展、改善北京地区生态环境起到积极作用。

8 不同林分水质效应研究

8.1 不同林分不同空间层次对降雨中水质离子的影响

8.1.1 大气降雨水质特征

大气降水是森林生态系统水分的主要来源之一，降水对森林生态系统的输入过程包括对气体和气溶胶所携溶质的溶解，与大气中微粒混合及对它和其他大气干沉降物部分溶解有重要的作用（顾慰祖，2007）。研究森林生态系统的降水化学性质，大气降雨中化学元素含量测定是必不可少的环节。

2018 年在松山国家级自然保护区进行大气降雨观测，研究期间每次降水量为：5 月 18 日为 37.36 mm，6 月 28 日为 21.83 mm，7 月 21 日为 70.29 mm，9 月 18 日为 37.91 mm。8 月由于降雨量过少，单次降雨量均没有超过 20 mm，水样不足以进行水质测试，故无法对其数据进行统计。

由表 8–1 可以看出，试验区大气降雨样品中测定的水质离子浓度在研究期间的不同月份均有差异。从月变化来看，Na^+、K^+ 和 Mg^{2+} 浓度的月变化幅度分别为 0.07~2.63 mg/L、0.52~9.57 mg/L 和 0.53~2.11 mg/L，浓度变化均表现为 9 月 > 5 月 > 6 月 > 7 月。K^+ 浓度变化幅度较大，最高值为最低值的 18.4 倍；Ca^{2+} 浓度的月变化幅度为 3.87~16.80 mg/L，浓度变化表现为 9 月 > 6 月 > 5 月 > 7 月；NH_4^+ 浓度的月变化幅度为 0.54~1.64 mg/L，浓度变化表现为 5 月 > 7 月 > 6 月 > 9 月；NO_3^- 浓度的月变化幅度为 0.32~4.54 mg/L，浓度变化表现为 7 月 > 9 月 > 6 月 > 5 月。NO_2^- 和 SO_4^{2-} 浓度的月变化幅度分别为 0.19~2.18 mg/L 和 3.64~23.26 mg/L，浓度变化均表现为 9 月 > 6 月 > 7 月 > 5 月和 9 月 > 5 月 > 6 月 > 7 月。F^- 和 Cl^- 浓度的月变化幅度分别为 0.08~0.71 mg/L 和 1.36~4.71 mg/L，浓度变化均表现为 9 月 > 5 月 > 7 月 > 6 月。总之，大气降雨中 Na^+、K^+、

Mg^{2+}、Ca^{2+}、NO_2^-、SO_4^{2-}、F^- 和 Cl^- 浓度 5—7 月变化相差不大，9 月浓度均达到最高值。NH_4^+ 和 NO_3^- 浓度分别在 5 月和 7 月达到最高。产生这种月浓度差异的原因是 5—7 月降雨量相对较大，降雨频次也相对较多，稀释了空气中的离子浓度，而 NH_4^+ 和 NO_3^- 易受降雨时雷电影响，当雷电时空中闪电使雨水中的 N 含量明显增加（栗生枝，2017）。5—7 月易发生雷击，因此 NH_4^+ 和 NO_3^- 浓度较高。

表 8-1 大气降雨中阴阳离子浓度月变化

单位：mg/L

水质指标	Na^+	K^+	Mg^{2+}	Ca^{2+}	NH_4^+	NO_3^-	NO_2^-	SO_4^{2-}	F^-	Cl^-
2018 年 5 月	0.89	2.66	1.25	4.34	1.64	0.32	0.19	8.21	0.29	2.57
2018 年 6 月	0.40	1.22	0.94	4.53	0.59	1.62	0.29	5.10	0.08	1.36
2018 年 7 月	0.07	0.52	0.53	3.87	0.76	4.54	0.28	3.64	0.23	1.61
2018 年 9 月	2.63	9.57	2.11	16.80	0.54	2.53	2.18	28.26	0.71	4.71
平均	1.00	3.49	1.21	7.39	0.88	2.25	0.73	11.30	0.33	2.56

从平均值来看，结合图 8-1，各离子平均浓度按从大到小顺序排列依次为：$SO_4^{2-} > Ca^{2+} > K^+ > Cl^- > NO_3^- > Mg^{2+} > Na^+ > NH_4^+ > NO_2^- > F^-$。阳离子中 Ca^{2+} 浓度最高为 7.39 mg/L，占阳离子总浓度的 52.9%，占总离子浓度的 23.72%。其次是 K^+ 和 Mg^{2+}，分别占阳离子浓度的 25.02% 和 8.64%，占总离子浓度的 11.22% 和 3.87%。阴离子中的 SO_4^{2-} 浓度最高为 10.05 mg/L，占总阴离子浓度的 65.79%，占总离子浓度的 36.29%。其次是 Cl^- 和 NO_3^- 为 2.56 mg/L 和 2.25 mg/L，分别占阴离子浓度的 14.91% 和 13.10%，占总离子浓度的 8.23% 和 7.22%。由此可知，试验期间大气降雨样品中的主要阳离子为 Ca^{2+}、K^+ 和 Mg^{2+}，主要阴离子为 SO_4^{2-}、Cl^- 和 NO_3^-。

Na^+ 和 Cl^- 主要来源于海洋源的影响，如海盐等（徐丹卉，2017）。Cl^- 浓度较高，说明除海洋外仍有其他来源，如生物质的燃烧或者含氯废弃物的燃烧及混凝土产业的排放等（Fourtziou, 2017）。SO_4^{2-} 主要来自工业排放，K^+ 主要来自生物质燃烧。

依据《国家地表水环境质量标准》（GB 3838—2002）对本试验大气降雨中 5 种离子的水质等级划分可知：SO_4^{2-} 和 Cl^- 浓度均小于 250 mg/L，NO_3^- 浓度小于 10 mg/L，在标准限值以内，F^- 浓度小于 1 mg/L，达到 Ⅰ 类水标准。NH_4^+ 的平均浓度为 0.88 mg/L，达到Ⅲ类水标准。其他离子在该标准中没有相关水质等级划分，所以在此不做讨论。

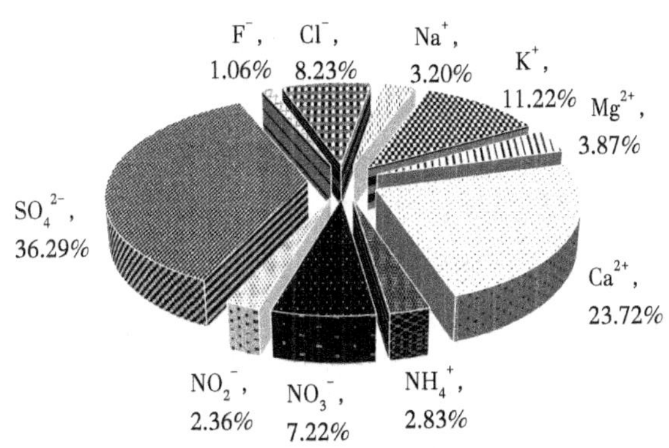

图 8-1 大气降雨中阴阳离子组分比例

8.1.2 不同林分林冠层水质效应

8.1.2.1 不同林分穿透雨水质特征

由图 8-2 可知，4 种林分穿透雨中的阴阳离子平均总浓度从大到小依次为油松 + 毛白杨混交林（44.21 mg/L）＞山杨纯林（24.98 mg/L）＞油松纯林（23.60 mg/L）＞蒙古栎纯林（23.57 mg/L），可知油松 + 毛白杨混交林穿透雨中的阴阳离子总浓度最高，为其余林分总浓度的 1.77~1.88 倍。

试验期间 4 种林分穿透雨中所测各离子平均浓度从大到小分别为：

蒙古栎纯林：SO_4^{2-}（20.82%）＞ K^+（19.77%）＞ Ca^{2+}（19.02%）＞ Cl^-（12.27%）＞ NH_4^+（8.32%）＞ NO_3^-（7.45%）＞ Mg^{2+}（5.69%）＞ Na^+（4.05%）＞ NO_2^-（1.97%）＞ F^-（0.64%）。

油松纯林：SO_4^{2-}（22.92%）＞ NO_3^-（11.12%）＞ Ca^{2+}（17.42%）＞ K^+（15.66%）＞ Cl^-（10.98%）＞ NH_4^+（8.07%）＞ Mg^{2+}（5.44%）＞ Na^+（2.17%）＞ NO_2^-（1.90%）＞ F^-（0.92%）。

油松 + 毛白杨混交林：SO_4^{2-}（29.92%）> K^+（29.47%）> Ca^{2+}（19.67%）> Cl^-（6.38%）> Mg^{2+}（5.43%）> NO_3^-（3.19%）> NH_4^+（2.69%）> Na^+（1.95%）> F^-（0.67%）> NO_2^-（0.65%）。

山杨纯林：SO_4^{2-}（23.71%）> Ca^{2+}（18.79%）> K^+（18.27%）> Cl^-（10.26%）> NH_4^+（9.56%）> NO_3^-（8.84%）> Mg^{2+}（5.22%）> Na^+（3.63%）> NO_2^-（1.17%）> F^-（0.55%）。

由此可知，4 种林分穿透雨所测的离子中主要阳离子为 K^+、Ca^{2+} 和 NH_4^+，占该层离子总浓度的 41.15%~51.83%，占该层阳离子总浓度的 82.87%~87.55%。主要阴离子为 SO_4^{2-}、Cl^- 和 NO_3^-，占该层离子总浓度的 39.48%~48.42%，占该层阴离子总浓度的 93.95%~96.78%。

依据《国家地表水环境质量标准》（GB 3838—2002）对本试验 4 种林分类型穿透雨中 5 种离子的水质等级划分可知，SO_4^{2-} 和 Cl^- 浓度均小于 250 mg/L，NO_3^- 浓度小于 10 mg/L，在标准限值以内，F^- 浓度小于 1 mg/L，达到 Ⅰ 类水标准。蒙古栎纯林和油松纯林中 NH_4^+ 的平均浓度分别为 1.96 mg/L 和 1.88 mg/L，达到Ⅴ类水标准，油松 + 毛白杨混交中 NH_4^+ 的平均浓度为 1.24 mg/L，达Ⅳ类水标准，山杨纯林中 NH_4^+ 的平均浓度为 2.41 mg/L，超过标准限值。其他离子在该标准中没有相关水质等级划分，所以不做讨论。

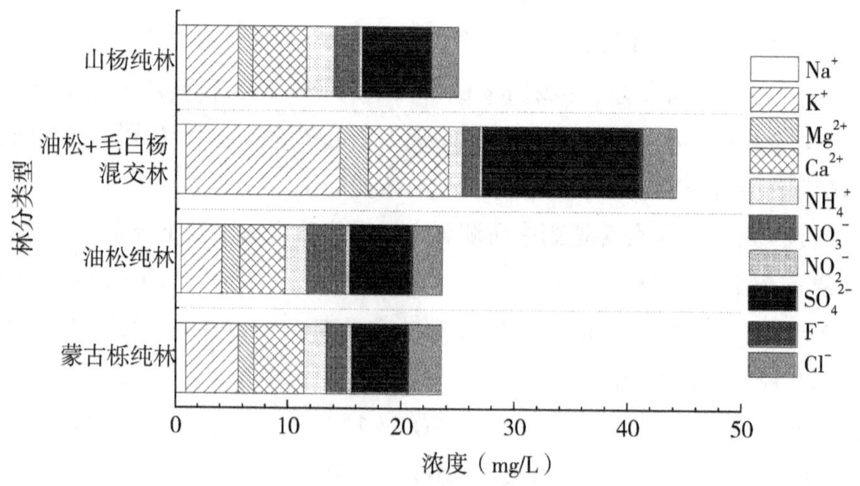

图 8-2　4 种林分穿透雨中水质离子组分比例

从图 8-3 可以看出，观测期间 4 种林分之间穿透雨中不同离子浓度在 5 月、6 月、7 月和 9 月的月变化趋势具有一定的相似性，基本呈现出 5 月浓度较低，6 月稍有升高，7 月浓度下降，9 月浓度升高的规律。NO_3^- 月变化与其他离子表现相比存在差异，其浓度在 5 月、6 月较低，7 月较高，9 月除油松纯林外其余 3 种林分中 NO_3^- 浓度均降低。在 5 月和 7 月，4 种林分穿透雨中离子浓度较低且同种离子各林分类型之间浓度相差不大，6 月山杨纯林穿透雨中各离子除 NO_2^-、K^+ 和 F^- 外浓度均为最高，9 月油松 + 毛白杨混交林穿透雨中 K^+、Ca^{2+}、Mg^{2+}、SO_4^{2-} 和 F^- 离子浓度均为最高，而 NH_4^+ 和 NO_3^- 较其他林分明显较低。

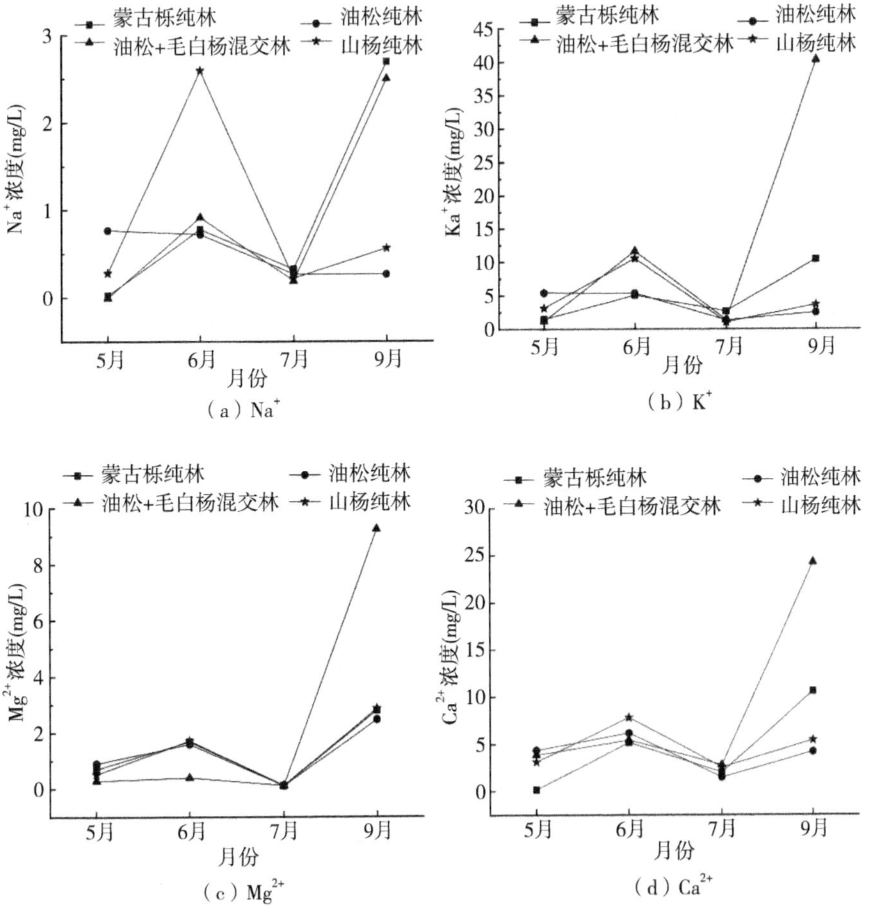

（a）Na^+

（b）K^+

（c）Mg^{2+}

（d）Ca^{2+}

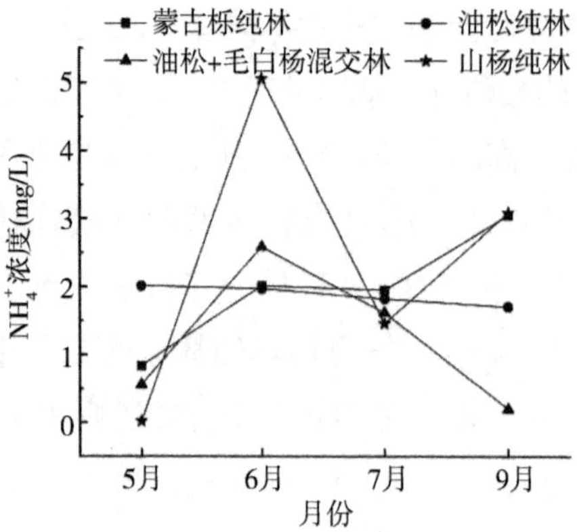

（e）NH_4^+

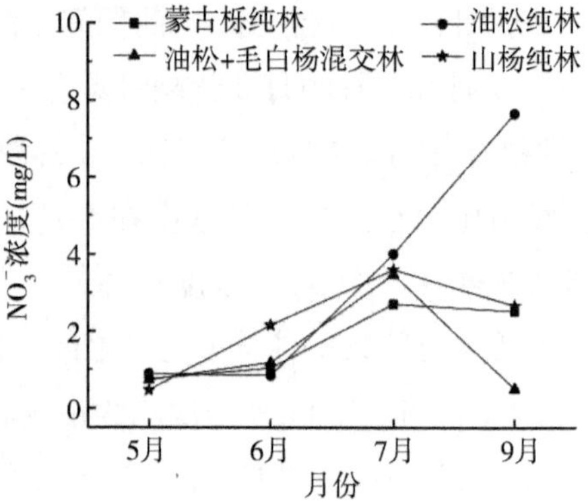

（f）NO_3^-

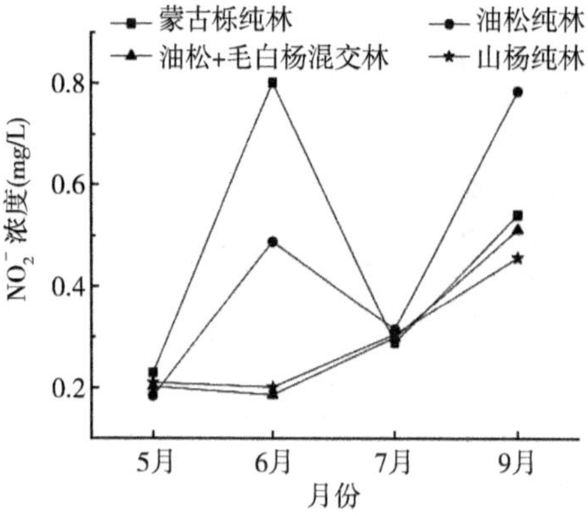

（g）NO_2^-

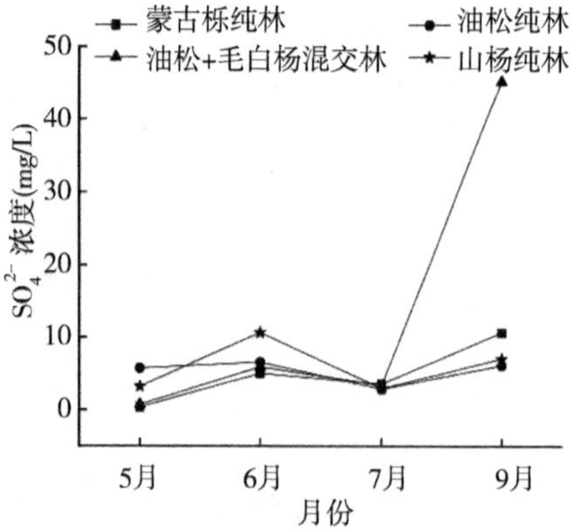

（h）SO_4^{2-}

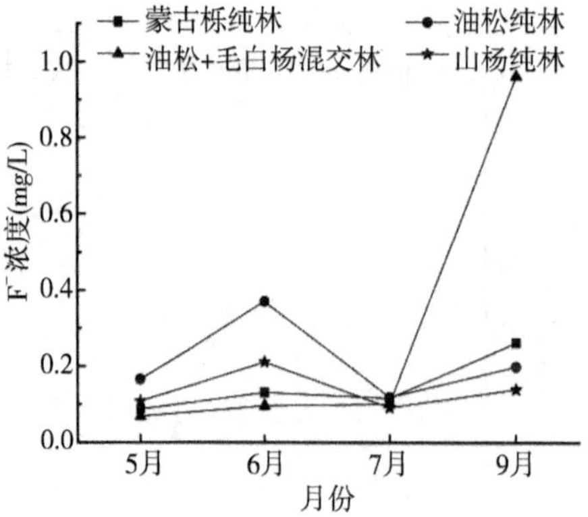

（i）F^-

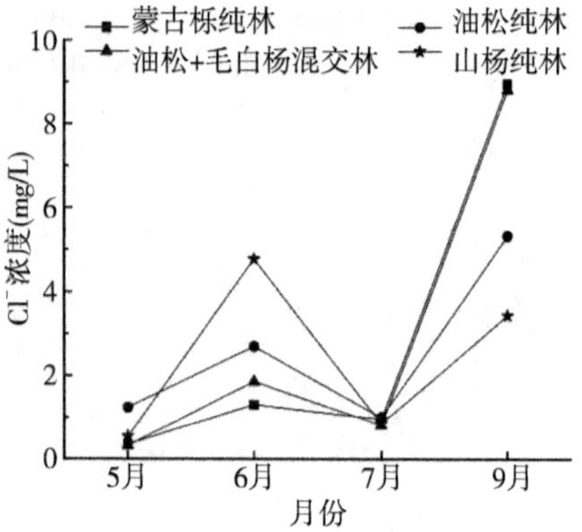

（j）Cl^-

图 8-3　4 种林分穿透雨中阴阳离子浓度月变化

8.1.2.2 不同林分林冠层对水质的影响

穿透雨水质的研究选择了 4 种不同林分，图 8–4 给出了观测期间大气降雨经林冠层后穿透雨的阳离子和阴离子变化结果。

从不同离子的角度分析，试验期间 4 种林分穿透雨中 Na^{+}、K^{+}、Mg^{2+}、Ca^{2+} 和 NH_4^{+} 5 种阳离子平均浓度变化如下。

试验期间，大气降雨通过 4 种林分林冠层后，穿透雨中的 Na^{+} 浓度较大气降雨出现轻微降低，表现出吸附截留作用。结果表明，大气降雨中的 Na^{+} 平均浓度为 1.00 mg/L，通过林冠层后，就 4 种林分林冠层对 Na^{+} 的吸附截留能力而论，其吸附率与吸附量由大到小排序为：油松纯林（49.29%，0.49 mg/L）＞油松 + 毛白杨混交林（9.61%，0.10 mg/L）＞山杨纯林（8.33%，0.08 mg/L）＞蒙古栎纯林（4.12%，0.04 mg/L），可见油松纯林对 Na^{+} 表现了较强的吸附作用。

4 种林分穿透雨中的 K^{+} 浓度较大气降雨都出现不同程度的上升，表现为淋溶作用。结果表明，大气降雨中的 K^{+} 平均浓度为 3.49 mg/L，通过林冠层后，就 4 种林分林冠层对 K^{+} 的淋溶作用而言，其淋溶率和淋溶量由大到小排序为：油松 + 毛白杨混交林（289.76%，10.12 mg/L）＞蒙古栎纯林（33.35%，1.17 mg/L）＞山杨纯林（31.51%，1.10 mg/L）＞油松纯林（4.40%，0.15 mg/L），可见油松 + 毛白杨混交林对 K^{+} 表现出较强的淋溶作用。

4 种林分穿透雨中的 Mg^{2+} 浓度较大气降雨都出现不同程度的上升，表现为淋溶作用。结果表明，大气降雨中的 Mg^{2+} 平均浓度为 1.21 mg/L，通过林冠层后，4 种林分林冠层对 Mg^{2+} 的淋溶率和淋溶量由大到小排序为：油松 + 毛白杨混交林（107.81%，1.30 mg/L）＞蒙古栎纯林（11.19%，0.13 mg/L）＞山杨纯林（8.76%，0.11 mg/L）＞油松纯林（5.15%，0.06 mg/L），可知油松 + 毛白杨混交林对 Mg^{2+} 产生了较强的淋溶作用。

大气降雨通过 4 种林分林冠层后，穿透雨中的 Ca^{2+} 浓度变化主要表现为吸附截留。结果表明，大气降雨中的 Ca^{2+} 平均浓度为 7.39 mg/L，通过林冠层后，蒙古栎纯林、油松纯林和山杨纯林穿透雨中的 Ca^{2+} 浓度下降 2.65~3.33 mg/L，降幅为 36.00%~45.06%，吸附效果相差不大。油松 + 毛白杨混交林穿透雨中的 Ca^{2+} 浓度升高了 23%，表现出轻微淋溶。

4 种林分穿透雨中的 NH_4^{+} 浓度较大气降雨都出现不同程度的上升，产生淋溶作用。大气降雨中的 NH_4^+ 平均浓度较低为 0.88 mg/L，通过林冠层后，就 4 种林分冠层对 NH_4^+ 的淋溶效果而言，其淋溶率和淋溶量由大到小排序为：山杨纯林（172.59%，1.52 mg/L）＞蒙古栎纯林（122.32%，1.08 mg/L）＞油松纯林（112.93%，0.10 mg/L）＞油松＋毛白杨混交林（40.73%，0.36 mg/L），可知对于 NH_4^+ 山杨纯林淋溶作用最强，蒙古栎纯林和油松纯林淋溶作用较强。

从不同林分角度分析，4 种林分穿透雨中 K^+、Mg^{2+} 和 NH_4^+ 浓度较大气降雨升高，产生淋溶作用，Ca^{2+} 和 Na^+ 浓度变化主要表现为吸附截留。结果表明，4 种林分穿透雨中 5 种阳离子的变化规律表现为：蒙古栎纯林穿透雨中，离子增幅为 NH_4^+（122.32%）＞ K^+（33.35%）＞ Mg^{2+}（11.19%），离子降幅为 Ca^{2+}（39.32%）＞ Na^+（4.12%）；油松纯林穿透雨中，离子增幅为 NH_4^+（112.93%）＞ Mg^{2+}（5.15%）＞ K^+（4.40%），离子降幅为 Na^+（49.29%）＞ Ca^{2+}（45.06%）；油松＋毛白杨混交林穿透雨中，离子增幅为 K^+（289.76%）＞ Mg^{2+}（107.81%）＞ NH_4^+（40.73%）＞ Ca^{2+}（23.04%），离子降幅为 Na^+（9.61%）；山杨纯林穿透雨中，离子增幅为 NH_4^+（172.59%）＞ K^+（31.51%）＞ Mg^{2+}（8.76%），离子降幅为 Ca^{2+}（36.00%）＞ Na^+（8.33%）。

总体来说，4 种林分林冠层对降雨中阳离子影响如下：4 种林分穿透雨中 K^+、Mg^{2+} 和 NH_4^+ 浓度较大气降雨强度增大而升高，增幅为 4.40%~289.76%，产生淋溶作用。Ca^{2+} 和 Na^+ 浓度变化主要表现为吸附截留，浓度降幅为 4.12%~49.29%。油松＋毛白杨混交林对 K^+ 和 Mg^{2+} 的淋溶作用较为强烈，其浓度增幅分别为 289.76% 和 107.81%，其余 3 种林分对 NH_4^+ 淋溶较为强烈，其浓度增幅为 112.93%~172.59%。

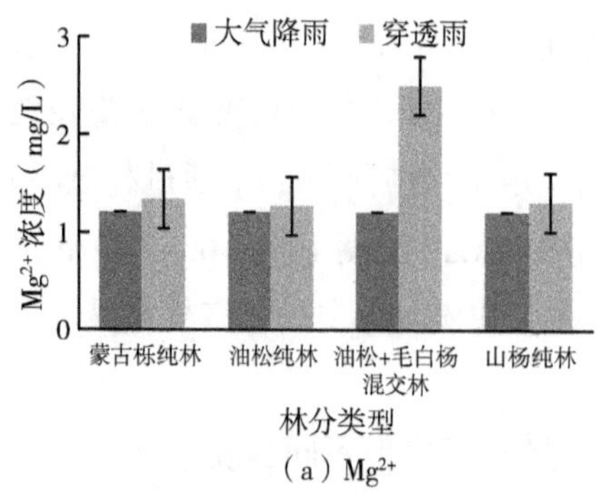

（a）Mg^{2+}

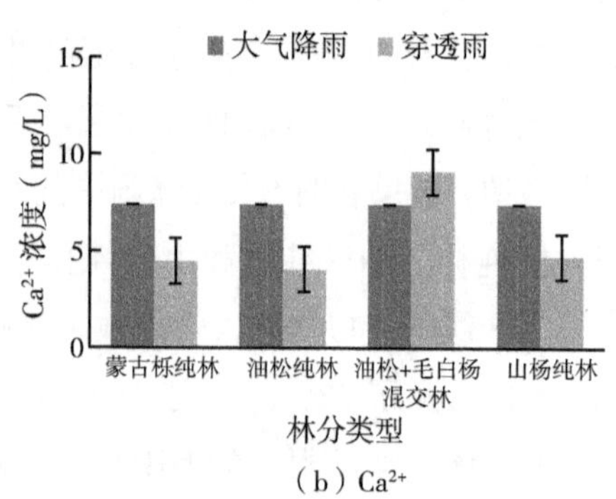

（b）Ca^{2+}

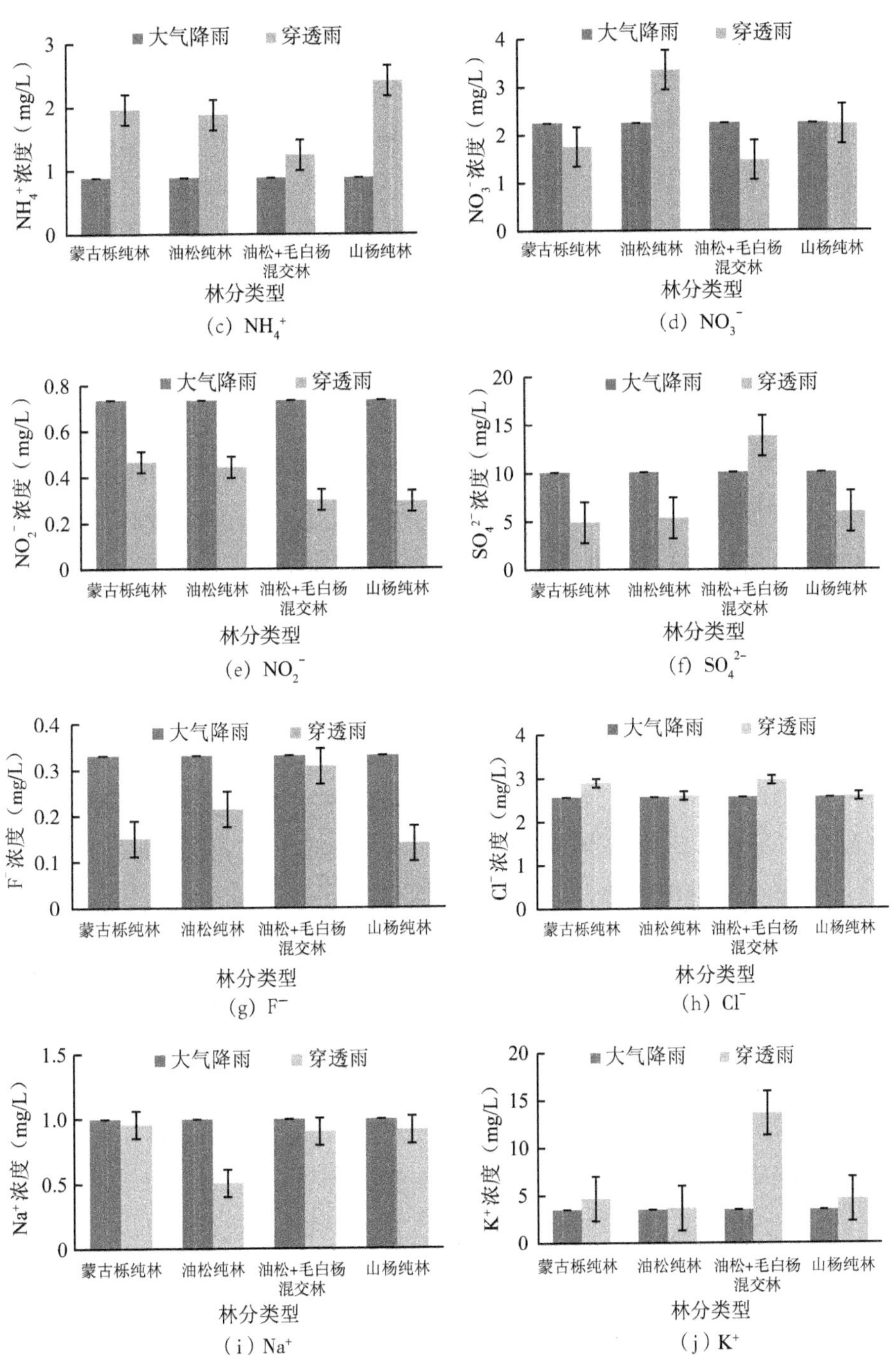

图 8-4　4 种林分穿透雨与大气降雨离子浓度的比较

从不同离子角度分析，4 种林分穿透雨中 NO_3^-、NO_2^-、SO_4^{2-}、F^- 和 Cl^- 5 种阴离子浓度变化如下。

试验期间，大气降雨穿过 4 种林分林冠层后，穿透雨中 NO_3^- 浓度变化的主要原因以吸附截留为主。结果表明，大气降雨中 NO_3^- 的浓度为 2.25 mg/L，经过林冠层后，蒙古栎纯林、油松 + 毛白杨混交林和山杨纯穿透雨中 NO_3^- 浓度较大气降雨降低 0~0.78 mg/L，吸附率为 1.12%~34.53%，其中油松 + 毛白杨混交林吸附率最高。油松纯林冠层对 NO_3^- 表现为淋溶，其浓度升高了 48.89%，说明油松纯林冠层向降雨中释放了 NO_3^-。

4 种林分穿透雨中的 NO_2^- 浓度较大气降雨都出现不同程度的下降，体现为吸附截留作用。结果表明，大气降雨中 NO_2^- 浓度为 0.73 mg/L，经过林冠层后，4 种林分对 NO_2^- 的截留率和截留量由大到小为：山杨纯林（60.06%，0.44 mg/L）>油松 + 毛白杨混交林（59.16%，0.43 mg/L）>油松纯林（39.66%，0.29 mg/L）>蒙古栎纯林（36.60%，0.27 mg/L）。

大气降雨穿过 4 种林分林冠层后，穿透雨中 SO_4^{2-} 浓度变化的主要原因以吸附截留为主。结果表明，大气降雨中 SO_4^{2-} 的浓度较高为 10.05 mg/L，蒙古栎纯林、油松纯林和山杨纯林穿透雨中 SO_4^{2-} 浓度较大气降雨下降 4.09~5.14 mg/L，降幅为 40.67%~51.18%。油松 + 毛白杨混交林穿透雨中 SO_4^{2-} 的浓度增加 37.52%，说明油松 + 毛白杨混交林冠层对降水中的 SO_4^{2-} 有轻微淋溶作用。

4 种林分穿透雨中的 F^- 浓度较大气降雨都出现不同程度的下降，体现为吸附截留作用。结果表明，大气降雨中的 F^- 浓度较低为 0.33 mg/L，经过林冠层后，4 种林分对 F^- 的截留率和截留量由大到小为：山杨纯林（57.98%，0.19 mg/L）>蒙古栎纯林（54.65%，0.18 mg/L）>油松纯林（35.22%，0.12 mg/L）>油松 + 毛白杨混交林（6.99%，0.02 mg/L）。

4 种林分穿透雨中的 Cl^- 浓度较大气降雨都出现一定程度的升高，表现为轻微淋溶作用。大气降雨中的 Cl^- 平均浓度为 2.56 mg/L，经过林冠层后，4 种林分穿透雨中的 Cl^- 浓度增幅为 0.77%~15.10%，浓度变化不明显。

从不同树种的角度分析，4 种林分穿透雨中 NO_3^-、NO_2^-、SO_4^{2-} 和 F^- 浓度变化现象较大气降雨体现为吸附截留作用，Cl^- 浓度变化不明显，表现为轻微淋溶作用。结果表明，4 种林分穿透雨中 5 种阴离子的变化规律表现为：蒙古栎纯林穿透雨中，离子增幅为Cl^- 12.89%，离子降幅为SO_4^{2-}（51.18%）＞F^-（54.65%）＞NO_2^-（36.60%）＞NO_3^-（21.96%）；油松纯林穿透雨中，离子增幅为NO_3^-（48.89%）＞Cl^-（1.14%），离子降幅为SO_4^{2-}（46.89%）＞NO_2^-（42.50%）＞F^-（35.22%）；油松＋毛白杨混交林穿透雨中，离子增幅为SO_4^{2-}（37.52%）＞Cl^-（15.10%），离子降幅为NO_2^-（59.16%）＞NO_3^-（34.53%）＞F^-（6.99%）；山杨纯林穿透雨中，离子降幅为Cl^-（0.77%），离子降幅为NO_2^-（60.06%）＞F^-（57.98%）＞SO_4^{2-}（40.67%）＞NO_3^-（1.12%）。

总体来说，4种林分林冠层对降雨中阴离子影响如下：4种林分穿透雨中NO_3^-、NO_2^-、SO_4^{2-}和F^-浓度大部分较大气降雨强度降低而降低，降幅为1.12%~60.06%，主要体现为吸附截留作用，油松纯林对NO_3^-表现为48.89%的淋溶，油松＋毛白杨混交林对SO_4^{2-}表现为37.52%的淋溶，4种林分穿透雨中Cl^-浓度升高0.77%~15.10%，体现为轻微淋溶作用。

8.1.3 不同林分枯落物层水质效应

8.1.3.1 不同林分枯透水水质特征

由图8-5可知，4种林分枯透水中的阴阳离子平均总浓度从大到小依次为油松＋毛白杨混交林（45.78 mg/L）＞蒙古栎纯林（27.32 mg/L）＞山杨纯林（24.94 mg/L）＞油松纯林（21.88 mg/L），可知油松＋毛白杨混交林枯透水中的阴阳离子总浓度最高，为其余林分总浓度的1.7~2.1倍。

蒙古栎纯林：Ca^{2+}（25.72%）＞K^+（19.42%）＞SO_4^{2-}（16.92%）＞Cl^-（12.73%）＞NO_3^-（8.42%）＞Mg^{2+}（6.46%）＞NH_4^+（6.09%）＞Na^+（2.70%）＞NO_2^-（0.99%）＞F^-（0.55%）。

油松纯林：K^+（23.73%）＞Ca^{2+}（23.07%）＞SO_4^{2-}（17.91%）＞Cl^-（11.92%）＞Mg^{2+}（7.90%）＞NO_3^-（6.32%）＞NH_4^+（4.32%）＞Na^+（2.03%）＞F^-（1.64%）＞NO_2^-（1.16%）。

油松＋毛白杨混交林：K^+（33.14%）＞Ca^{2+}（25.87%）＞SO_4^{2-}（18.37%）＞Cl^-（7.87%）＞Mg^{2+}（5.53%）＞NO_3^-（3.90%）＞NH_4^+（2.68%）＞Na^+（1.24%）＞F^-（0.76%）＞NO_2^-（0.64%）。

山杨纯林：Ca^{2+}（28.40%）＞SO_4^{2-}（17.82%）＞K^+（19.39%）＞Cl^-（10.63%）＞

NO_3^-（9.52%）> NH_4^+（7.75%）> Mg^{2+}（6.15%）> Na^+（1.97%）> NO_2^-（1.74%）> F^-（0.63%）。

由此可知，4 种林分枯透水所测的离子中主要阳离子为 K^+、Ca^{2+} 和 Mg^{2+}，占该层离子总浓度的 51.60%~64.54%，占该层阳离子总浓度的 85.45%~94.27%。主要阴离子为 SO_4^{2-}、Cl^- 和 NO_3^-，占该层离子总浓度的 30.14%~38.07%，占该层阴离子总浓度的 92.79%~96.10%。

依据《国家地表水环境质量标准》（GB 3838—2002）对本试验 4 种林分类型枯透水中 5 种离子的水质等级划分可知，SO_4^{2-} 和 Cl^- 浓度均小于 250 mg/L，NO_3^- 浓度小于 10 mg/L，在标准限值以内，F^- 浓度小于 1 mg/L，达到Ⅰ类水标准。蒙古栎纯林中 NH_4^+ 的平均浓度为 1.66 mg/L，达到Ⅴ类水标准，油松纯林和山杨纯林中 NH_4^+ 的平均浓度分别为 0.94 mg/L 和 0.93 mg/L，达Ⅲ类水标准。其他离子在该标准中没有相关水质等级划分，所以在此不做讨论。

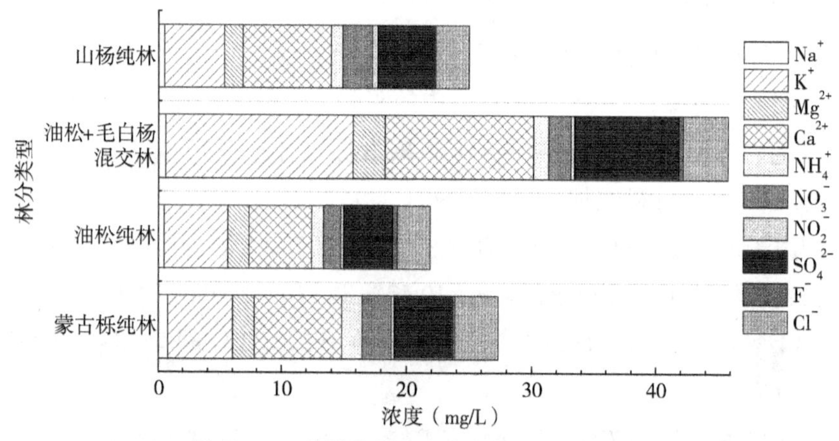

图 8-5　4 种林分枯透水中水质离子组分比例

由图 8-6 可以看出，观测期间 4 种林分之间枯透水中不同离子浓度在 2018 年 5 月、6 月、7 月和 9 月的月变化趋势具有一定的相似性，基本遵循 "V" 形变化规律，5 月、6 月离子浓度较高，7 月离子浓度最低，9 月浓度再次回升。其中 NH_4^+ 和 Ca^{2+} 与其他离子月变化规律略有差异，NH_4^+ 浓度月变化为倒 "V" 形，其中 6 月最高，Ca^{2+} 6 月时离子浓度最低。通过比较 4 种林分离子浓度变化的差异性，发现油松 + 毛白杨混交林枯透水中 K^+、Mg^{2+} 和 Ca^{2+} 3 种养分离子的浓度在实验期间较高，尤其 9 月出现大幅增长，说明油松 + 毛白杨混交林枯落物层的养分回归程度较高。

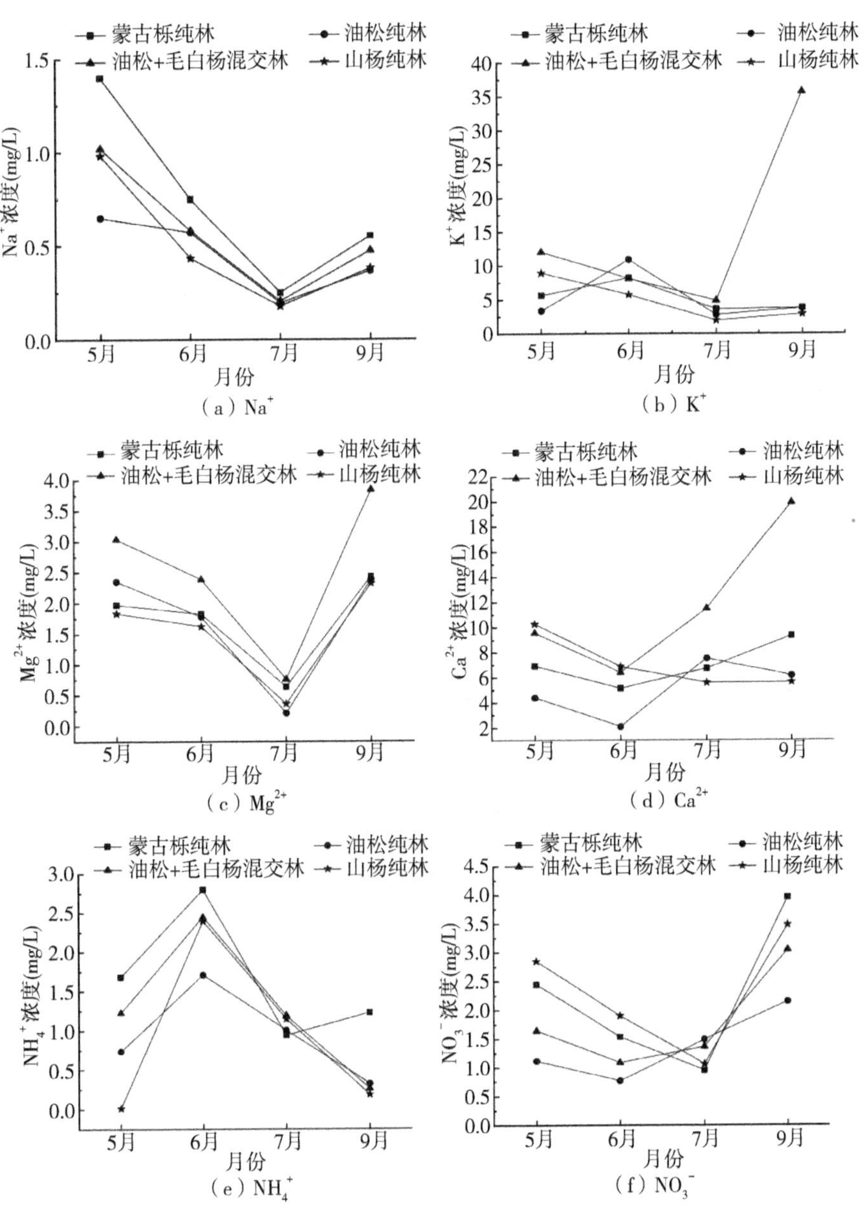

(a) Na^+　(b) K^+

(c) Mg^{2+}　(d) Ca^{2+}

(e) NH_4^+　(f) NO_3^-

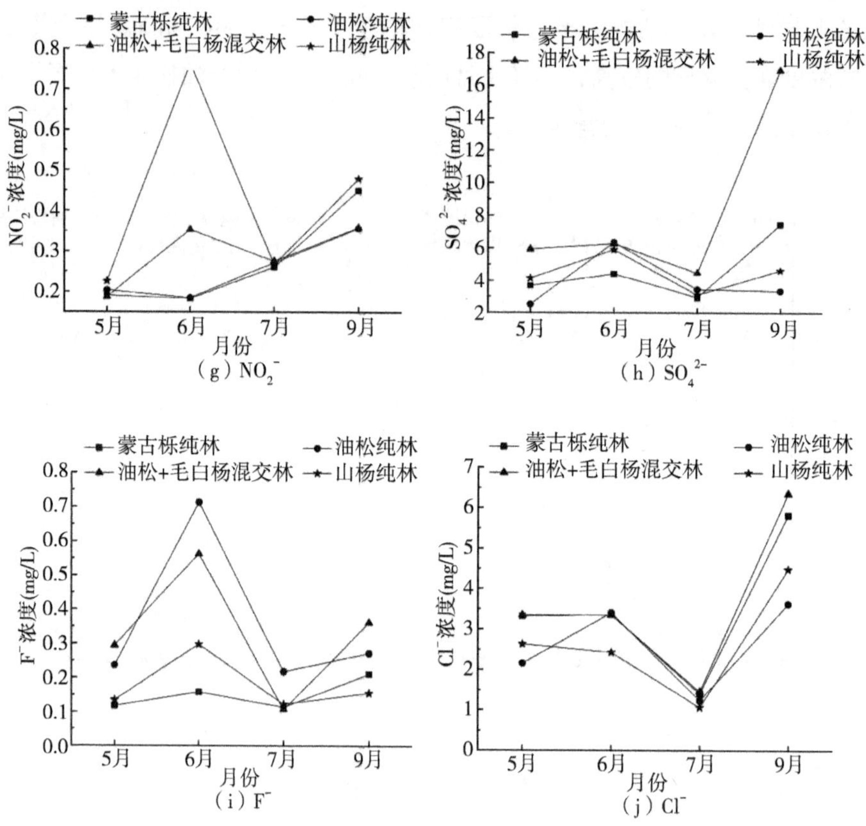

图 8-6　4 种林分枯透水中阴阳离子浓度月变化

8.1.3.2　不同林分枯落物层对水质的影响

枯落物层是与携带各种水化学物质进入森林生态系统大气降雨进行相互作用的第二层面，枯透水水质的研究选择了 4 种不同林分，图 8-7 给出了观测期间枯透水中阳离子和阴离子较穿透雨变化的结果。

4 种林分枯透水中 Na^+、K^+、Mg^{2+}、Ca^{2+} 和 NH_4^+ 5 种阳离子平均浓度变化如下。

试验期间，4 种林分穿透雨通过枯落物层后，枯透水中 Na^+ 浓度较穿透雨均出现不同程度的下降，体现为吸附截留作用。结果表明，4 种林分对 Na^+ 的截留率和截留量由大到小排序为：山杨纯林（46.05%，0.42 mg/L）＞油松 + 毛白杨混交林（36.69%，0.33 mg/L）＞蒙古栎纯林（22.68%，0.21 mg/L）＞油松纯林（11.81%，0.05 mg/L），可知山杨纯林枯落物层对 Na^+ 的吸附效果最佳。

4 种林分穿透雨通过枯落物层后，枯透水中 K^+ 浓度较穿透雨出现不同程度的上升，体现为轻微淋溶作用。结果表明，4 种林分对 K^+ 的淋溶率和淋溶量由大到小排序为：油松纯林（42.33%，1.54 mg/L）＞蒙古栎纯林（13.82%，0.64 mg/L）＞油松 + 毛白杨混交林（11.40%，1.55 mg/L）＞山杨纯林（5.25%，0.24 mg/L），其中油松纯林枯落物层 K^+ 淋溶率较高。

4 种林分穿透雨通过枯落物层后，枯透水中 Mg^{2+} 浓度较穿透雨均出现不同程度的上升，体现为轻微淋溶作用。结果表明，4 种林分对 Mg^{2+} 的淋溶率和淋溶量由大到小排序为油松纯林（36.35%，0.46 mg/L）＞蒙古栎纯林（31.65%，0.43 mg/L）＞山杨纯林（16.84%，0.02 mg/L）＞油松 + 毛白杨混交林（0.90%，0.02 mg/L），其中油松纯林和蒙古栎纯林枯落物层 Mg^{2+} 淋溶率相对较高。

4 种林分穿透雨通过枯落物层后，枯透水中 Ca^{2+} 浓度较穿透雨均出现不同程度的上升，体现为微淋溶作用。结果表明，4 种林分对 Ca^{2+} 的淋溶率和淋溶量由大到小排序为：蒙古栎纯林（56.92%，2.54 mg/L）＞山杨纯林（49.68%，2.36 mg/L）＞油松 + 毛白杨混交林（30.25%，2.75 mg/L）＞油松纯林（24.38%，0.99 mg/L）。

4 种林分穿透雨通过枯落物层后，枯透水中 NH_4^+ 浓度较穿透雨均出现不同程度下降，表现出吸附截留作用。结果表明，4 种林分对 NH_4^+ 截留率和截留量由大到小排序为：山杨纯林（61.15%，1.47 mg/L）＞油松纯林（49.71%，0.93 mg/L）＞蒙古栎纯林（15.24%，0.30 mg/L）＞油松 + 毛白杨混交林（1.28%，0.02 mg/L），可知其中山杨纯林和油松纯林枯落物层对 NH_4^+ 的吸附效果最好。

从不同林分角度分析，4 种林分枯透水中 K^+、Mg^{2+} 和 Ca^{2+} 浓度较穿透雨均升高，体现为淋溶作用，Na^+ 和 NH_4^+ 浓度较穿透雨均降低，体现为吸附截留作用。结果表明，4 种林分枯透水中 5 种阳离子的变化规律表现为：蒙古栎纯林枯透水中，离子增幅为 Ca^{2+}（56.92%）＞ Mg^{2+}（31.65%）＞ K^+（13.82%），离子降幅为 Na^+（22.68%）＞ NH_4^+（15.24%）；油松纯林枯透水中，离子增幅为 K^+（42.33%）＞ Mg^{2+}（36.35%）＞ Ca^{2+}（24.38%），离子降幅为 NH_4^+（49.71%）＞ Na^+（11.81%）；油松 + 毛白杨混交林枯透水中，离子增幅为 Ca^{2+}（30.25%）＞ K^+（11.40%）＞ Mg^{2+}（0.90%），离子降幅为 Na^+（36.69%）＞ NH_4^+（1.28%）；山杨纯林枯透水中，离子增幅为 Ca^{2+}（49.68%）＞

Mg^{2+}（16.84%）> K^{+}（5.25%），离子降幅为 NH_4^{+}（61.15%）> Na^{+}（46.05%）。

总体来说，4 种林分枯透水中 K^{+}、Mg^{2+} 和 Ca^{2+} 浓度较穿透雨均升高，增幅为 0.90%~56.92%，体现为淋溶作用，Na^{+} 和 NH_4^{+} 浓度较穿透雨均降低，降幅为 1.28%~61.15%，体现为吸附截留作用，其中山杨纯林对 Na^{+} 和 NH_4^{+} 的吸附作用最强。

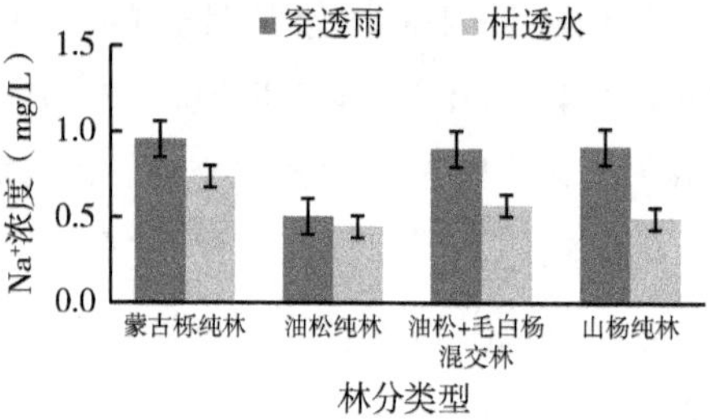

（a）Na^{+}

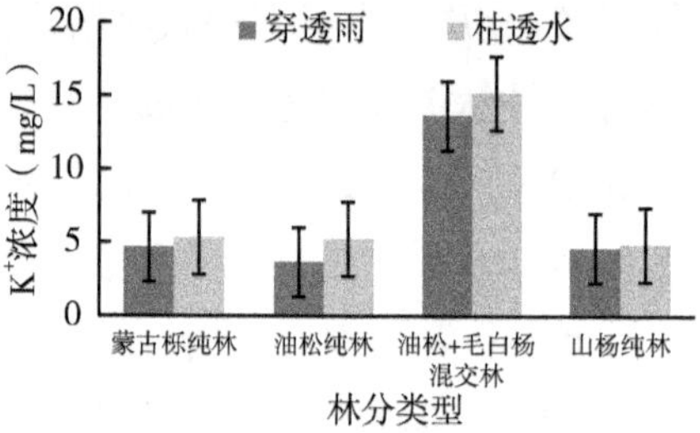

（b）K^{+}

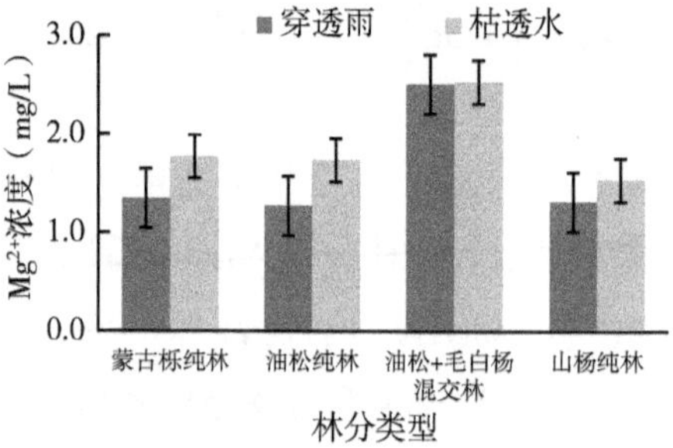

（c）Mg^{2+}

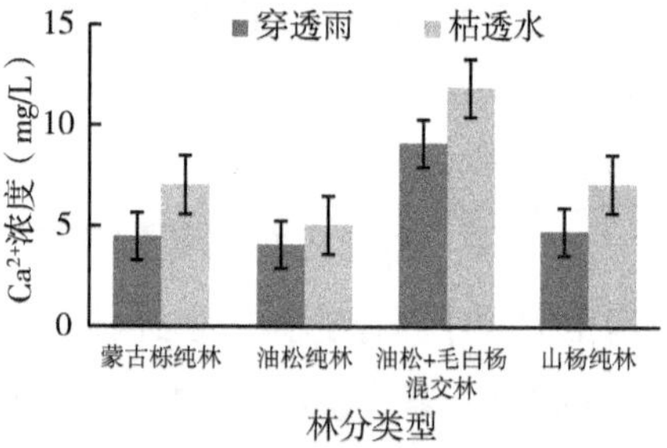

（d）Ca^{2+}

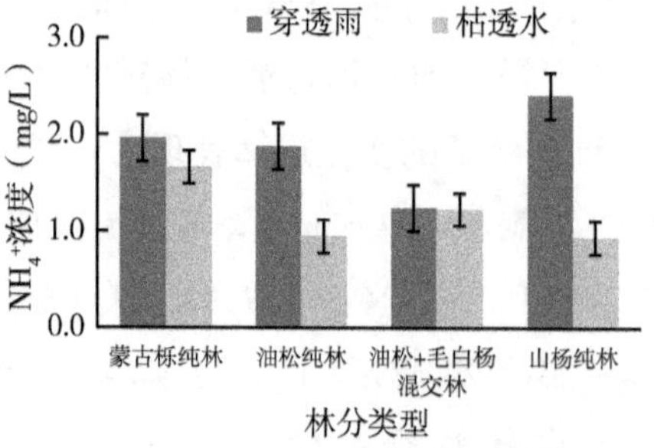

（e）NH_4^{+}

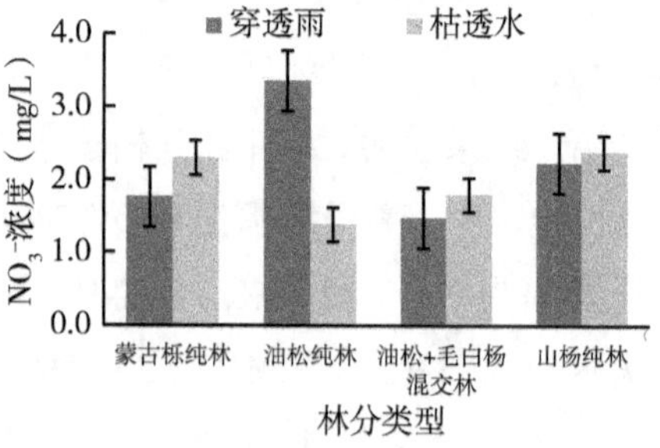

（f）NO_3^{-}

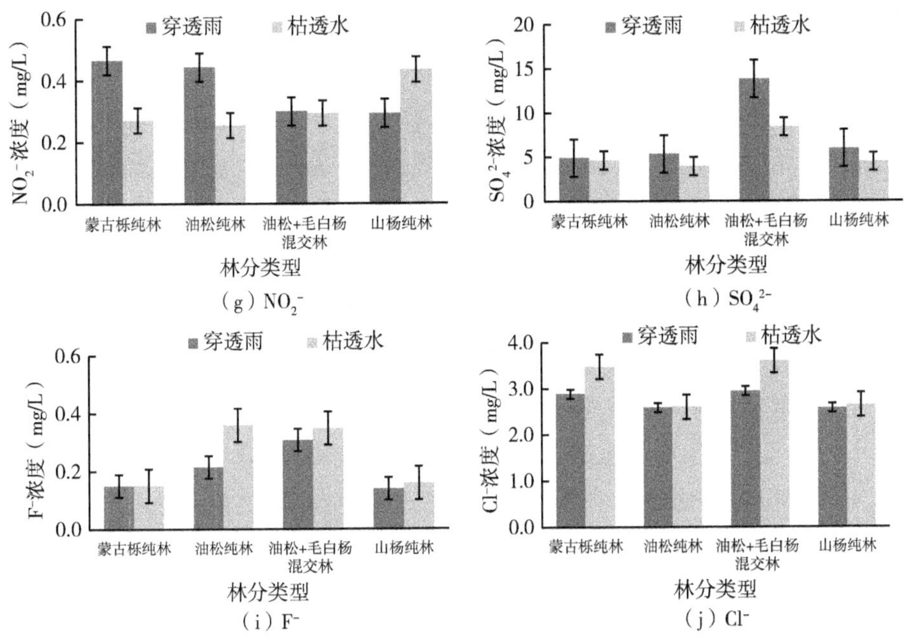

图 8-7　4 种林分枯透水与穿透雨中离子浓度对比

如图 8-7 所示，4 种林分枯透水中 NO_3^-、NO_2^-、SO_4^{2-}、F^- 和 Cl^- 5 种阴离子浓度变化如下。

试验期间，降雨经过 4 种林分的枯落物层后，枯透水中 NO_3^- 浓度变化以淋溶为主。结果表明，降雨通过枯落物层后，蒙古栎纯林、油松 + 毛白杨混交林和山杨纯林枯透水中 NO_3^- 浓度较穿透雨升高 0.15~0.54 mg/L，淋溶率为 6.68%~30.93%。油松纯林枯透水中 NO_3^- 浓度较穿透雨下降了 58.80%，降幅较大，体现为吸附截留作用。

降雨在经过 4 种林分的枯落物层后，枯透水中 NO_2^- 浓度变化以吸附截留为主。结果表明，对 NO_2^- 表现为吸附截留的 3 种林分截留率和截留量由大到小排序为：油松纯林（42.50%，0.19 mg/L）＞蒙古栎纯林（41.70%，0.20 mg/L）＞油松 + 毛白杨混交林（2.08%，0.01 mg/L），其中油松纯林和蒙古栎纯林的净化作用较强。山杨纯林枯透水中的 NO_2^- 浓度出现回升，增幅为 48.11%，体现为淋溶作用。

4 种林分穿透雨通过枯落物层后，枯透水中 SO_4^{2-} 浓度较穿透雨出现不同程度下降，体现为吸附截留作用。结果表明，各林分对 SO_4^{2-} 的截留率和截留量由大到小排序为：油松 + 毛白杨混交林（39.17%，5.42 mg/L）＞山杨纯林（26.60%，1.52 mg/L）＞油松纯林（25.49%，1.42 mg/L）＞蒙古栎纯林（5.80%，0.28 mg/L）。

4 种林分穿透雨通过枯落物层后，枯透水中 F^- 浓度较穿透雨均出现不同程度升高，体现为淋溶作用。结果表明，4 种林分枯落物层对 F^- 的淋溶率和淋溶量由大到小排序为：油松纯林（67.99%，0.15 mg/L）＞油松 + 毛白杨混交林（13.68%，0.04 mg/L）＞山杨纯林（13.38%，0.02 mg/L）＞蒙古栎纯林（0.28%，0.001 mg/L），其中油松纯林枯落物层 F^- 淋溶率相对较高。

4 种林分穿透雨经过枯落物层后，枯透水中 Cl^- 浓度较穿透雨均出现不同程度升高，体现为淋溶作用。结果表明，4 种林分枯落物层对 Cl^- 的淋溶率和淋溶量由大到小排序为：油松 + 毛白杨混交林（22.19%，0.65 mg/L）＞蒙古栎纯林（20.25%，0.57 mg/L）＞山杨纯林（2.69%，0.07 mg/L）＞油松纯林（0.61%，0.02 mg/L）。

从不同林分的角度分析，4 种林分枯透水中 NO_3^-、F^- 和 Cl^- 浓度变化主要体现为淋溶作用，NO_2^- 和 SO_4^{2-} 浓度变化主要以吸附截留为主。结果表明：4 种林分枯透水中 5 种阴离子的变化规律表现为：蒙古栎纯林枯透水中，离子浓度增幅为 NO_3^-（30.93%）＞ Cl^-（20.25%）＞ F^-（0.28%），离子浓度降幅为 NO_2^-（41.70%）＞ SO_4^{2-}（5.80%）；油松纯林枯透水中，离子浓度增幅为 F^-（67.99%）＞ Cl^-（0.61%），NO_3^-（58.80%）＞ NO_2^-（42.50%）＞ SO_4^{2-}（25.49%）；油松 + 毛白杨混交林枯透水中，离子浓度增幅为 Cl^-（22.19%）＞ NO_3^-（21.23%）＞ F^-（13.68%），离子浓度降幅为 SO_4^{2-}（39.17%）＞ NO_2^-（2.08%）；山杨纯林枯透水中离子浓度增幅为 NO_2^-（48.11%）＞ F^-（13.38%）＞ NO_3^-（6.68%）＞ Cl^-（2.69%），离子浓度降幅为 SO_4^{2-}（26.60%）。

总体来说，4 种林分枯透水中 NO_3^-、F^- 和 Cl^- 浓度变化主要体现为淋溶作用，淋溶率为 0.28%~67.99%，只有油松纯林枯透水中 NO_3^- 浓度较穿透雨下降了 58.80%。NO_2^- 和 SO_4^{2-} 浓度变化主要以吸附截留为主，吸附率为 2.08%~42.50%，其中山杨纯林枯透水中的 NO_2^- 浓度出现小幅回升，增幅为 48.11%。

8.1.4 不同林分土壤层水质效应

8.1.4.1 不同林分壤中流水质特征

4 种不同林分不同土壤深度的壤中流离子浓度变化情况，如表 8-2 所示。

由表 8-2 可知，4 种林分壤中流离子平均总浓度从大到小依次为油松 + 毛白杨混交林（69.72 mg/L）＞油松纯林（67.91 mg/L）＞蒙古栎纯林（46.85 mg/L）＞山杨纯林（40.63 mg/L）。

试验期间 4 种林分壤中流中所测各离子平均浓度从大到小分别为：

蒙古栎纯林：Ca^{2+}（35.35%）＞ SO_4^{2-}（18.53%）＞ K^+（13.60%）＞ NO_3^-（11.28%）＞ Na^+（10.61%）＞ Mg^{2+}（6.37%）＞ Cl^-（2.24%）＞ NH_4^+（0.78%）＞ NO_2^-（0.62%）＞ F^-（0.60%）。

油松纯林：Ca^{2+}（34.85%）＞ K^+（17.05%）＞ SO_4^{2-}（16.53%）＞ NO_3^-（12.66%）＞ Na^+（10.08%）＞ Mg^{2+}（3.97%）＞ Cl^-（2.26%）＞ NH_4^+（1.05%）＞ NO_2^-（0.99%）＞ F^-（0.55%）。

油松 + 毛白杨混交林：Ca^{2+}（28.90%）＞ SO_4^{2-}（24.06%）＞ K^+（19.49%）＞ Na^+（9.83%）＞ NO_3^-（8.43%）＞ Mg^{2+}（5.00%）＞ Cl^-（2.36%）＞ NH_4^+（0.85%）＞ NO_2^-（0.67%）＞ F^-（0.40%）。

山杨纯林：Ca^{2+}（32.66%）＞ SO_4^{2-}（18.89%）＞ K^+（16.19%）＞ Na^+（11.40%）＞ NO_3^-（9.50%）＞ Mg^{2+}（4.84%）＞ Cl^-（2.71%）＞ NH_4^+（2.14%）＞ NO_2^-（1.00%）＞ F^-（0.66%）。

由此可知，4 种林分壤中流所测的离子中主要阳离子为 Ca^{2+}、K^+ 和 Na^+，占该层离子总浓度的 58.22%~61.98%，占该层阳离子总浓度的 89.28%~95.50%。主要阴离子为 SO_4^{2-}、NO_3^- 和 Cl^-，占该层离子总浓度的 31.10%~34.86%，占该层阴离子总浓度的 94.94%~97.02%。

依据《国家地表水环境质量标准》（GB 3838—2002）对本试验 4 种林分类型壤中流中 5 种离子的水质等级划分可知，SO_4^{2-} 和 Cl^- 浓度小于 250 mg/L，NO_3^- 浓度小于 10 mg/L，以上均在标准限值以内。蒙古栎纯林中 NH_4^+ 浓度为 0.36 mg/L 达Ⅱ类水标准，油松纯林、油松 + 毛白杨混交林和山杨纯林中 NH_4^+ 浓度分别为 0.72 mg/L、0.59 mg/L 和 0.87 mg/L，达Ⅲ类水标准。其他离子在该标准中没有相关水质等级划分，所以在此不做讨论。

表 8-2　4 种林分壤中流离子平均浓度变化浓度

单位：mg/L

林分类型	土层深度（cm）	Na^+	K^+	Mg^{2+}	Ca^{2+}	NH_4^+	NO_3^-	NO_2^-	SO_4^{2-}	F^-	Cl^-	总浓度
蒙古栎纯林	0~20	3.45	7.38	2.12	13.92	0.49	10.24	0.33	11.66	0.30	1.27	51.15
	20~40	4.63	6.28	3.18	13.50	0.37	3.26	0.28	9.05	0.29	1.07	41.91
	40~60	6.84	5.46	3.66	22.27	0.23	2.35	0.25	5.34	0.26	0.82	47.49
	平均	4.97	6.37	2.99	16.56	0.36	5.28	0.29	8.68	0.28	1.05	46.85
油松纯林	0~20	4.66	14.87	1.79	20.32	0.93	15.40	1.05	20.40	0.70	2.22	82.33
	20~40	7.32	11.83	2.98	22.64	0.76	5.90	0.54	7.23	0.22	1.36	60.78
	40~60	8.56	8.03	3.32	28.04	0.46	4.50	0.43	6.05	0.20	1.03	60.62
	平均	6.84	11.58	2.69	23.67	0.72	8.60	0.67	11.22	0.38	1.53	67.91
油松 + 毛白杨混交林	0~20	4.89	18.40	2.85	18.38	0.82	11.57	0.75	25.39	0.56	3.26	86.87
	20~40	6.28	13.27	3.32	20.12	0.57	3.28	0.35	13.60	0.15	1.47	62.41
	40~60	9.39	9.10	4.29	21.94	0.39	2.79	0.30	11.33	0.13	0.21	59.87
	平均	6.85	13.59	3.49	20.15	0.59	5.88	0.47	16.77	0.28	1.65	69.72
山杨纯林	0~20	1.93	11.31	1.62	7.11	0.95	8.36	0.50	10.87	0.39	2.19	45.24
	20~40	4.54	4.69	1.82	12.17	0.88	1.62	0.40	9.75	0.21	1.06	37.14
	40~60	7.43	3.73	2.46	20.53	0.79	1.60	0.31	2.40	0.20	0.06	39.51
	平均	4.63	6.58	1.97	13.27	0.87	3.86	0.41	7.67	0.27	1.10	40.63

8.1.4.2　不同林分土壤层对水质的影响

土壤层是大气降水进入森林生态系统后与之相互作用的最后一个层面，壤中流水质的研究选择了 4 种不同林分，分别是蒙古栎纯林、油松纯林、油松 + 毛白杨混交林和山杨纯林。由于试验期间降雨量较小导致无法获取地表径流水样，因此不做相关阐述。图 8-8 给出了观测期间壤中流中阳离子和阴离子较枯透水的变化结果。

试验期间 4 种林分壤中流中 Na^+、K^+、Mg^{2+}、Ca^{2+} 和 NH_4^+ 5 种阳离子浓度

变化如下。

如图 8-8 所示，枯透水通过土壤层后，4 种林分土壤层溶液中的 Na^+ 较枯透水中总体表现出逐渐回升趋势，体现为淋溶作用。结果表明，经过 0~20 cm 土壤层后，4 种林分 Na^+ 浓度均有大幅升高，增幅表现为油松纯林（946.28%，4.21 mg/L）＞油松＋毛白杨混交林（758.69%，4.32 mg/L）＞蒙古栎纯林（367.36%，2.71 mg/L）＞山杨纯林（292.75%，0.44 mg/L）。经过 20~40 cm 土壤层和 40~60 cm 土壤层后，其浓度每层又出现 16.97%~134.63% 的小幅增加。4 种林分中枯透水经过 3 个不同深度的土壤层后，最终 Na^+ 浓度增幅由大到小依次为：油松纯林（1823.49%，8.11 mg/L）＞油松＋毛白杨混交林（1548.89%，8.82 mg/L）＞山杨纯林（1409.61%，6.94 mg/L）＞蒙古栎纯林（827.29%，6.10 mg/L）。

4 种林分土壤层溶液中 K^+ 浓度较枯透水表现为先上升后随土壤深度增加而降低的趋势。经过 0~20 cm 土壤层后，4 种林分 K^+ 浓度均有大幅升高，增幅表现为油松纯林（186.42%，9.68 mg/L）＞山杨纯林（133.93%，6.47 mg/L）＞蒙古栎纯林（39.16%，2.08 mg/L）＞油松＋毛白杨混交林（21.28%，3.23 mg/L）。经过 20~40 cm 和 40~60 cm 土壤层后，其浓度逐渐下降，每层离子降幅为 26.01%~67.02%。4 种林分中枯透水经过 3 个不同深度土壤层后，油松＋毛白杨混交林和山杨纯林体现为吸附截留作用，截留率分别为 40.02% 和 22.86%。蒙古栎纯林和油松纯林体现为淋溶作用，淋溶率分别为 2.97% 和 54.66%。

4 种林分土壤层溶液中 Mg^{2+} 浓度较枯透水表现为持续升高，且浓度随土壤深度增加而增加。0~20 cm 土壤层 Mg^{2+} 的淋溶量较小，浓度增幅为 3.23%~20.12%，经过 20~40 cm 和 40~60 cm 土壤层后，Mg^{2+} 浓度较上一土壤层分别增加 12.62%~66.89% 和 11.43%~35.05%。4 种林分中枯透水经过 3 个不同深度的土壤层后，最终 Mg^{2+} 浓度增幅由大到小依次为：蒙古栎纯林（107.15%，1.89 mg/L）＞油松纯林（91.97%，1.59 mg/L）＞油松＋毛白杨混交林（69.59%，1.76 mg/L）＞山杨纯林（60.54%，0.93 mg/L）。

4 种林分土壤层溶液中 Ca^{2+} 浓度较枯透水表现为持续升高，浓度随土壤深度增加而增加。经过 0~20 cm 土壤层后，4 种林分 Ca^{2+} 浓度均有大幅升高，增幅表现为：油松纯林（302.65%，15.27 mg/L）＞蒙古栎纯林（98.19%，

6.90 mg/L）＞油松＋毛白杨混交林（55.20%，6.54 mg/L）＞山杨纯林（0.39%，0.03 mg/L）。经过 20~40 cm 和 40~60 cm 土壤层后，其浓度每层又出现 9.05%~71.11% 的增加。4 种林分中枯透水经过 3 个不同深度的土壤层后，最终 Ca^{2+} 浓度增幅由大到小依次为，油松纯林（455.60%，22.99 mg/L）＞蒙古栎纯林（216.98%，15.24 mg/L）＞山杨纯林（189.78%，13.44 mg/L）＞油松＋毛白杨混交林（85.26%，10.10 mg/L）。

4 种林分土壤层溶液中 NH_4^+ 浓度较枯透水体现为吸附截留作用，随着土壤深度的增加，土壤溶液中 NH_4^+ 浓度持续降低。经过 0~20 cm 土壤层后，蒙古栎纯林和油松＋毛白杨混交林 NH_4^+ 浓度出现 70.81% 和 33.11% 的大幅下降，其余林型变化不大。经过 20~40 cm 和 40~60 cm 土壤层后，每层浓度又出现 7.52%~39.11% 的小幅增加。4 种林分中枯透水经过 3 个不同深度的土壤层后，最终 NH_4^+ 浓度降幅由大到小依次为：蒙古栎纯林（85.88%，1.43 mg/L）＞油松＋毛白杨混交林（68.19%，0.84 mg/L）＞油松纯林（51.32%，0.48 mg/L）＞山杨纯林（15.52%，0.15 mg/L）。

从不同林型的角度分析，发现 4 种林分在枯落物层—土壤层阳离子浓度变化中的共同特征为：Na^+、Mg^{2+} 和 Ca^{2+} 浓度呈现出随土壤深度的增加离子浓度逐渐升高的趋势，K^+ 浓度在 0~20 cm 土壤层升至最高后随土壤深度的增加而逐渐下降，NH_4^+ 浓度随着土壤深度的增加离子浓度逐渐下降。结果表明，枯透水经过 3 个土壤层后，蒙古栎纯林中，离子浓度增幅为：Na^+（827.29%）＞Ca^{2+}（216.98%）＞Mg^{2+}（107.15%）＞K^+（2.97%），NH_4^+ 浓度降低 85.88%。油松纯林中，离子浓度增幅为：Na^+（1823.49%）＞Ca^{2+}（455.60%）＞Mg^{2+}（91.97%）＞K^+（54.66%），NH_4^+ 浓度降低 51.32%。油松＋毛白杨混交林中，离子浓度增幅为：Na^+（1548.89%）＞Ca^{2+}（85.26%）＞Mg^{2+}（69.59%），离子浓度降幅为 NH_4^+（68.19%）＞K^+（40.02%）。山杨纯林中，离子浓度增幅为：Na^+（1409.61%）＞Ca^{2+}（189.78%）＞Mg^{2+}（60.54%），离子浓度降幅为 K^+（22.86%）＞NH_4^+（15.52%）。

从不同深度土壤层角度分析，发现 0~20 cm 土壤层对 Na^+、K^+、Mg^{2+} 和 Ca^{2+} 的淋溶作用强烈，对 NH_4^+ 净化作用强烈，20~40 cm 和 40~60 cm 土壤层 Na^+、Mg^{2+} 和 Ca^{2+} 轻微淋溶，K^+ 和 NH_4^+ 被吸附截留。结果表明，0~20 cm 土

壤层 4 种林分中 Na^+、K^+、Mg^{2+} 和 Ca^{2+} 浓度均大幅升高，离子增幅分别为 Na^+（292.75%~946.28%）＞ K^+（21.28%~186.42%）＞ Mg^{2+}（3.23%~20.12%），说明浅层土壤对这部分离子有强烈的淋溶作用。NH_4^+ 浓度大幅下降，降幅为 15.52%~85.88%，说明浅层土壤对 NH_4^+ 起到净化作用。20~40 cm 和 40~60 cm 土壤层 4 种林分中 Na^+、Mg^{2+} 和 Ca^{2+} 浓度持续升高，每层离子增幅分别为 Na^+：16.97%~134.63%、Mg^{2+}：11.43%~66.89%、Ca^{2+}：9.05%~71.11%，说明深层土壤对这部分离子有一定的淋溶作用，其淋溶量小于 0~20 cm 土壤层，K^+ 和 NH_4^+ 浓度有所下降，每层离子降幅分别为 K^+：26.01%~67.02%、NH_4^+：15.52%~85.88%。

总体来说，4 种林分土壤层阳离子的浓度变化趋势表现为：Na^+、Mg^{2+} 和 Ca^{2+} 浓度呈现出随土壤深度的增加离子浓度逐渐升高的趋势，K^+ 浓度在 0~20 cm 土壤层升至最高后随土壤深度的增加逐渐下降，NH_4^+ 浓度随着土壤深度的增加离子浓度逐渐下降。0~20 cm 土壤层对 Na^+、K^+、Mg^{2+} 和 Ca^{2+} 的淋溶作用强烈，离子增幅为 3.23%~946.28%，对 NH_4^+ 产生 15.52%~85.88% 的强烈净化作用。20~40 cm 和 40~60 cm 土壤层 Na^+、Mg^{2+} 和 Ca^{2+} 产生 9.05%~68.69% 淋溶作用，K^+ 和 NH_4^+ 被吸附截留，截留率为 15.52%~85.88%。枯透水经过整个土壤层后，蒙古栎纯林和油松纯林中 Na^+、K^+、Mg^{2+} 和 Ca^{2+} 浓度升高 2.97%~1823.49%，NH_4^+ 浓度降低 51.32%~85.88%，油松 + 毛白杨混交林和山杨纯林中 Na^+、Mg^{2+} 和 Ca^{2+} 浓度升高 60.54%~1548.89%，K^+ 和 NH_4^+ 浓度降低 15.52%~68.19%。

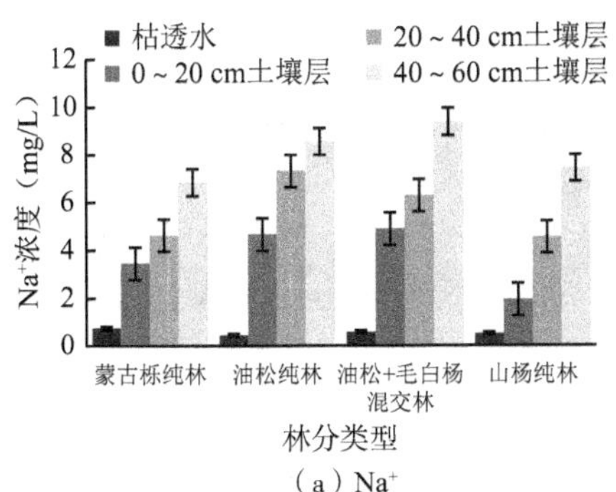

（a）Na^+

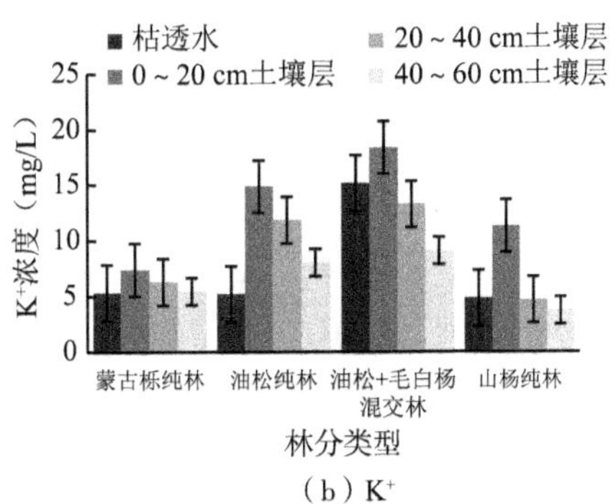

（b）K^+

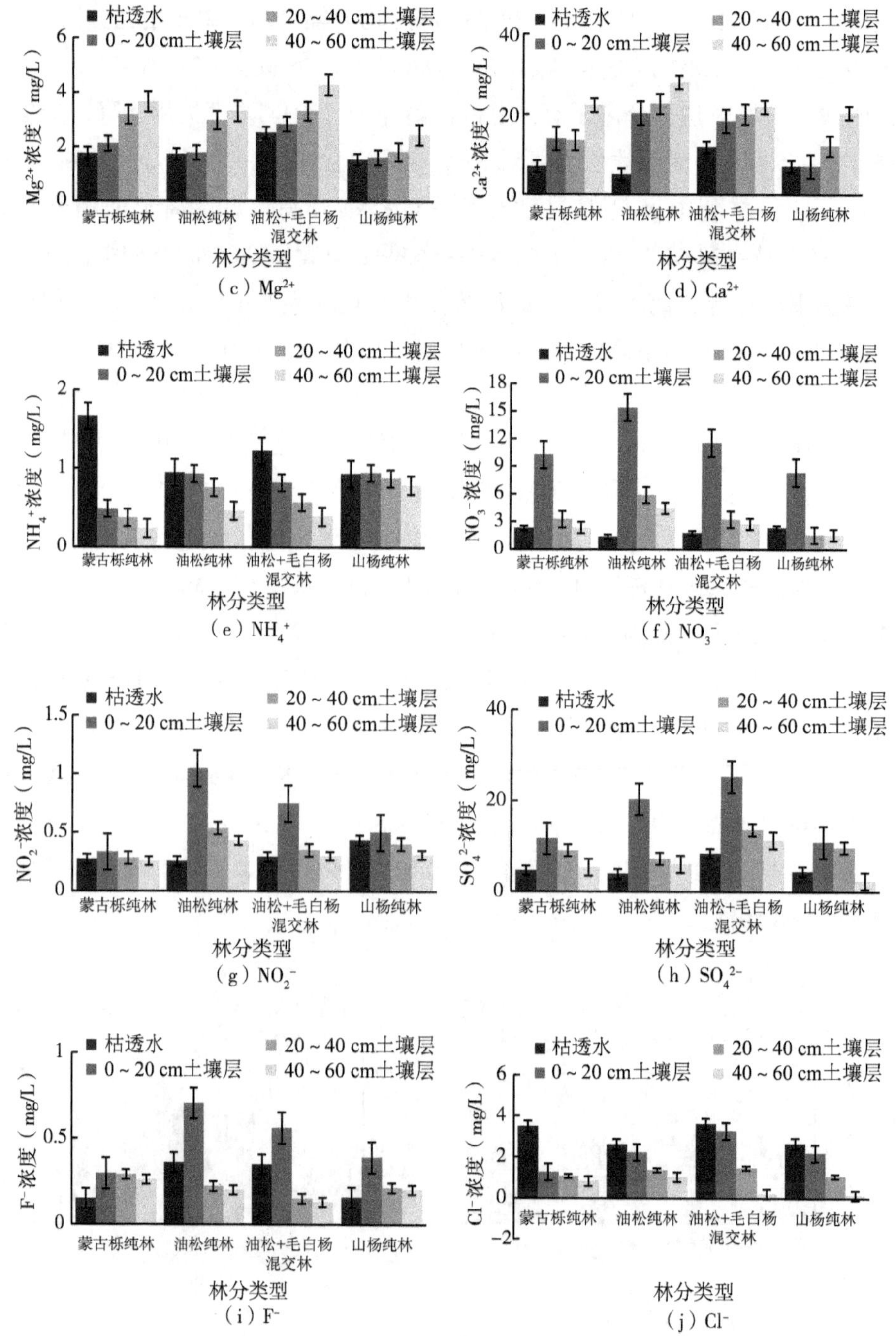

（c）Mg^{2+}

（d）Ca^{2+}

（e）NH_4^+

（f）NO_3^-

（g）NO_2^-

（h）SO_4^{2-}

（i）F^-

（j）Cl^-

图 8-8　4种林分枯透水与壤中流中离子浓度的对比

如图 8-8 所示，4 种林分壤中流中 NO_3^-、NO_2^-、SO_4^{2-}、F^- 和 Cl^- 5 种阴离子浓度变化如下。

4 种林分土壤层溶液中 NO_3^- 浓度较枯透水表现为先上升后随土壤深度增加而降低的趋势。经过 0~20 cm 土壤层后，4 种林型 NO_3^- 浓度大幅升高，增幅表现为油松纯林（1014.13%，14.01 mg/L）＞油松 + 毛白杨混交林（547.86%，9.78 mg/L）＞蒙古栎纯林（345.53%，7.94 mg/L）＞山杨纯林（252.53%，5.99 mg/L）。20~40 cm 土壤层对 NO_3^- 的净化能力较强，4 种林分 NO_3^- 浓度下降 61.65%~80.64%。40~60 cm 土壤层 NO_3^- 浓度又轻微下降。4 种林分中枯透水经过 3 个不同深度的土壤层后，最终 NO_3^- 浓度较枯落物层增幅由大到小依次为：油松纯林（225.64%，3.12 mg/L）＞油松 + 毛白杨混交林（56.23%，1.00 mg/L）＞蒙古栎纯林（2.18%，0.05 mg/L）。山杨纯林土壤层 NO_3^- 浓度变化情况体现为截留作用，截留率为 32.80%。

4 种林分土壤层溶液中 NO_2^- 浓度较枯透水表现为先上升后随土壤深度增加而降低的趋势。经过 0~20 cm 土壤层后，油松纯林和油松 + 毛白杨混交林 NO_2^- 浓度出现 311.39% 和 155.54% 的大幅升高，其余林分浓度轻微升高。经过 20~40 cm 土壤层后，油松纯林和油松 + 毛白杨混交林 NO_2^- 浓度出现 48.70% 和 53.33% 的大幅下降，其余林分浓度轻微下降。经过 40~60 cm 土壤层后，4 种林分 NO_2^- 浓度下降 8.99%~22.62%。4 种林分中枯透水经过 3 个不同深度的土壤层后，最终 NO_2^- 浓度变化较枯透水表现为：蒙古栎纯林和山杨纯林土壤层对 NO_2^- 体现为吸附截留作用，截留率分别为 6.06% 和 28.14%。油松纯林和油松 + 毛白杨混交林土壤层对 NO_2^- 体现为淋溶作用，淋溶率分别为 68.86% 和 2.21%。

4 种林分土壤层溶液中 SO_4^{2-} 浓度较枯透水表现为先上升后随土壤深度增加而降低。经过 0~20 cm 土壤层后，4 种林分 SO_4^{2-} 浓度大幅升高，增幅表现为油松纯林（420.50%，16.48 mg/L）＞油松 + 毛白杨混交林（201.95%，16.98 mg/L）＞蒙古栎纯林（152.15%，7.03 mg/L）＞山杨纯林（144.71%，6.43 mg/L）。经过 20~40 cm 土壤层后，4 种林分中 SO_4^{2-} 浓度较上一层出现 10.38%~64.57% 的下降。40~60 cm 土壤层中 SO_4^{2-} 浓度又下降 16.28%~75.36%，其中山杨纯林降幅最大。4 种林分的枯透水经过 3 个不同深度的土壤层后，最终 SO_4^{2-} 浓度较枯透水变化表现为：油松纯林（54.38%，2.13 mg/L）>油松 + 毛白杨混交林（34.74%，2.92 mg/L）>蒙古栎纯林（15.59%，0.72 mg/L）。山杨纯林土壤层对 SO_4^{2} 体现为吸附截留作用，截留率为 45.95%。

4 种林分土壤层溶液中 F^- 浓度较枯透水表现为先上升后随土壤深度增加而降低的趋势。经过 0~20 cm 土壤层后，4 种林分 F^- 浓度出现 60.67%~146.33% 的大幅升高，其中山杨纯林增幅最大。经过 20~40 cm 土壤层后，4 种林分中 F^- 浓度较上一层出现大幅下降，蒙古栎纯林降幅较小为 1.96%，其他 3 种林型对 F^- 的吸附率达 45.51%~68.56%。4 种林分 40~60 cm 土壤层中 F^- 浓度有 5.00%~10.13% 的小幅下降。4 种林分中枯透水经过 3 个不同深度的土壤层后，最终 F^- 浓度变化较枯透水表现为：油松纯林和油松 + 毛白杨混交林对 F^- 体现为吸附截留作用，截留率分别为 44.39% 和 62.70%。蒙古栎纯林和山杨纯林对 F^- 表现出淋溶作用，淋溶率分别为 73.38% 和 27.51%。

4 种林分土壤层溶液中 Cl^- 浓度较枯透水体现为吸附截留，随着土壤深度的增加，土壤溶液中 Cl^- 浓度持续降低。经过 0~20 cm 土壤层后，4 种林分中 Cl^- 浓度较上一层出现 9.52%~63.62% 的下降。经过 20~40 cm 土壤层后，4 种林分中 Cl^- 浓度较上一层出现 15.42%~54.91% 的下降。经过 40~60 cm 土壤层后，4 种林分中 Cl^- 浓度较上一层出现 23.45%~94.35% 的下降。4 种林分中枯透水经过 3 个不同深度的土壤层后，最终 Cl^- 浓度变化较枯透水表现为：山杨纯林（97.74%，2.59 mg/L）>油松 + 毛白杨混交林（94.17%，3.39 mg/L）>蒙古栎纯林（76.45%，2.66 mg/L）>油松纯林（60.49%，1.58 mg/L）。

从不同林分的角度分析，发现 4 种林分在枯落物层—土壤层阴离子浓度变化中的共同特征为：NO_3^-、NO_2^-、SO_4^{2-} 和 F^- 浓度较枯透水表现为 0~20 cm 土壤层上升后随土壤深度增加而降低。Cl^- 浓度较枯透水表现为随土壤深度的增加而逐渐下降。结果表明，枯透水经过 3 个土壤层后，蒙古栎纯林中离子浓度增幅为：F^-（73.38%）> SO_4^{2-}（15.59%）> NO_3^-（2.18%），离子浓度降幅为：NO_2^-（76.45%）> Cl^-（6.06%）；油松纯林中，离子浓度增幅为：NO_3^-（225.64%）> NO_2^-（68.86%）> SO_4^{2-}（54.38%），离子浓度降幅为：Cl^-（60.49%）> F^-（44.39%）；油松 + 毛白杨混交林中，离子浓度增幅为：NO_3^-（56.23%）> SO_4^{2-}（34.74%）> NO_2^-（2.21%），离子浓度降幅为：Cl^-（94.17%）> F^-（62.70%）；

山杨纯林中，离子浓度增幅为：F^-（27.51%），离子浓度降幅为：Cl^-（97.74%）＞ SO_4^{2-}（45.95%）＞ NO_2^-（28.14%）＞ NO_3^-（32.80%）。

从不同深度土壤层角度分析，发现 4 种林分 0~20 cm 土壤层对 NO_3^-、NO_2^-、SO_4^{2-} 和 F^- 有显著淋溶作用，20~40 cm 土壤层和 40~60 cm 土壤层对 NO_3^-、NO_2^-、SO_4^{2-}、F^- 和 Cl^- 都有较强的吸附截留效果。结果表明，0~20 cm 土壤层 4 种林分中 NO_3^-、NO_2^-、SO_4^{2-} 和 F^- 浓度均有大幅升高，离子增幅分别为：NO_3^-（252.53%~1014.13%）、SO_4^{2-}（144.71%~420.50%）、NO_2^-（15.80%~311.39%）和 F^-（60.67%~146.33%），说明浅层土壤对这部分离子淋溶效果强烈，Cl^- 浓度下降，降幅为 60.49%~97.74%，说明浅层土壤对 Cl^- 净化作用强烈。20~40 cm 土壤层和 40~60 cm 土壤层 4 种林分中 NO_3^-、NO_2^-、SO_4^{2-}、F^- 和 Cl^- 5 种阴离子浓度均下降，20~40 cm 土壤层各离子浓度降幅分别为：NO_3^-（61.65%~80.64%）、NO_2^-（15.68%~53.33%）、SO_4^{2-}（10.38%~64.57%）、F^-（1.96%~68.56%）和 Cl^-（15.42%~54.91%），40~60 cm 土壤层各离子浓度降幅分别为：NO_3^-（1.48%~27.93%）、NO_2^-（8.99%~22.62%）、SO_4^{2-}（16.28%~75.36%）、F^-（5.00%~10.13%）和 Cl^-（23.45%~94.35%），说明 20~40 cm 土壤层和 40~60 cm 土壤层对这部分离子吸附截留作用显著。

总体来说，4 种林分土壤层阴离子的浓度变化趋势表现为：NO_3^-、NO_2^-、SO_4^{2-} 和 F^- 浓度较枯透水表现为 0~20 cm 土壤层上升后随土壤深度增加而降低。Cl^- 浓度较枯透水表现为随土壤深度增加而逐渐下降的趋势。0~20 cm 土壤层对 NO_3^-、NO_2^-、SO_4^{2-} 和 F^- 有显著的淋溶作用，淋溶率为 15.80%~1014.13%，Cl^- 浓度下降，降幅为 60.49%~97.74%。20~40 cm 土壤层和 40~60 cm 土壤层对 NO_3^-、NO_2^-、SO_4^{2-}、F^- 和 Cl^- 都有较强的吸附截留效果，每层吸附率为 1.96%~94.35%。枯透水经过整个土壤层后，油松纯林和油松 + 毛白杨混交林对 NO_3^-、NO_2^-、SO_4^{2-} 表现为 2.21%~225.64% 的淋溶，对 F^- 和 Cl^- 表现为 44.39%~94.17% 的截留，蒙古栎纯林和山杨纯林对 F^- 淋溶作用较强，对 NO_3^-、NO_2^-、SO_4^{2-} 和 Cl^- 主要表现为轻微淋溶（2.18%~15.59%）或吸附（6.06%~97.74%）。

8.2 森林生态系统对溪水、地下水和库区水的影响

8.2.1 溪水、地下水和库区水的水质特征

溪水是降水通过生态系统立体空间多层次再分配后的地面输出水，其化学成分变化比较复杂，森林植被和土壤对其起到关键的调节作用（盘李军 等，2016；罗韦慧 等，2013）。

由图 8-9 可知，溪水、地下水和库区水中的阴阳离子平均总浓度从大到小依次为地下水（106.78 mg/L）＞库区水（91.65 mg/L）＞溪水（54.89 mg/L）。

溪水、地下水和库区水中所测各离子平均浓度从大到小分别为：

溪水：Ca^{2+}（51.66%）＞ SO_4^{2-}（17.47%）＞ Mg^{2+}（10.67%）＞ NO_3^-（8.61%）＞ Na^+（4.44%）＞ K^+（2.29%）＞ Cl^-（3.39%）＞ F^-（0.55%）＞ NO_2^-（0.50）＞ NH_4^+（0.43%）。

地下水：SO_4^{2-}（31.93%）＞ Ca^{2+}（26.99%）＞ Na^+（19.69%）＞ Cl^-（8.03%）＞ NO_3^-（7.05%）＞ F^-（2.51%）＞ Mg^{2+}（1.80%）＞ K^+（1.08%）＞ NH_4^+（0.57%）＞ NO_2^-（0.37%）。

库区水：Ca^{2+}（29.68%）＞ SO_4^{2-}（24.80%）＞ Na^+（15.03%）＞ Cl^-（12.56%）＞ NO_3^-（9.84%）＞ Mg^{2+}（3.71%）＞ K^+（2.21%）＞ F^-（0.87%）＞ NH_4^+（0.77%）＞ NO_2^-（0.52%）。

由此可知，本次测定的所有离子指标中，溪水中的主要阳离子为 Ca^{2+} 和 Mg^{2+}，占离子总浓度的 62.33%；主要阴离子为 SO_4^{2-} 和 NO_3^-，占离子总浓度的 26.07%。库区水和地下水中的主要阳离子为 Ca^{2+} 和 Na^+，分别占库区水和地下水离子总浓度的 46.68% 和 44.71%；主要阴离子为 SO_4^{2-} 和 Cl^-，分别占库区水和地下水离子总浓度的 39.96% 和 37.36%。

依据《国家地表水环境质量标准》（GB 3838—2002）对本试验溪水、地下水和库区水中 5 种离子的水质等级划分可知，SO_4^{2-} 和 Cl^- 浓度均小于 250 mg/L，NO_3^- 浓度小于 10 mg/L，在标准限值以内；溪水和库区水中 F^- 浓度小于 1 mg/L，达到Ⅰ类水标准，地下水中 F^- 浓度为 2.68 mg/L，超过标准限值；溪水中 NH_4^+ 浓度为 0.23 mg/L，达到Ⅱ类水标准，地下水和库区水中 NH_4^+ 浓

度分别为 0.60 mg/L 和 0.70 mg/L，达到Ⅲ类水标准。其他离子在该标准中没有相关水质等级划分，所以在此不做讨论。

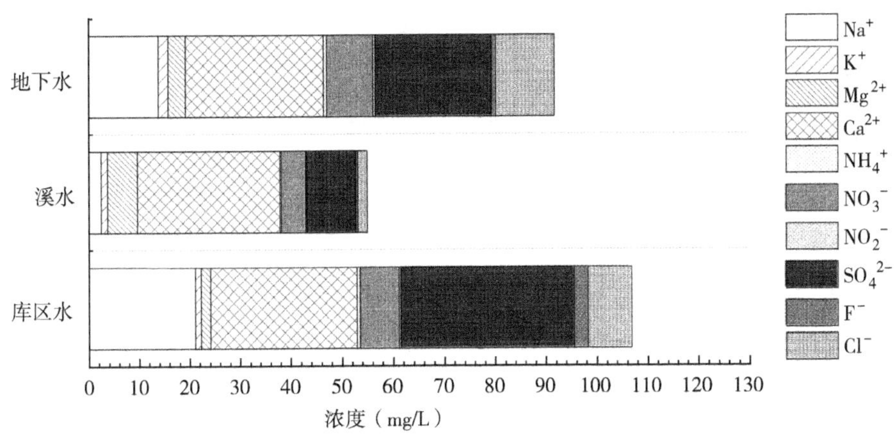

图 8-9　溪水、地下水和库区水水质离子组分比例

由图 8-10 可知，库区水中的 Na^+、K^+、Mg^{2+}、Ca^{2+}、F^-、NO_2^- 和 SO_4^{2-} 浓度随月份变化呈现逐渐升高或波动升高的趋势，在 9 月时浓度达到最高，NH_4^+、NO_3^- 和 Cl^- 浓度在 7 月时达到最高。其中 Ca^{2+}、NO_3^- 和 SO_4^{2-} 随月份变化浓度范围波动较大，分别为 14.14~39.28 mg/L、1.03~14.80 mg/L 和 13.54~34.10 mg/L。地下水中的 Na^+、K^+、Mg^{2+}、Ca^{2+}、F^-、Cl^-、NO_2^-、NO_3^- 和 SO_4^{2-} 浓度随月份变化都呈现出逐渐升高或波动升高的趋势，在 9 月时浓度达到最高，NH_4^+ 浓度在 5 月时达到最高。其中 NH_4^+、Ca^{2+}、NO_3^- 和 SO_4^{2-} 随月份变化浓度范围波动较大，分别为 0.04~1.66 mg/L、23.33~33.10 mg/L、1.68~10.73 mg/L 和 21.55~51.61 mg/L。溪水中的 Na^+、K^+、Mg^{2+}、Ca^{2+}、F^-、Cl^-、NO_2^-、NO_3^- 和 SO_4^{2-} 浓度随月份变化都呈现出逐渐升高或波动升高的趋势，在 9 月时浓度达到最高，NH_4^+ 浓度在 7 月时达到最高。其中 Mg^{2+}、Ca^{2+} 和 SO_4^{2-} 随月份变化浓度范围波动较大，分别为 4.08~10.64 mg/L、18.24~37.18 mg/L 和 7.25~14.21 mg/L。

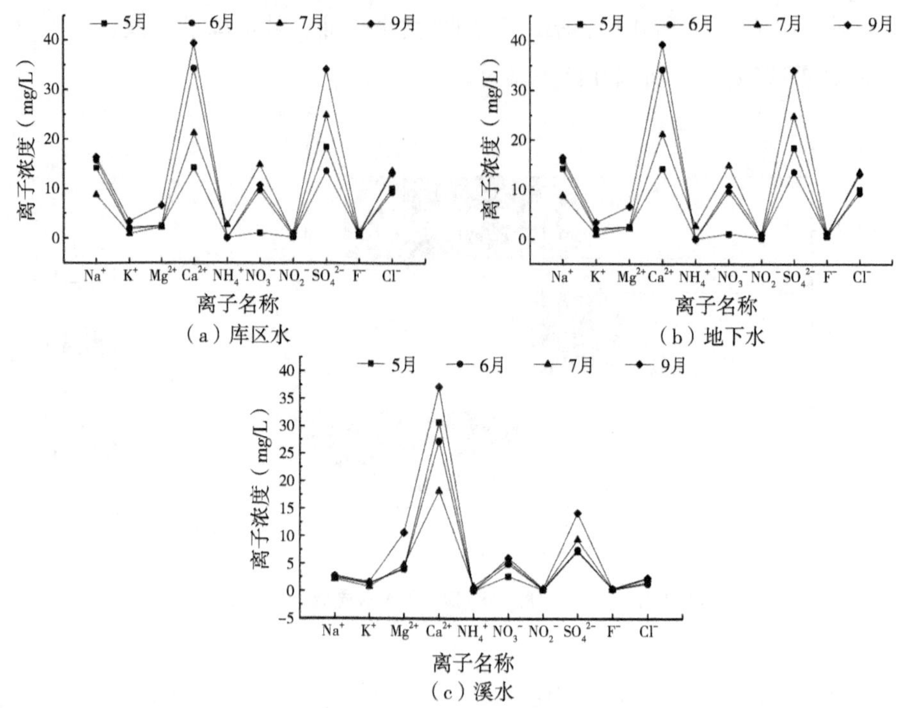

图 8-10　溪水、地下水和库区水不同月份的水质离子特征

8.2.2　森林生态系统对溪水、地下水和库区水水质的影响

从试验区内采集的溪水、地下水和库区水 3 组水样中发现，在经过森林生态系统的调节之后，各离子浓度较壤中流发生变化，这种变化在一定程度上反映了森林对研究区域内水域水质的影响。

由图 8-11 可知，溪水中，Mg^{2+}、Ca^{2+}、F^- 和 Cl^- 浓度较壤中流都有所升高，其增长率和增长量分别为 Mg^{2+}（110.43%，3.07 mg/L）＞ Ca^{2+}（54.01%，9.94 mg/L）＞ Cl^-（39.35%，0.52 mg/L）＞ F^-（0.74%，0.002 mg/L），其中 Ca^{2+} 增长量最大，Mg^{2+} 的增长率最大。Na^+、K^+、NH_4^+、NO_3^-、NO_2^- 和 SO_4^{2-} 浓度较壤中流都有所降低，其减少量分别为 K^+（86.81%，8.27 mg/L）＞ NH_4^+（63.13%，0.40 mg/L）＞ Na^+（58.15%，3.39 mg/L）＞ NO_2^-（40.45%，0.19 mg/L）＞ NO_3^-（20.00%，1.18 mg/L）＞ SO_4^{2-}（13.54%，1.50 mg/L）。这说明森林对降雨中 Na^+、K^+、NH_4^+、NO_3^-、NO_2^- 和 SO_4^{2-} 的截留在很大程度上净化了溪水水质。

地下水中，Na^+、Ca^{2+}、NO_3^-、SO_4^{2-}、F^- 和 Cl^- 浓度较壤中流都有所升高，其增长率和增长量分别为 F^-（788.10%，2.37 mg/L）＞ Cl^-（543.12%，7.24 mg/L）＞ Na^+（260.87%，15.20 mg/L）＞ SO_4^{2-}（207.48%，23.01 mg/L）＞ Ca^{2+}（56.53%，10.41 mg/L）＞ NO_3^-（27.39%，1.62 mg/L），其中 SO_4^{2-} 增长量最大，F^- 的增长率最大。K^+、Mg^{2+}、NH_4^+ 和 NO_2^- 浓度较壤中流都有所降低，其减少率和减少量分别为 K^+（87.94%，8.38 mg/L）＞ Mg^{2+}（31.01%，0.86 mg/L）、NO_2^-（14.44%，0.07 mg/L）＞ NH_4^+（5.00%，0.03 mg/L），其中 K^+ 减少量和减少率最大。这说明森林对降雨中 K^+、Mg^{2+}、NH_4^+ 和 NO_2^- 的截留在一定程度上净化了地下水水质。

库区水中，Na^+、Mg^{2+}、Ca^{2+}、NH_4^+、NO_3^-、NO_2^-、SO_4^{2-}、F^- 和 Cl^- 浓度较壤中流都有所升高，其增长率和增长量分别为 Cl^-（763.35%，10.18 mg/L）＞ F^-（165.72%，0.50 mg/L）＞ Na^+（136.43%，7.95 mg/L）＞ SO_4^{2-}（104.98%，11.64 mg/L）＞ NO_3^-（52.78%，3.12 mg/L）＞ Ca^{2+}（47.75%，8.79 mg/L）＞ Mg^{2+}（22.26%，0.62 mg/L）＞ NH_4^+（10.28%，0.07 mg/L）＞ NO_2^-（4.17%，0.02 mg/L），其中 SO_4^{2-} 的增长量最大，Cl^- 的增长率最大。K^+ 浓度较壤中流有所降低，其减少量为 7.51 mg/L，减少率为 78.77%。这说明森林对降雨中除 K^+ 之外的其他离子影响程度较小。

总体来说，森林对降雨中 Na^+、K^+、NH_4^+、NO_3^-、NO_2^- 和 SO_4^{2-} 的截留在很大程度上净化了溪水水质，对地下水 K^+、Mg^{2+}、NH_4^+ 和 NO_2^- 也有一定程度的净化，对库区水水质离子影响程度较小。

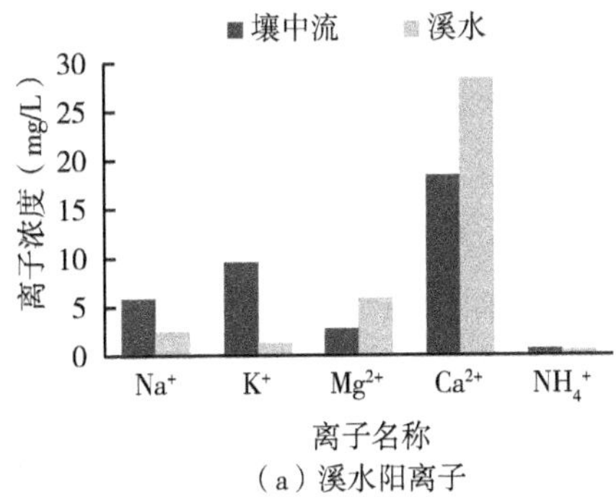

（a）溪水阳离子

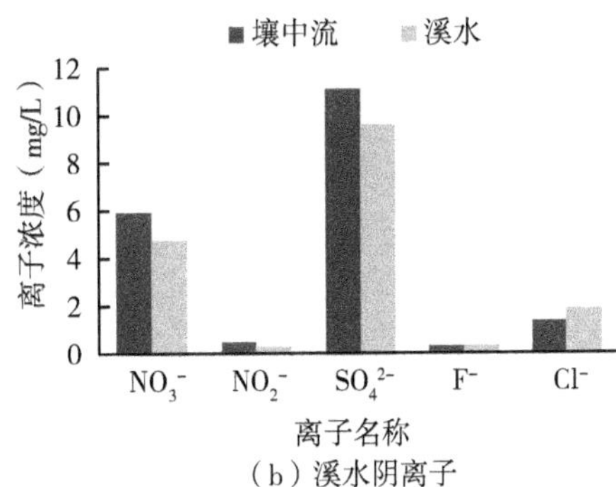

（b）溪水阴离子

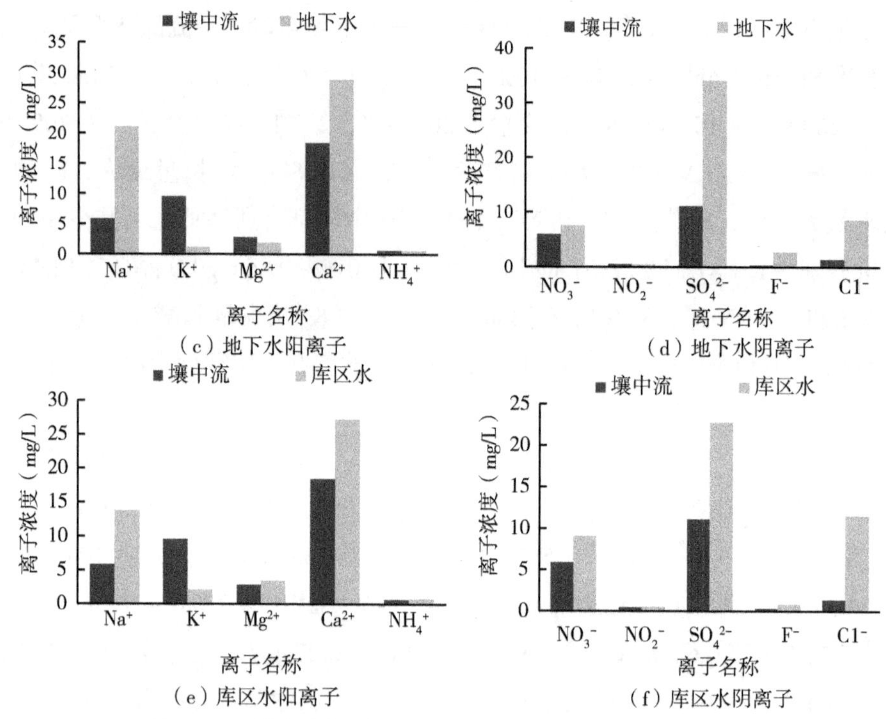

（c）地下水阳离子

（d）地下水阴离子

（e）库区水阳离子

（f）库区水阴离子

图 8-11　壤中流与溪水、地下水和库区水中离子浓度比较

8.3　森林生态系统水质效应对比分析

8.3.1　森林生态系统中阳离子水质效应对比分析

如图 8-12 所示，4 种林分整个降雨输入—输出过程中 5 种阳离子的浓度变化为: Na^+、Mg^{2+}和 Ca^{2+}浓度在森林生态系统内部整体呈现出逐渐升高的趋势，K^+ 和 NH_4^+ 浓度在森林生态系统内部整体呈现出先升高后降低的趋势，转折点分别为 0~20 cm 土壤层和林冠层。具体分析如下。

试验期内，4 种林分中 Na^+ 的浓度变化在森林生态系统内部整体呈现出逐渐升高的趋势，40~60 cm 土壤层中 Na^+ 浓度较大气降雨增加 5.87~8.44 倍。输出溪水中 Na^+ 浓度较 40~60 cm 土壤层减少 4.40~6.95 mg/L，较大气降雨增加 1.44 倍。地下水和库区水中 Na^+ 浓度较高，分别高于大气降雨 20.02 mg/L 和

12.77 mg/L。

4 种林分中 K^+ 的浓度变化在森林生态系统内部整体呈现为先升高后降低的趋势，转折点为 0~20 cm 土壤层。该层 4 种林分中 K^+ 浓度最高，较大气降雨升高 1.11~4.27 倍，随后 K^+ 浓度随土壤深度增加而逐渐下降，输出溪水中 K^+ 浓度最低，较大气降雨减少 63.90%。地下水和库区水中 K^+ 浓度较大气降雨均降低，降幅分别为 2.23 mg/L 和 1.47 mg/L。

4 种林分中 Mg^{2+} 的浓度变化在森林生态系统内部整体呈现出逐渐升高的趋势，40~60 cm 土壤层中 Mg^{2+} 浓度较大气降雨增加 1.03~2.55 倍。输出溪水中 Mg^{2+} 浓度最高，较 40~60 cm 土壤层增加 1.57 mg/L~3.40 mg/L，较大气降雨增加 3.86 倍。地下水和库区水中 Mg^{2+} 浓度较大气降雨均升高，增幅分别为 0.71 mg/L 和 2.19 mg/L。

4 种林分中 Ca^{2+} 的浓度变化在森林生态系统内部整体呈现出逐渐升高的趋势，40~60 cm 土壤层中 Ca^{2+} 浓度较大气降雨增加 1.78~2.79 倍。地下水中 Ca^{2+} 浓度最高，较大气降雨增加 2.90 倍。溪水和库区水中 Ca^{2+} 浓度较高，较大气降雨分别增加 2.84 倍和 2.68 倍。

4 种林分中 NH_4^+ 的浓度变化整体呈现出先升高后降低的趋势，转折点为穿透雨。该层 NH_4^+ 浓度较大气降雨增加 0.36~1.52 mg/L，随后浓度波动下降，40~60 cm 土壤层中 NH_4^+ 浓度均低于大气降雨 0.09~0.65 mg/L。输出溪水中 NH_4^+ 浓度最低，较大气降雨减少 73.86%。地下水和库区水中 NH_4^+ 浓度较低，较大气降雨分别减少 31.82% 和 20.45%。

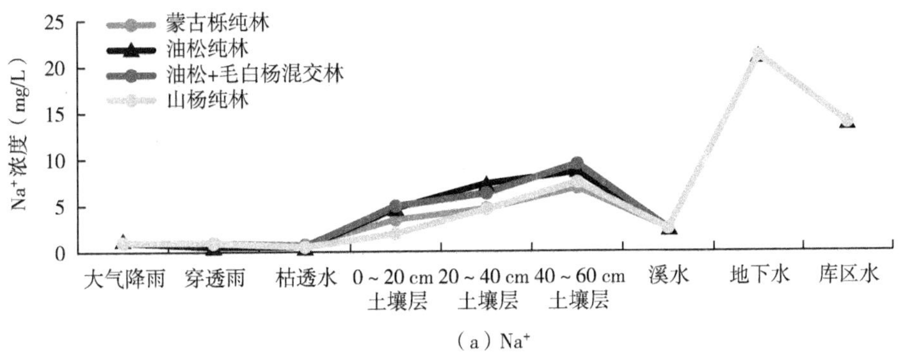

（a）Na^+

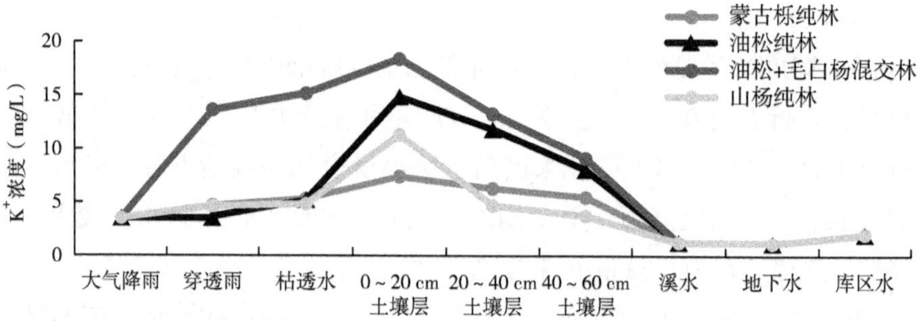

（b）K^+

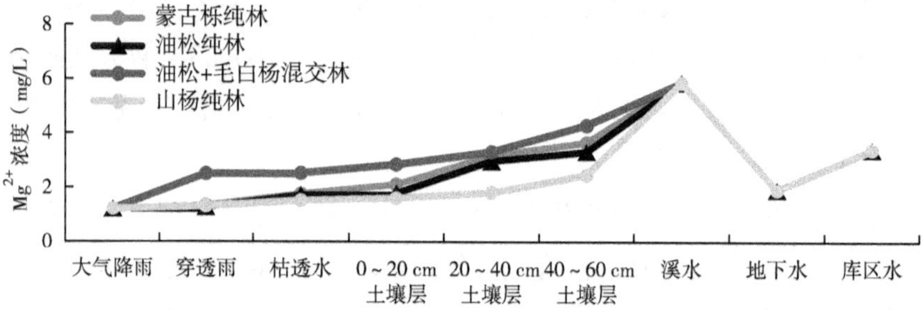

（c）Mg^{2+}

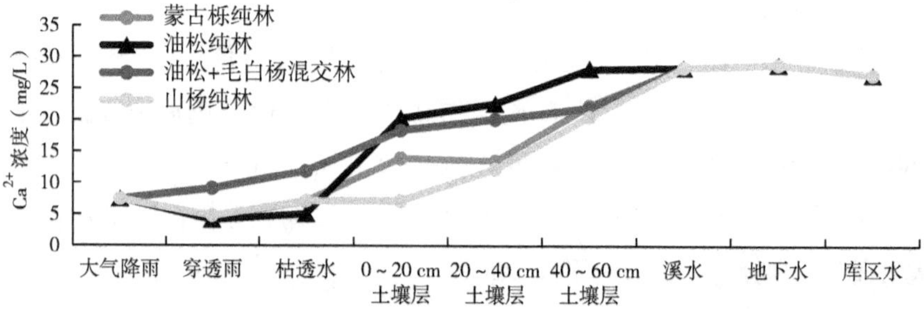

（d）Ca^{2+}

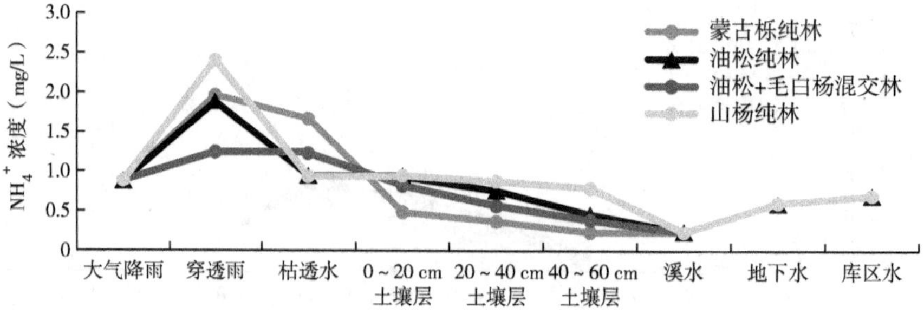

（e）NH_4^+

图 8-12　阳离子水质效应对比

由图 8–12 可知，不同林分类型中，大气降雨经过森林不同空间层次的整个过程中 Na^+、K^+、Mg^{2+}、Ca^{2+} 和 NH_4^+ 5 种阳离子的浓度波动范围存在较大差异。蒙古栎纯林中这 5 种离子浓度波动范围分别为 0.74~6.84 mg/L、3.49~14.87 mg/L、1.21~3.66 mg/L、7.39~22.27 mg/L 和 0.88~1.96 mg/L。油松纯林中这 5 种离子浓度波动范围分别为 0.45~8.56 mg/L、3.49~14.87 mg/L、1.21~3.32 mg/L、4.06~28.04 和 0.46~1.88 mg/L。油松 + 毛白杨混交林中这 5 种离子浓度波动范围分别为 0.57~9.39 mg/L、3.49~18.40 mg/L、1.21~4.29 mg/L、7.39~21.94 mg/L 和 0.39~1.24 mg/L。山杨纯林中这 5 种离子浓度波动范围分别为 0.49~7.43 mg/L、3.49~11.31 mg/L、1.21~2.46 mg/L、4.73~20.53 mg/L 和 0.79~2.41 mg/L。总体来说，油松纯林中 Ca^{2+} 在整个浓度变化过程中波动最大，高于其他 3 种林分 34.83%~64.79%。油松 + 毛白杨混交林中 Na^+、K^+ 和 Mg^{2+} 在整个浓度变化过程中波动最大，高于其他 3 种林分 8.69%~283.52%。蒙古栎纯林中 NH_4^+ 在整个过程中波动最大，高于其他 3 种林分 6.88%~102.74%。

8.3.2 森林生态系统中阴离子水质效应对比分析

如图 8–13 所示，4 种林分在整个降雨输入—输出过程中阴离子浓度变化为：NO_3^-、NO_2^-、SO_4^{2-} 和 F^- 浓度在森林生态系统内部整体呈现先下降后升高再下降的趋势，第一转折点为林冠层或枯落物层，第二转折点为 0~20 cm 土壤层。Cl^- 浓度在森林生态系统内部整体呈现出先升高后下降的趋势，转折点为枯落物层。具体分析如下。

4 种林分中 NO_3^- 的浓度变化在森林生态系统内部整体呈现先下降后升高再下降的趋势。蒙古栎纯林、油松 + 毛白杨混交林和山杨纯林 NO_3^- 浓度在穿透雨中降至最低，其浓度较大气降雨分别减少 0.49 mg/L、0.78 mg/L 和 0.03 mg/L，油松纯林 NO_3^- 浓度在枯透水中降至最低，较大气降雨降低 0.87 mg/L。随后 4 种林分中 NO_3^- 浓度在 0~20 cm 土壤层升至最高，较大气降雨升高 2.72~5.84 倍，之后 NO_3^- 浓度随土壤深度增加而逐渐下降。输出溪水、地下水和库区水中 NO_3^- 浓度均高于大气降雨，其浓度分别增加 1.10 倍、2.34 倍和 3.01 倍。

4 种林分中 NO_2^- 浓度变化规律与 NO_3^- 较相似，整体呈现为先下降后升高再下降的趋势。山杨纯林中 NO_2^- 浓度在穿透雨中降至最低，其浓度较大气降雨减少 0.44 mg/L，蒙古栎纯林、油松纯林和油松 + 毛白杨混交林中 NO_2^- 浓度在枯透水中降至最低，其浓度较大气降雨减少 60.00%~65.30%。随后 4 种林分中 NO_2^- 浓度逐渐升高，0~20 cm 土壤层为转折点，蒙古栎纯林和山杨纯林该层中 NO_2^- 浓度仍低于大气降雨 54.76% 和 31.49%，油松纯林和油松 + 毛白杨混交林该层中 NO_2^- 浓度高于大气降雨 42.74% 和 2.19%，之后 NO_2^- 浓度随土壤深度增加而逐渐下降。输出溪水、地下水和库区水中 NO_2^- 浓度均低于大气降雨，其浓度分别降低 62.81%、46.57% 和 34.95%。

4 种林分中 SO_4^{2-} 的浓度变化整体呈现为先下降后升高再下降趋势。4 种林分中浓度在枯透水中降至最低，其浓度较大气降雨减少 25.60%~65.33%。随后 SO_4^{2-} 浓度逐渐升高，在 0~20 cm 土壤层达到转折点，蒙古栎纯林、油松纯林和油松 + 毛白杨混交林该层中 SO_4^{2-} 浓度较大气降雨分别升高 0.35 mg/L、9.10 mg/L 和 14.09 mg/L，山杨纯林该层中 SO_4^{2-} 浓度较大气降雨降低 0.43 mg/L，之后 SO_4^{2-} 浓度随土壤深度增加逐渐下降。输出溪水中 SO_4^{2-} 浓度较大气降雨降低 15.17%，地下水和库区水中 SO_4^{2-} 浓度分别为大气降雨的 3.02 倍和 2.01 倍。

4 种林分中 F^- 的浓度变化整体呈现为先下降后升高再下降趋势。F^- 浓度在穿透雨中降至较低，其浓度较大气降雨减少 6.99%~57.98%。随后 F^- 浓度逐渐升高，在 0~20 cm 土壤层达到转折点，4 种林分该层 F^- 浓度较穿透雨升高 0.15~0.49 mg/L。之后 F^- 浓度随土壤深度增加逐渐下降，40~60 cm 土壤层中 F^- 浓度较大气降雨降低 21.15%~60.67%。输出溪水中 F^- 得到净化，其浓度低于大气降雨 8.18%，地下水和库区水中浓度较高，分别高于大气降雨 2.34 mg/L 和 0.47 mg/L。

4 种林分中 Cl^- 的浓度变化整体呈现为先升高后下降的趋势。Cl^- 浓度在枯透水中升至最高，其浓度较大气降雨升高 0.05~1.04 mg/L。随后 Cl^- 浓度逐渐下降，40~60 cm 土壤层中 Cl^- 浓度降至最低，其浓度较枯透水减少 60.49%~97.73%，较大气降雨减少 59.80%~97.66%。输出溪水中 Cl^- 浓度较 40~60 cm 土壤层升高 0.83~1.80 mg/L，较大气降雨降低 27.46%。地下水和库区水中 Cl^- 浓度较高，分别高于大气降雨 2.35 倍和 3.49 倍。

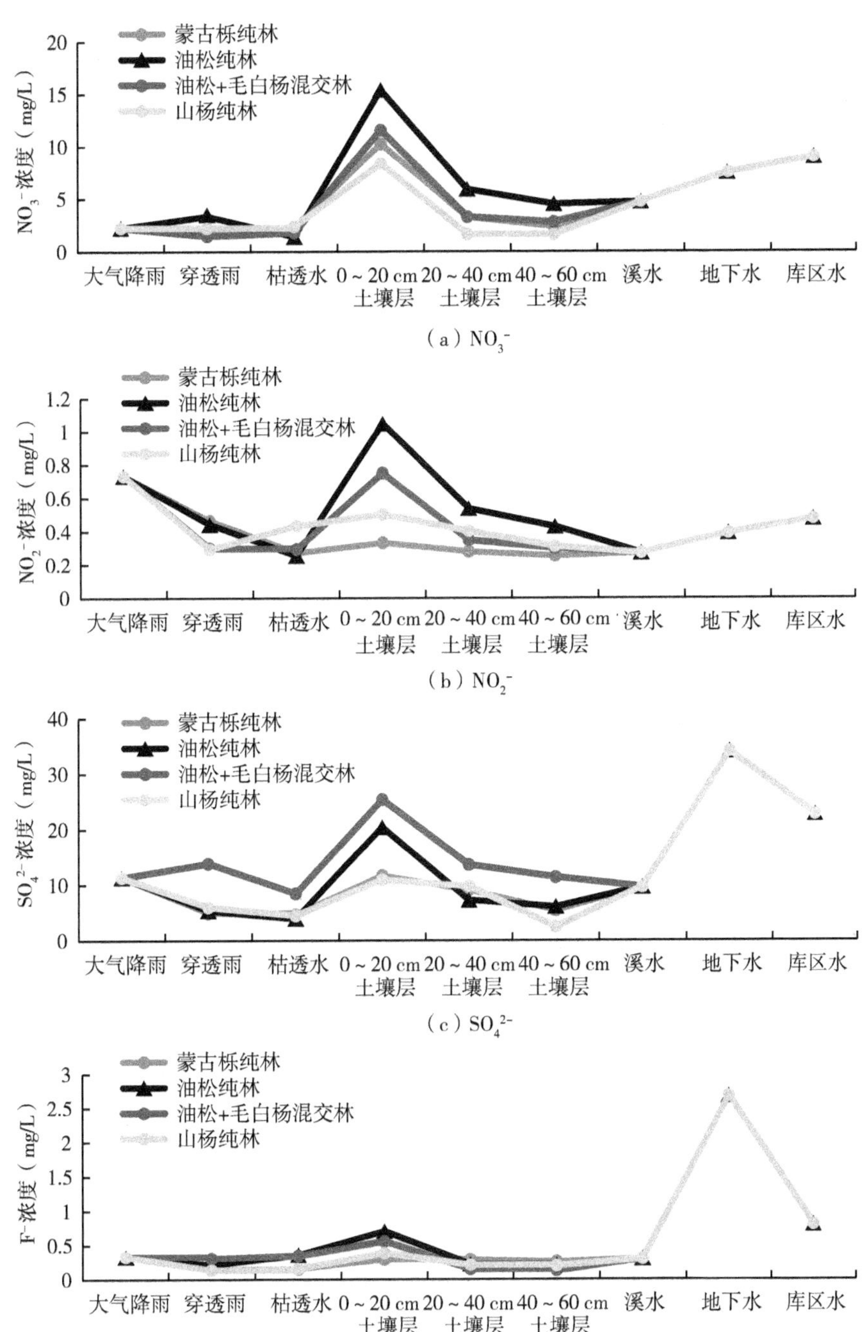

（a）NO_3^-

（b）NO_2^-

（c）SO_4^{2-}

（d）F^-

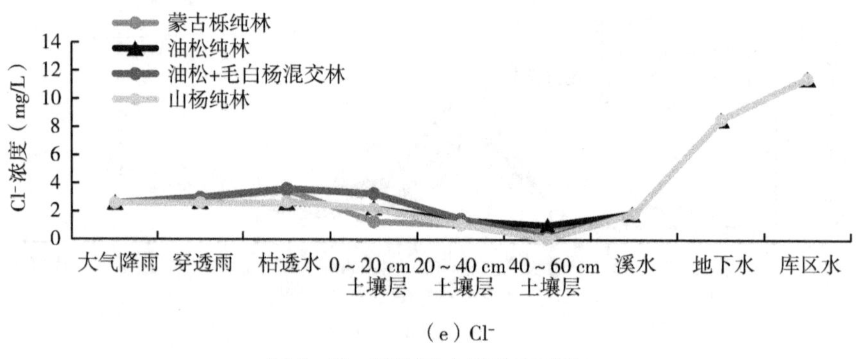

（e）Cl^-

图 8-13　阴离子水质效应对比

由图 8-13 可知，不同林分类型中，大气降雨经过森林不同空间层次的整个过程中 NO_3^-、NO_2^-、SO_4^{2-}、F^- 和 Cl^- 5 种阴离子的浓度波动范围存在较大差异。蒙古栎纯林中这 5 种离子浓度波动范围分别为 1.76~10.24 mg/L、0.25~0.73 mg/L、4.62~11.66 mg/L、0.15~0.30 mg/L 和 0.82~3.48 mg/L。油松纯林中这 5 种离子浓度波动范围分别为 1.38~15.40 mg/L、0.25~1.05 mg/L、3.92~20.40 mg/L、0.20~0.70 mg/L 和 0.03~2.59 mg/L。油松 + 毛白杨混交林中这 5 种离子浓度波动范围分别为 1.47~11.57 mg/L、0.29~0.75 mg/L、8.41~25.39 mg/L、0.13~0.56 mg/L 和 0.21~3.60 mg/L。山杨纯林中这 5 种离子浓度波动范围分别为 2.22~8.36 mg/L、0.29~0.73 mg/L、2.40~10.87 mg/L、0.14~0.39 mg/L 和 0.06~2.65 mg/L。总体来说，油松纯林中 NO_3^-、NO_2^- 和 F^- 在整个浓度变化过程中波动最大，高于其他 3 种林分 17.42%~179.53%。油松 + 毛白杨混交林中 SO_4^{2-} 和 Cl^- 在整个浓度变化过程中波动最大，高于其他 3 种林分 3.05%~141.42%。

8.4　不同林分不同空间层次净化水质效果综合评价

水质综合评价是依据各项水质指标，通过一定数理方法与手段，对水体环境进行要素分析，并完成定性和定量评价。本书前面已对大气降雨穿过北京松山国家级自然保护区 4 种林分不同空间层次后的变化及影响进行分析，并比较库区水、地下水和溪水与大气降雨之间的差异，探讨森林对大气降雨的影响，但还不足以综合性和客观性地筛选出净化水质效果最好的林分及层次。因此，还需要对4种林分各层次所有水质指标进行综合分析评价，从而得出大气降雨在森林生态系统传输过程中，对降雨水质影响的最优林分及层次。

8.4.1　主成分分析法的基本原理

根据已知多个样品的原始数据，得出几个综合指标，即主成分。这些主成分包含了原始变量的信息，又相互独立，只需对少数几个主成分进行分析，并以其贡献率为权数进行加权平均，构造出一个综合评价函数，再根据综合评价函数值对研究对象进行综合评价（张亚丽，2015）。

8.4.2　评价过程

为兼顾水质评价的代表性和全面性，运用SPSS软件的主成分分析法对大气降雨通过不同林分类型（蒙古栎纯林、油松纯林、油松毛白杨混交林、山杨纯林）各层次、溪水、库区水和地下水的水体水质进行综合评价，根据《地表水环境质量标准》（GB 3838—2002）和《地下水质量标准》（GB/T 14848—2017）中对水体污染物的规定，本次水质评价共选取6种水质离子指标：NH_4^+、NO_3^-、NO_2^-、SO_4^{2-}、F^-和Cl^-。将收集的所有水样中水质离子实测数据进行标准化处理（表8–3）。

表8–3　数据标准化处理结果

水质指标		zNH_4^+	zF^-	zCl^-	zNO_2^-	zNO_3^-	zSO_4^{2-}
大气降雨		–0.09	–0.63	1.66	0.05	–0.13	–0.04
穿透雨	蒙古栎纯林	1.84	–0.76	0.25	–0.78	–0.48	0.09
	油松纯林	1.70	–0.34	0.10	–0.72	–0.36	–0.03
	油松 + 毛白杨混交林	0.55	–0.83	–0.63	0.38	–0.17	0.11
	山杨纯林	2.64	–0.64	–0.68	–0.64	–0.50	–0.03
枯透水	蒙古栎纯林	1.30	–0.61	–0.79	–0.82	–0.48	0.33
	油松纯林	0.02	–0.86	–0.89	–0.91	–0.07	–0.02
	油松 + 毛白杨混交林	0.54	–0.75	–0.68	–0.33	–0.09	0.37
	山杨纯林	0.00	–0.60	0.05	–0.84	–0.46	0.00

续表

水质指标		zNH_4^+	zF^-	zCl^-	zNO_2^-	zNO_3^-	zSO_4^{2-}
0~20 cm 土壤层	蒙古栎纯林	−0.78	1.48	−0.48	0.10	−0.19	−0.55
	油松纯林	0.00	2.85	3.28	1.23	0.59	−0.18
	油松＋毛白杨混交林	−0.19	1.83	1.71	1.87	0.31	0.24
	山杨纯林	0.04	0.99	0.41	−0.01	−0.02	−0.19
20~40 cm 土壤层	蒙古栎纯林	−1.00	−0.36	−0.74	−0.24	−0.21	−0.63
	油松纯林	−0.30	0.34	0.62	−0.48	−0.35	−0.52
	油松＋毛白杨混交林	−0.64	−0.36	−0.37	0.35	−0.48	−0.47
	山杨纯林	−0.09	−0.79	−0.11	−0.15	−0.36	−0.64
40~60 cm 土壤层	蒙古栎纯林	−1.25	−0.60	−0.89	−0.72	−0.27	−0.73
	油松纯林	−0.84	−0.03	0.05	−0.63	−0.38	−0.65
	油松＋毛白杨混交林	−0.96	−0.48	−0.63	0.05	−0.52	−0.97
	山杨纯林	−0.25	−0.80	−0.58	−1.11	−0.38	−1.03
溪水		−1.25	0.02	−0.79	−0.17	−0.19	−0.32
库区水		−0.41	1.16	0.31	1.53	0.78	3.52
地下水		−0.59	0.76	−0.16	3.00	4.43	2.35

主成分分析以变量的相关性检验为前提，KMO 和 Bartlett 检验结果如表 8-4 所示。由表 8-4 可知 KMO 检验度值为 0.658，大于 0.5，且显著性为 0.000，小于 0.05，这表明原始变量之间存在相关性，本数据分析适合用主成分分析方法进行。

表 8-4　KMO 和 Bartlett 检验结果

KMO 取样适切性量数	0.658	
Bartlett 球形度检验	近似卡方	69.341
	自由度	15
	显著性	0.000

通过分析，得出表 8-5 和图 8-14，提取 3 个主成分，即 k=3。3 个因子变量的特征值分别为 3.043、1.248 和 1.072，均符合特征值大于 1 的原则。3 个主成分方差累计贡献率分别为 50.713%、71.505% 和 89.372%。3 个主成分方差贡献累计达到 89.372%，大于 85%。说明 3 个主成分能够反映出 6 项离子指标的大部分信息。而这些主成分因子是体现水体样本质量的主要因子，在很大程度上决定了水质的好坏。所提取主要因子的浓度越高则说明水体污染越严重，水质越差。

表 8-5　解释的总方差

成分	初始特征值			提取载荷平方和		
	总计	方差（%）	累计（%）	总计	方差（%）	累计（%）
1	3.043	50.713	50.713	3.043	50.713	50.713
2	1.248	20.792	71.505	1.248	20.792	71.505
3	1.072	17.867	89.372	1.072	17.867	89.372
4	0.293	4.878	94.251			
5	0.225	3.754	98.005			
6	0.12	1.995	100			

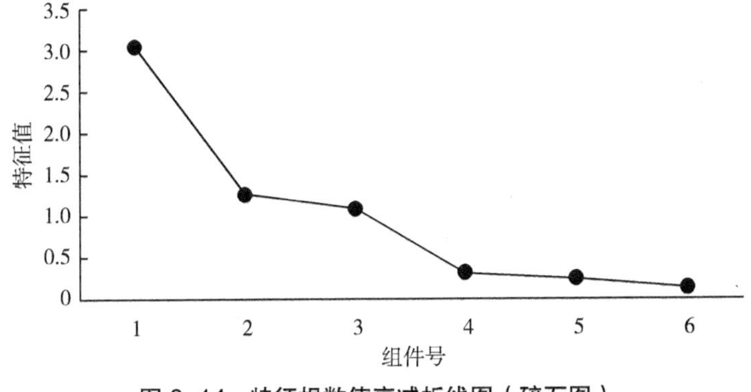

图 8-14　特征根数值衰减折线图（碎石图）

根据表 8-6 和表 8-7 计算得出的主成分载荷矩阵，得到相应的主成分综合评价函数如下：

$$F1=-0.144X_1+0.451X_2+0.324X_3+0.543X_4+0.468X_5+0.396X_6。 \quad (8-1)$$

$$F2=0.244X_1-0.440X_2-0.580X_3+0.079X_4+0.371X_5+0.516X_6。 \quad (8-2)$$

$$F3=0.879X_1+0.063X_2+0.399X_3-0.083X_4-0.137X_5+0.198X_6。 \quad (8-3)$$

根据上述综合评价函数，分别计算出各林分不同空间层次水体样本的水质综合得分，得分越高说明水体污染越严重。

表 8-6　初始因子载荷矩阵

项目	成分		
	1	2	3
NH_4^+	−0.252	0.273	0.91
NO_3^-	0.786	−0.491	0.065
NO_2^-	0.565	−0.648	0.413
SO_4^{2-}	0.947	0.088	−0.086
F^-	0.817	0.414	−0.142
Cl^-	0.691	0.577	0.205

表 8-7　主成分载荷矩阵

项目	成分		
	1	2	3
NH_4^+	−0.144	0.244	0.879
NO_3^-	0.451	−0.440	0.063
NO_2^-	0.324	−0.580	0.399
SO_4^{2-}	0.543	0.079	−0.083
F^-	0.468	0.371	−0.137
Cl^-	0.396	0.516	0.198

8.4.3 评价结果

水质综合评价结果如表 8-8 所示，可以看出，降雨经历 4 种林分各层次的净化作用后，其水质大多得到改善。大气降雨通过不同林分类型（蒙古栎纯林、油松纯林、油松毛白杨混交林、山杨纯林）各层次、溪水、库区水和地下水的水体水质排序从优到劣依次为：蒙古栎纯林 40~60 cm 土壤层＞油松＋毛白杨混交林 40~60 cm 土壤层＞蒙古栎纯林 20~40 cm 土壤层＞溪水＞油松纯林 40~60 cm 土壤层＞山杨纯林 40~60 cm 土壤层＞蒙古栎纯林 0~20 cm 土壤层＞油松＋毛白杨混交林 20~40 cm 土壤层＞油松纯林 20~40 cm 土壤层＞山杨纯林 20~40 cm 土壤层＞山杨纯林枯透水＞油松纯林枯透水＞山杨纯林 0~20 cm 土壤层＞大气降雨＞油松＋毛白杨混交林穿透雨＞油松＋毛白杨混交林枯透水＞油松纯林 0~20 cm 土壤层＞油松＋毛白杨混交林 0~20 cm 土壤层＞蒙古栎纯林枯透水＞油松纯林穿透雨＞蒙古栎纯林穿透雨＞山杨纯林穿透雨＞库区水和地下水。

表 8-8 各水体样本水质综合评价结果

水样类型		成分得分			综合得分	综合得分排名
		第一主成分 $F1$	第二主成分 $F2$	第三主成分 $F3$		
大气降雨		0.217	−0.775	0.552	0.049	14
穿透雨	蒙古栎纯林	−1.137	0.442	1.818	1.318	21
	油松纯林	−0.940	0.299	1.613	1.139	20
	油松＋毛白杨混交林	−0.491	0.894	0.198	0.542	15
	山杨纯林	−1.486	1.069	2.124	1.842	22
枯透水	蒙古栎纯林	−1.260	0.971	0.991	0.901	19
	油松纯林	−1.214	0.790	−0.311	−0.336	12
	油松＋毛白杨混交林	−0.709	0.990	0.265	0.558	16
	山杨纯林	−0.928	−0.004	0.114	−0.369	11

续表

水样类型		成分得分			综合得分	综合得分排名
		第一主成分 $F1$	第二主成分 $F2$	第三主成分 $F3$		
0~20 cm 土壤层	蒙古栎纯林	0.371	−0.916	−0.876	−1.209	7
	油松纯林	3.214	−2.927	1.270	0.700	17
	油松 + 毛白杨混交林	2.669	−1.460	0.476	0.746	18
	山杨纯林	0.486	−0.765	0.224	−0.089	13
20~40 cm 土壤层	蒙古栎纯林	−0.738	−0.082	−1.269	−1.532	3
	油松纯林	−0.231	−1.014	−0.013	−0.826	9
	油松 + 毛白杨混交林	−0.413	−0.181	−0.790	−1.020	8
	山杨纯林	−0.887	−0.084	−0.235	−0.707	10
40~60 cm 土壤层	蒙古栎纯林	−1.188	−0.057	−1.538	−1.975	1
	油松纯林	−0.659	−0.744	−0.743	−1.491	5
	油松 + 毛白杨混交林	−0.885	−0.347	−1.254	−1.776	2
	山杨纯林	−1.701	−0.137	−0.560	−1.436	6
溪水		−0.373	−0.107	−1.432	−1.508	4
库区水		3.271	1.440	0.298	2.894	23
地下水		5.013	2.708	−0.924	3.579	24

由表 8-9 可见，在各林分不同空间层次水质的优劣等级排序中，无论哪种林分，均表现出 40~60 cm 和 20~40 cm 土壤层水质最优，穿透雨水质最差的现象。这说明松山国家级自然保护区 4 种林分对大气降雨表现出一定的净化作用，20~60 cm 的深层土壤对净化水质起到关键作用。溪水水质优于大气降雨，但库区水和地下水水质在总体排名中最劣，说明松山森林生态系统对森林溪水起到一定的净化作用，但对库区水和地下水的净化作用整体不明显。

表 8-9 不同空间层次水体水质优劣等级

林分类型	1	2	3	4	5	6
蒙古栎纯林	40~60 cm 土壤层	20~40 cm 土壤层	0~20 cm 土壤层	大气降雨	枯透水	穿透雨
油松纯林	40~60 cm 土壤层	20~40 cm 土壤层	枯透水	大气降雨	0~20 cm 土壤层	穿透雨
油松 + 毛白杨混交林	40~60 cm 土壤层	20~40 cm 土壤层	大气降雨	穿透雨	枯透水	0~20 cm 土壤层
山杨纯林	40~60 cm 土壤层	20~40 cm 土壤层	枯透水	0~20 cm 土壤层	大气降雨	穿透雨

各层次不同林分水质优劣等级排序结合整体综合评价排名可知，4 种林分的穿透雨水质均差于大气降雨，说明 4 种林分冠层对水质的影响起到负面作用。山杨纯林和油松纯林枯落物层的净化作用较为显著，蒙古栎纯林和山杨纯林 0~20 cm 土壤层对降雨有轻微净化效果，在对水质起到关键净化作用的 20~40 cm 和 40~60 cm 土壤层，均以蒙古栎纯林的净化效果最佳，其次是油松 + 毛白杨混交林（表 8-10）。

表 8-10 不同林分水体水质优劣等级

空间层次	1	2	3	4
穿透雨	油松 + 毛白杨混交林	油松纯林	蒙古栎纯林	山杨纯林
枯透水	山杨纯林	油松纯林	油松 + 毛白杨混交林	蒙古栎纯林
0~20 cm 土壤层	蒙古栎纯林	山杨纯林	油松纯林	油松 + 毛白杨混交林
20~40 cm 土壤层	蒙古栎纯林	油松 + 毛白杨混交林	油松纯林	山杨纯林
40~60 cm 土壤层	蒙古栎纯林	油松 + 毛白杨混交林	油松纯林	山杨纯林

8.5 讨论

8.5.1 不同林分不同空间层次对降雨中水质离子的影响

试验区大气降雨样品中测定的阴阳离子浓度，在研究期间不同月份均有差异。从月变化来看，5—7 月各离子浓度变化相差不大，其中 5 月浓度稍高，9 月 Na^+、K^+、Mg^{2+}、Ca^{2+}、Cl^- 和 SO_4^{2-} 离子出现 2~23 倍大幅增长。从平均值来看，各离子平均浓度按从大到小顺序排列依次为：SO_4^{2-}（36.29%）＞ Ca^{2+}（23.72%）＞ K^+（11.22%）＞ Cl^-（8.23%）＞ NO_3^-（7.22%）＞ Mg^{2+}（3.87%）＞ Na^+（3.20%）＞ NH_4^+（2.83%）＞ NO_2^-（2.36%）＞ F^-（1.06%）。大气降雨中主要阳离子为 Ca^{2+}、K^+ 和 Mg^{2+}，主要阴离子为 SO_4^{2-}、Cl^- 和 NO_3^-。

（1）林冠层对降雨水质的影响

本研究中，4 种林分穿透雨中 K^+、Mg^{2+} 和 NH_4^+ 浓度较大气降雨升高，表现为淋溶作用，Ca^{2+} 和 Na^+ 浓度变化主要表现为吸附截留现象。4 种林分林冠层对 Na^+ 表现为截留现象，其浓度降低 4.12%~49.29%，这与大气降雨中 Na^+ 本底浓度较低，且 Na^+ 为植物生长所需的元素有关。大气降雨经过林冠层后，穿透雨中的 Mg^{2+} 和 K^+ 浓度增加了 0.04~2.88 倍。有研究表明，K^+ 和 Mg^{2+} 是植物生长发育及光合作用所必需的重要元素，且本身流动性较强（Béjar et al.，2018；Habashi et al.，2019）。一方面，植物根系从土壤中吸收 K^+ 和 Mg^{2+} 后传输至林冠层并以高度可溶的形式集中在叶表面；另一方面，植物叶片在呼吸过程中会流失部分 K^+ 和 Mg^{2+}，大气降水冲刷了吸附在林冠层的离子从而导致本研究穿透雨中浓度的升高，这与马明等（2017）对缙云山常绿阔叶林林冠层影响水质的研究结果相似。有研究表明 Ca^{2+} 迁移性较差，不易被雨水浸出（Moslehi et al.，2019），而且 Ca^{2+} 是植物细胞壁的重要组成部分更容易被林冠层枝叶吸收，因此，本研究中 4 种林分林冠层对 Ca^{2+} 更多表现为截留现象，截留率高达 36.00%~45.06%。4 种林分冠层对 NH_4^+ 均表现为淋溶现象，浓度增加 0.41~1.74 倍，这主要是因为植物细胞中的硝酸还原酶和亚硝酸盐还原酶将硝酸盐转化为铵盐（孙涛，2014），而且因为试验区内大气降雨中 NH_4^+ 浓度低，林冠层对 NH_4^+ 的调节作用会使其浓度增加。赵宇豪等（2017）也发现林冠层会根据降雨中的离子浓度和林分自身的需要发挥一定调节作用。

4 种林分穿透雨中 NO_3^-、NO_2^-、SO_4^{2-} 和 F^- 浓度大部分较大气降雨低，主要表现为吸附截留现象，Cl^- 表现为轻微淋溶现象。4 种林分穿透雨中 NO_3^- 除油松纯林外均表现为下降，截留率最高达 34.67%，说明树木枝叶对 NO_3^- 有一定的吸附作用；另外一部分 NO_3^- 以 HNO_3 的形式存在，HNO_3 较强的挥发性促使其浓度降低。油松纯林穿透雨中 NO_3^- 浓度升高可能是因为针叶树的冠层比表面积较大，承接和吸附的干沉降较多，刘秀菊（2003）、吴初平（2015）也得出针叶树较阔叶树更易淋溶出 NO_3^- 的结论。4 种林分冠层对 NO^{2-} 表现出吸附截留作用，截留率高达 36.65%~60.08%，这是由于冠层吸收了部分 NO_2^- 供植物利用，孙涛等（2014）的研究还指出降雨中部分 NO_2^- 被林冠层枝叶吸收后在亚硝酸还原酶的作用下降解为铵盐，并参与到植物体内的氮素循环中。穿透雨中 SO_4^{2-} 浓度降低 40.67%~51.18%，这主要由于林冠层的调节作用，油松 + 毛白杨混交林穿透雨中 SO_4^{2-} 浓度升高 37.52%，表现为淋溶现象，这可能与混交林结构更复杂、层次丰富、更容易拦截干沉降及与林冠分泌的代谢产物有关。降雨发生时，这些养分物质就被冲刷下来，造成离子浓度的增大。4 种林分穿透雨中 F^- 浓度均降低 6.95%~58.01%，是受到林冠层的吸附作用。Cl^- 浓度均升高 0.70%~15.23%，是因为干沉降溶于水中或降雨对叶内 Cl^- 的洗脱所致。

（2）枯落物层对降雨水质的影响

本研究中，4 种林分枯透水中 K^+、Mg^{2+} 和 Ca^{2+} 浓度较穿透雨均升高，表现为淋溶现象，Na^+ 和 NH_4^+ 浓度较穿透雨降低，表现为吸附截留现象。4 种林分枯落物层对 Na^+ 均表现为截留作用，浓度降低 11.81%~46.05%，这种情况是与枯落物层进行离子交换的结果。因雨水中 Na^+ 离子浓度较低，受雨水和所经介质的离子含量的相对大小关系的影响（杜敏，2013），最终表现出吸收或吸附的“汇”的现象。K^+、Mg^{2+} 和 Ca^{2+} 均为植物生长必需的元素，在植物枯落物中含量较高（安思危 等，2015），本研究中 4 种林分枯透水中 K^+、Mg^{2+} 和 Ca^{2+} 浓度升高 0.92%~56.81%，这是由于枯枝落叶在降解过程中释放出了这些盐基离子并溶于水中，还有一部分黏附在枯落物表面的含 K^+、Mg^{2+} 和 Ca^{2+} 的矿物质被降雨淋溶，从而产生了离子回归的现象。4 种林分枯透水中 NH_4^+ 浓度降低，降幅为 1.28%~61.51%，这是因为枯落物中微生物对氮的需求较大，导致氮的固定，使其释放量相对减少，毛玉明等（2013）在对钱塘江不同林分水质效应的研究中也验证了这一结论。还有研究表明，枯落物层对 NH_4^+ 的释放模式为先富集后释放（张琴 等，2014），且该层中部分附生生物会将 NH_4^+ 转换为有机态（卢晓强 等，2015），这也可能是导致枯透水中 NH_4^+ 浓度降低的原因。

4 种林分枯透水中 NO_3^-、F^- 和 Cl^- 浓度变化主要表现为淋溶现象，NO_2^- 和 SO_4^{2-} 浓度变化主要以吸附截留为主。本研究中 4 种林分枯落物层对 NO_3^- 的表现各不相同，除油松纯林外均表现为淋溶现象，浓度升高 6.68%~30.93%，这主要是由于枯落物层中凋落的植物组织中有机质降解产生无机物所导致，马明等（2017）也得出枯落物分解过程中会产生大量的氨基酸和蛋白质，微生物利用过后释放出了 NO_3^- 的结论。阔叶林和混交林枯透水中 NO_3^- 的浓度升高，与吴初平（2015）等的研究结果一致，这是因为阔叶树的枯枝落叶比针叶树更易分解，且一年中阔叶林枯叶大多处于氮素净释放状态（赵春梅 等，2012；李伟，2017），针叶树枯落物不易释放氮素，林地内养分归还跟不上油松生长所需，所以会从枯透水中吸收部分 NO_3^- 以满足新陈代谢所必需的营养物质。因此，本研究油松纯林枯落物层对 NO_3^- 表现为独特的吸附现象。对于 NO_2^-，除了山杨纯林外其他 3 种林分均表现出吸附现象，浓度降低 2.08%~41.70%，主要是枯落物层的微生物对其吸收利用所致，也可能是由 NO_2^- 与枯落物中碱性成分反应生成的沉淀造成。山杨纯林 NO_2^- 升高则可能与枯落物中含氮有机物的降解有关。4 种林分枯落物层 SO_4^{2-} 浓度均降低，降低幅度为 5.80%~39.17%，说明枯落物层对 SO_4^{2-} 起到净化作用，王代长（2002）曾指出 SO_4^{2-} 与枯落物中碱性成分反应生成的沉淀往往大于径流对枯落物矿物质风化产物的溶解，因此，枯落物层对 SO_4^{2-} 主要起吸附作用，与本研究结果一致。对于 NO_3^-、F^- 和 Cl^-，4 种林分枯透水均表现为淋溶，浓度升高 0.28%~67.99%，这也是降雨冲刷了微生物对枯枝落叶的分解产物及叶表面的沉降物所致。

（3）土壤层对降雨水质的影响

本研究中，4 种林分 0~20 cm 土壤层溶液中 Na^+、K^+、Mg^{2+}、Ca^{2+}、NO_3^-、NO_2^-、SO_4^{2-} 和 F^- 离子浓度大幅增加，增量最高达 10.14 倍，具有明显的表聚性。这是因为土壤表层属于淋溶层，该层土壤空隙大，根系分布较多，也最为活跃，因此，水质变化波动较大。以往研究表明，土壤中有机质的分解会使土壤水中离子浓度增大（Tu et al，2014）。根系土壤富含 Na^+、K^+、Mg^{2+} 和 Ca^{2+} 等盐基，从而能够显著淋出。土壤中 F^-、NO_2^-、NO_3^- 和 SO_4^{2-} 的浓度在 0~20 cm 土壤层的增加变化较为剧烈，这部分主要是降水将枯落物分解产生的离子和大气沉降物带入土壤层所致，还有一部分可能来自有机物的矿化（李男，2012）。NH_4^+ 浓度的下降一方面是由于根系的吸收；另一方面与 NH_4^+ 的硝化作用有关，有研究指出，NO_3^- 的淋失还会反过来促进硝化作用（徐义刚，2001）。

4 种林分 20~60 cm 土壤层是阴离子浓度变化的重要转折层，对 K^+、NH_4^+、NO_3^-、NO_2^-、SO_4^{2-}、Cl^- 和 F^- 净化作用较为显著，其浓度较 0~20 cm 土壤层降低 16.64%~80.92%。该层属于淀积层，这些离子与壤中层的胶体及各种酸、碱性基团反应中和是其浓度降低的原因之一，如与 NH_4^+ 碱性基团反应会生成 NH_3。植物庞大根系和微生物的吸收也是导致 20~60 cm 土壤渗透水中离子含量大幅下降的原因。除此之外，还有研究指出，NO_2^- 和 NO_3^- 的浓度变化或与深层土壤中含水量较高、含氧量较低致使反硝化作用增强有关（马明，2017）。

4 种林分类型的土壤层离子含量变化存在差异，一方面是树种本身养分含量的不同导致输入土壤的离子含量不同；另一方面，不同树种之间的生物学特性差异导致对土壤中离子的需求量不同。山杨纯林土壤溶液中总离子浓度最低，这可能是由于山杨为速生树种，对养分的获取较快所致。郑金兴（2018）也发现速生杉木林对土壤养分的需求量较大导致土壤中 K^+、Mg^{2+} 和 Ca^{2+} 离子浓度偏低，而马尾松林由于更加耐贫瘠能够维持一定的土壤养分。

8.5.2 森林生态系统对溪水、地下水和库区水的影响

本研究发现，溪水中 Na^+、K^+、NH_4^+、NO_3^-、NO_2^- 和 SO_4^{2-} 浓度较壤中流降低 13.54%~86.81%，这是森林生态系统各层次对溪水净化的结果。Mg^{2+}、Ca^{2+} 和 Cl^- 浓度较壤中流都升高 0.01~1.10 倍，表现为淋失型迁移，Ca^{2+} 的淋失效果最为显著，说明土壤中 Ca^{2+} 流失严重，这主要是因为土壤中的 $CaCO_3$ 转化为可溶于水的 $Ca(HCO_3)_2$，从而使溪流水中 Ca^{2+} 浓度升高，这与晋建霞（2013）的研究结果相似。库区水中 K^+ 浓度较壤中流降低 78.77%，表现为

内贮型迁移，说明森林对库区水中 K^+ 离子存在一定的去除作用。Na^+、Mg^{2+}、Ca^{2+}、NH_4^+、NO_3^-、NO_2^-、SO_4^{2-}、F^- 和 Cl^- 浓度较壤中流升高 0.04~7.63 倍，这主要是因为库区水水域较大，且自身生态环境特征也会影响水质，如净水效应导致的沉积作用、水库底层水有机质的埋藏和水生植物对有机质的积累等（陈敬安，2017），地下水也会对库区水产生一定的补给，一部分未经森林净化的雨水直接进入库区水中，所以短期内森林对库区水的影响较微弱，没有充分体现出净化效果。地下水中大多数离子也表现出升高的现象，Na^+、Ca^{2+}、NO_3^-、SO_4^{2-}、F^- 和 Cl^- 浓度较壤中流都有所升高，离子浓度增加 0.27~7.88 倍。虽然本研究中土壤层对这部分离子有较好的净化效果，但深层地下水化学过程也控制着地下水中离子浓度的变化，例如深层土壤中岩石的风化作用，会使部分离子溶滤迁移，造成地下水中离子浓度增大（郭华明，2019；李东凡，2019）。

溪水、地下水和库区水中的阴阳离子平均总浓度从大到小依次为：地下水（106.78 mg/L）＞库区水（91.65 mg/L）＞溪水（54.89 mg/L）。库区水和地下水中主要阳离子为 Ca^{2+} 和 Na^+，主要阴离子为 SO_4^{2-} 和 Cl^-。溪水中主要阳离子为 Ca^{2+} 和 Mg^{2+}，主要阴离子为 SO_4^{2-} 和 NO_3^-。溪水中 Mg^{2+}、Ca^{2+}、F^- 和 Cl^- 浓度较壤中流有所升高，离子浓度增加 0.01~1.10 倍，森林对降雨中 Na^+、K^+、NH_4^+、NO_3^-、NO_2^- 和 SO_4^{2-} 的截留很大程度上净化了溪水水质。地下水中，Na^+、Ca^{2+}、NO_3^-、SO_4^{2-}、F^- 和 Cl^- 浓度较壤中流有所升高，离子浓度增加 0.27~7.88 倍，K^+、Mg^{2+}、NH_4^+ 和 NO_2^- 浓度较壤中流有所降低，降幅为 5.00%~87.94%，森林对降雨中 K^+、Mg^{2+}、NH_4^+ 和 NO_2^- 的截留在一定程度上净化了地下水水质。库区水中 Na^+、Mg^{2+}、Ca^{2+}、NH_4^+、NO_3^-、NO_2^-、SO_4^{2-}、F^- 和 Cl^- 浓度较壤中流有所升高。

8.5.3 森林生态系统水质效应对比分析

本研究中，4 种林分整个降雨输入—输出过程中不同离子浓度变化趋势各不相同。Na^+、Mg^{2+} 和 Ca^{2+} 的浓度变化在森林生态系统内部整体呈现出逐渐升高的趋势，40~60 cm 土壤层较大气降雨增加 1.03~8.44 倍，因为这些离子都是植物生长所必需的元素，这是森林内部养分循环导致的结果，使这些离子重新归还土壤再供植物吸收利用。K^+ 和 NH_4^+ 浓度变化整体呈现出先升高后下降的趋势，其转折点分别为 0~20 cm 土壤层和穿透雨，转折点浓度较大气降雨增加 0.02~4.27 倍。这是因为 K^+ 是移动性较强的离子，所以在进入深层土壤之前属于淋溶状态，深层土壤对 K^+ 的吸收作用可能由于植物深根系对其需求较大。NH_4^+ 只在林冠层被淋溶，之后被每一层吸收，这是由于森林内部对氮素的需求较大及微生物活动对 NH_4^+ 的消耗所致。

Cl^- 的浓度变化整体呈现出先升高后下降的趋势，其转折点为枯透水，Cl^- 浓度在土壤层明显下降，这可能是被土壤中胶体吸附所致。NO_3^-、NO_2^-、SO_4^{2-} 和 F^- 的浓度变化整体呈现出先下降再升高又下降的趋势，转折点分别为枯透水和 0~20 cm 土壤层，这 4 种离子浓度在枯落物层较大气降雨下降 6.99%~65.33%，在 0~20 cm 土壤层较枯透水增加 0.22~10.14 倍。原因是这些离子会与林内一些碱性物质反应生成沉淀导致浓度降低，而浅层土壤是淋溶层，微生物与浅根系较为活跃，从而易使离子淋出。

不同林分类型中，油松纯林和油松 + 毛白杨混交林中离子浓度波动范围相比于其他两种林分更大。油松纯林中 Ca^{2+}、NO_3^-、NO_2^- 和 F^- 在整个浓度变化过程中波动最大，高于其他 3 种林分 17.42%~179.53%。油松 + 毛白杨混交林中 Na^+、K^+、Mg^{2+}、SO_4^{2-} 和 Cl^- 在整个浓度变化过程中波动最大，高于其他 3 种林分 3.053%~283.52%。说明这两种林分的淋溶效应较其他林分更为强烈，从而导致其整体浓度波动范围大。蒙古栎纯林和山杨纯林淋溶效应稍弱，起到阻止各离子向土壤深层移动的作用。这是由于植物形态特征及生理特性的差异导致离子浓度有所区别，已有研究表明，针叶树种的滞尘量通常高于阔叶树（李少宁 等，2017），因此，油松纯林和油松 + 毛白杨混交林更易承接干沉降，降雨冲刷时导致水中离子浓度升高。蒙古栎林叶表面的蜡质会阻止叶片分泌物溶于水中，速生山杨林对离子吸收较快，这些都是导致这两种树种整体离子浓度较低的原因。

4 种林分在整个降雨输入—输出过程中不同离子浓度变化趋势各不相同。从不同离子来看，Na^+、Mg^{2+} 和 Ca^{2+} 的浓度变化在森林内部整体呈现出逐渐升高的趋势，输出溪水中离子浓度高于大气降雨 1.44~3.86 倍，地下水和库区水中离子浓度分别高于大气降雨 0.59~20.13 倍和 1.82~12.84 倍。K^+、NH_4^+ 和 Cl^- 的浓度变化在森林内部整体呈现出先升高后下降的趋势，转折点分别为0~20 cm土壤层、穿透雨和枯透水，输出溪水中浓度低于大气降雨27.46%~73.86%，地下水和库区水中K^+和NH_4^+浓度较大气降雨减少20.54%~67.12%，Cl^-浓度较大气降雨增加2.35~3.49倍。NO_3^-、NO_2^-、SO_4^{2-}和F^-的浓度变化整体呈现出先下降再升高又下降的趋势，转折点分别为枯透水和0~20 cm土壤层，输出溪水中NO_2^-、SO_4^{2-}和F^-浓度低于大气降雨8.18%~62.81%。NO_3^-浓度高于大气降雨1.10倍，地下水和库区水中NO_3^-、SO_4^{2-}和F^-浓度较大气降雨增加1.26~7.09倍，NO_2^-浓度较大气降雨降低34.95%~46.57%。从不同林分类型来看，油松纯林和油松+毛白杨混交林中离子浓度波动范围相比于其他两种林分更大。油松纯林中Ca^{2+}、NO_3^-、NO_2^-和F^-在整个浓度变化过程中波动最大，高于其他3种林分17.42%~179.53%。油松+毛白杨混交林中Na^+、K^+、Mg^{2+}、SO_4^{2-}和Cl^-在整个浓度变化过程中波动最大，高于其他3种林分3.05%~283.52%。

8.5.4 不同林分不同空间层次净化水质效果综合评价

从森林不同空间层次的角度来看，林冠层承接了大量的干湿沉降，降雨时离子淋溶导致该层水质评价结果较差，枯落物层由于其复杂的结构，部分林分水质也发生恶化。同时，这种离子回归现象能够改变养分迁移路径，有益于森林养分平衡，对加速植物生长和促进养分循环具有重要作用（周国娜，2012）。土壤0~20 cm层由于离子的表层聚集性导致水质评价结果相对较差，水质随土壤深度增加而逐渐优化的现象充分证明了20~60 cm土壤层在净化水质中起到关键作用，这一结果与赵心苗（2013）、李伟（2017）等人对深层土壤层能够优化水质的研究结果一致。从不同林分的角度来看，蒙古栎纯林对水质净化效果最佳，曹彧（2007）研究表明蒙古栎林下土壤在提高酶活性和土壤有机质含量方面能力较强，肯定了该树种在土壤改良方面的优势。赵心苗（2013）还得出蒙古栎林土壤健康程度优于油松纯林和山杨纯林的结论，段文靖（2018）在城市森林土壤对污水的净化研究中发现蒙古栎林土壤层较其他林分对氨态氮的去除能力更强。这些因素都是蒙古栎纯林净化降雨效果更优的有力支撑。

对大气降雨、4种林分（蒙古栎纯林、油松纯林、油松+毛白杨混交林和山杨纯林）的穿透雨、枯透水、壤中流，以及溪水、库区水和地下水的水质数据进行主成分分析，选取的主要评价指标包括 NH_4^+、NO_3^-、NO_2^-、SO_4^{2-}、F^- 和 Cl^-。从评价结果可知，大气降雨经过 4 种林分各层次后，其水质均有一定程度的改善和提高。从不同空间层次来说，林冠层对降雨水质主要表现为负面影响，20~60 cm 土壤层对降雨水质起到关键的净化作用。从不同林分来说，山杨纯林和油松纯林枯落物层的净化作用较为显著，蒙古栎纯林和山杨纯林 0~20 cm 土壤层对降雨有轻微净化效果，在对水质起到关键净化作用的 20~40 cm 和 40~60 cm 土壤层，蒙古栎纯林的净化效果最佳，其次是油松 + 毛白杨混交林。就整个森林生态系统对于水质的影响而言，森林内溪水得到了较大程度的净化，森林对库区水和地下水的水质改变程度不大。由此可知，应用主成分分析法对水体水质进行评价的结果与之前分析结果基本对应，评价结果全面反映了大气降雨、4 种林分穿透雨、枯透水、壤中流、溪水、库区水和地下水的水体水质优劣程度，有助于了解不同林分不同空间层次对降雨水质的影响及整个森林生态系统对周边水环境的影响。

8.6　结论

通过对大气降雨、穿透雨、枯透水和壤中流水样的采集，分析不同林分不同空间层次对大气降雨水质的影响，并结合库区水、地下水和溪水中水质离子浓度进行分析，探讨森林生态系统对库区水、地下水和溪水水质的影响。最后运用主成分分析法对大气降雨、各林分各层次水体、库区水、地下水和溪水质量进行综合评价，对净化水质较好的林分和层次进行筛选。得出结论归纳如下。

①试验区大气降雨样品中测定的阴阳离子浓度，在研究期间各月份均存在一定差异。从月变化来看，5—7 月各离子浓度变化相差不大，其中 5 月浓度稍高，9 月时 Na^+、K^+、Mg^{2+}、Ca^{2+}、Cl^- 和 SO_4^{2-} 几种离子出现大幅增长；各离子平均浓度按从大到小顺序排列依次为：$SO_4^{2-} > Ca^{2+} > K^+ > Cl^- > NO_3^- > Mg^{2+} > Na^+ > NH_4^+ > NO_2^- > F^-$。$Ca^{2+}$、$K^+$ 和 Mg^{2+} 是大气降雨中的主要阳离子，SO_4^{2-}、Cl^- 和 NO_3^- 是主要阴离子。

② 4 种林分穿透雨中的阴阳离子平均总浓度从大到小依次为：油松 + 毛白杨混交林（44.21 mg/L）＞山杨纯林（24.98 mg/L）＞油松纯林（23.60 mg/L）＞

蒙古栎纯林（23.57 mg/L）。主要阳离子为 K^+、Ca^{2+} 和 NH_4^+，主要阴离子为 SO_4^{2-}、Cl^- 和 NO_3^-；与大气降雨相比，4 种林分穿透雨中 K^+、Mg^{2+}、NH_4^+ 和 Cl^- 离子浓度增加 0.01~2.88 倍，Na^+、NO_2^- 和 F^- 离子浓度减少 4.21%~60.08%。各树种林冠层 Ca^{2+}、SO_4^{2-} 和 NO_3^- 浓度变化情况存在差异，油松 + 毛白杨混交林穿透雨中 Ca^{2+} 和 SO_4^{2-} 浓度分别升高 23.00% 和 37.51%，其他林分浓度降低，表现为吸收截留；对于 NO_3^-，油松纯林表现为淋溶，浓度增加 48.89%，其他林分表现为截留，浓度降低 1.33%~34.67%。

③ 4 种林分枯透水中的阴阳离子平均总浓度从大到小依次为：油松 + 毛白杨混交林（45.78 mg/L）＞蒙古栎纯林（27.32 mg/L）＞山杨纯林（24.94 mg/L）＞油松纯林（21.88 mg/L）。主要阳离子为 K^+、Ca^{2+} 和 Mg^{2+}，主要阴离子为 SO_4^{2-}、Cl^- 和 NO_3^-；与穿透雨相比，4 种林分枯透水中 K^+、Mg^{2+}、Ca^{2+}、F^- 和 Cl^- 离子浓度增加 0.27%~56.81%，Na^+、NH_4^+、NO_2^- 和 SO_4^{2-} 离子浓度减小 1.21%~49.76%。对于 NO_3^-，油松纯林表现为吸收截留，浓度增幅为 49.66%，其余林分浓度减少 2.07%~43.55%。

④ 4 种林分壤中流中的阴阳离子平均总浓度从大到小依次为：油松 + 毛白杨混交林（69.72 mg/L）＞油松纯林（67.91 mg/L）＞蒙古栎纯林（46.85 mg/L）＞山杨纯林（40.63 mg/L）。4 种林分土壤层离子浓度变化趋势表现为：Na^+、Mg^{2+} 和 Ca^{2+} 浓度呈现出随着土壤深度的增加离子浓度逐渐升高的趋势，K^+、NO_3^-、NO_2^-、SO_4^{2-} 和 F^- 浓度较枯透水表现为 0~20 cm 土壤层上升后随土壤深度增加而降低。NH_4^+ 和 Cl^- 浓度较枯透水表现为随着土壤深度的增加而逐渐下降。主要阳离子为 Ca^{2+}、K^+ 和 Na^+，主要阴离子为 SO_4^{2-}、NO_3^- 和 Cl^-；与枯透水相比，0~20 cm 土壤溶液中 Na^+、K^+、Mg^{2+}、Ca^{2+}、NO_3^-、NO_2^-、SO_4^{2-} 和 F^- 离子浓度增加 0.13~10.14 倍，NH_4^+ 和 Cl^- 离子浓度下降 9.52%~70.81%，表现出浅层土壤对离子的淋溶效果较强的现象；随着土壤深度的增加，20~60 cm 的深层土壤中，4 种林分 K^+、NH_4^+、NO_3^-、NO_2^-、SO_4^{2-}、F^- 和 Cl^- 离子浓度逐渐下降，降幅为 16.64%~80.92%，Na^+、Mg^{2+} 和 Ca^{2+} 浓度逐渐升高，说明 20~60 cm 的深层土壤对大部分离子起到净化作用。

⑤森林生态系统整个降雨输入—输出过程中不同离子浓度变化趋势各不相同。从不同离子来看，4 种林分森林内部离子变化总趋势为，Na^+、Mg^{2+} 和

Ca^{2+}的浓度变化呈现出逐渐升高的趋势，K^+、NH_4^+和的Cl^-浓度变化在森林内部整体呈现出先升高后下降的趋势，转折点分别为0~20 cm土壤层、穿透雨和枯透水，NO_3^-、NO_2^-、SO_4^{2-}和F^-的浓度变化整体呈现出先下降再升高又下降的趋势，转折点分别为枯透水和0~20 cm土壤层。降雨由森林输出后，溪水中Na^+、Mg^{2+}和Ca^{2+}的浓度高于大气降雨1.44~3.86倍，其余离子浓度低于大气降雨8.18%~73.86%。地下水和库区水中K^+、NH_4^+和NO_2^-浓度低于大气降雨20.45%~67.12%，其余离子浓度高于大气降雨0.59~20.13倍。从不同林分类型来看，油松纯林和油松+毛白杨混交林中离子浓度波动范围更大，高于其他两种林分3.05%~283.52%。

⑥经过对水质的综合评价可知，大气降雨经过4种林分各层次后，其水质有一定程度的改善。从不同空间层次来说，林冠层对降雨水质主要表现为负面影响，20~60 cm土壤层对降雨水质起到关键的净化作用；从不同林分来说，山杨纯林和油松纯林枯落物层的净化作用较为显著，蒙古栎纯林和山杨纯林0~20 cm土壤层对降雨有轻微净化效果，在对水质起到关键净化作用的20~40 cm土壤层和40~60 cm土壤层，均以蒙古栎纯林的净化效果最佳，其次是油松+毛白杨混交林；就整个森林生态系统对水质的影响而言，森林内溪水得到了较大程度的净化，短期内森林对库区水的影响较微弱，没有充分体现出净化效果。

9　森林景观格局及网络优化研究

9.1　森林景观格局分析

9.1.1　森林景观类型划分

9.1.1.1　松山森林生态系统景观现状分析

（1）森林景观龄组与起源分析

森林景观作为陆地上最大的生物生产基地，有其独特的生态系统，其组成结构和功能复杂。松山森林生态系统按照龄组可划分为：幼龄林、中龄林、近熟林、成熟林和过熟林5类；按照面积大小排序为：中龄林（2119.65 hm^2）＞近熟林（1417.49 hm^2）＞成熟林（722.74 hm^2）＞幼龄林（554.11 hm^2）＞过熟林（56.09 hm^2）；中龄林和近熟林为松山森林生态系统林地龄组的重要组成部分，分别占保护区总面积的43.52%和29.17%；总体反映出森林生态系统林木质量整体较好。

林分起源可以按不同播种方式分为天然林和人工林。据统计可知，松山森林生态系统以天然林为主体，占保护区总体林地面积的94.91%；成熟林和过熟林起源都为天然林（表9–1）。

表9–1　有林地不同龄组森林景观统计

龄组	面积（hm^2）	起源			
		人工林面积（hm^2）	占比（%）	天然林面积（hm^2）	占比（%）
幼龄林	554.11	23.14	4.18	530.97	95.82
中龄林	2119.65	183.39	8.65	1936.26	91.35

续表

龄组	面积（hm^2）	起源			
		人工林面积（hm^2）	占比（%）	天然林面积（hm^2）	占比（%）
近熟林	1417.49	41.23	2.91	1376.26	97.09
成熟林	722.74	0	0	722.74	100
过熟林	56.09	0	0	56.09	100
总计	4870.08	247.76	5.09	4622.32	94.91

（2）森林生态系统景观立地类型分析

地貌、气候、生物及土壤等环境条件是森林立地的主要影响因子，是科学育林的关键因素（赖日文，2007）。通过景观立地类型可以选择出最有生产力的优势树种，对森林经营效益进行评估，提高育林质量，保护并改善森林生态系统（图 9-1，见书后彩插）。

由图 9-1 可知，松山森林生态系统景观立地类型分为 27 类，分别为中阴中松棕壤型、中阴中松褐土型、中阴厚棕壤型、中阴薄松棕壤型、中阴薄松褐土型、中阴薄坚棕壤型、中阴薄坚褐土型、中阳中松棕壤型、中阳中松褐土型、中阳厚棕壤型、中阳薄松棕壤型、中阳薄松褐土型、中阳薄坚棕壤型、中阳薄坚风砂土型、中低山阶地褐土型、中低山沟谷棕壤型、中低山沟谷褐土型、低阳中坚褐土型、低阳中松棕壤型、低阳中松褐土型、低阳薄坚褐土型、低阳薄松棕壤型、低阳薄松褐土型、低阴中松褐土型、低阴薄坚褐土型、低阴薄松棕壤型和低阴薄松褐土型。研究区景观立地类型整体分布特征明显，类型丰富。景区以中阳薄松棕壤型分布最广，主要分布于研究区北部边缘，中部区域和南部区域也有少数分布；低阳中松棕壤型面积最小，分布于研究区南部。

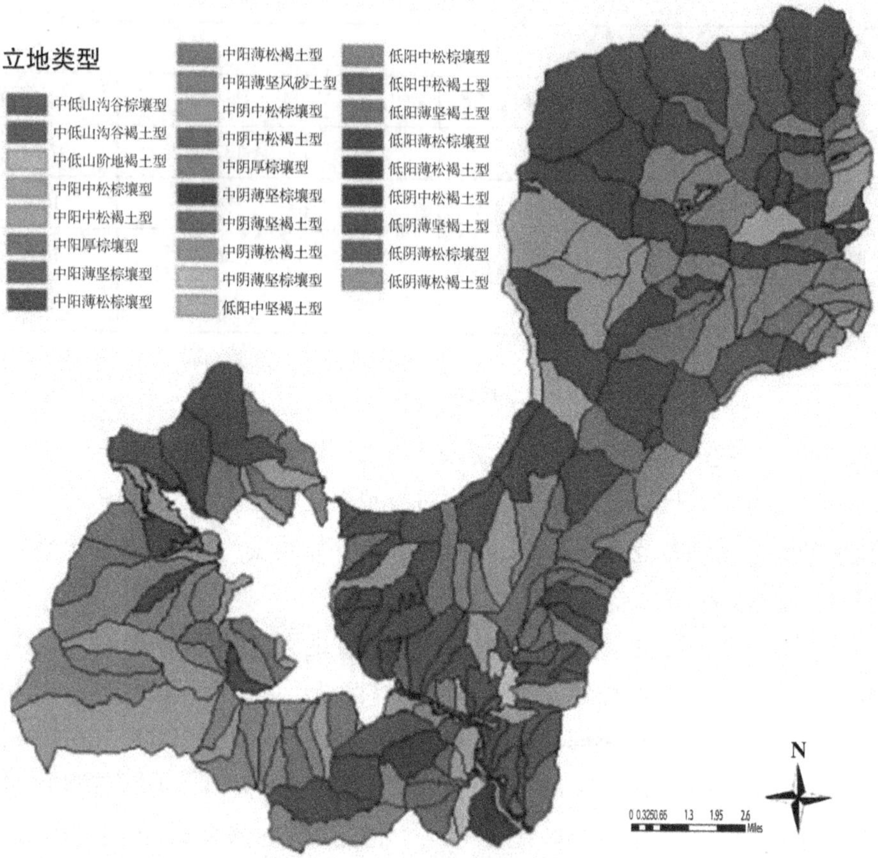

立地类型

中低山沟谷棕壤型
中低山沟谷褐土型
中低山阶地褐土型
中阳中松棕壤型
中阳中松褐土型
中阳厚棕壤型
中阳薄坚棕壤型
中阳薄松棕壤型
中阳薄松褐土型
中阳薄坚风砂土型
中阴中松棕壤型
中阴中松褐土型
中阴厚棕壤型
中阴薄坚棕壤型
中阴薄坚褐土型
中阴薄松褐土型
中阴薄坚棕壤型
低阳中坚褐土型
低阳中松棕壤型
低阳中松褐土型
低阳薄坚褐土型
低阳薄松棕壤型
低阳薄松褐土型
低阴中松褐土型
低阴薄坚褐土型
低阴薄松棕壤型
低阴薄松褐土型

N

0 0.325 0.65 1.3 1.95 2.6 Miles

图 9-1　松山森林生态系统景观立地类型

从表 9-2 统计结果可知，松山森林生态系统以中阴中松棕壤型、中阴薄松棕壤型、中阳中松棕壤型和中阳薄松棕壤型为主，占松山森林生态系统总森林面积的 80.47%，斑块数量相对较多，立地类型统计情况体现了松山森林生态系统的林木生长立地状况，立地类型会影响林木植被树种或群落的分布格局。

通过面积大小及面积占比分析可知，中阳薄松棕壤型分布最为广泛，立地类型斑块数量最多（51 个），面积最大（1939.63 hm^2），占研究区总面积的 31.34%；低阳中松棕壤型面积最小（1.03 hm^2），占总面积的 0.02%。

松山森林生态系统总体立地类型面积大小排序为中阳薄松棕壤型＞中阴中松棕壤型＞中阳中松棕壤型＞中阴薄松棕壤型＞中阳薄坚棕壤型＞低阳薄松褐土型＞低阳薄坚褐土型＞中阳厚棕壤型＞中阳中松褐土型＞低阴中松褐土型＞低阳薄松棕壤型＞中阳薄松褐土型＞中阴厚棕壤型＞中阴薄松褐土型＞低阴薄松棕壤型＞低阴薄松褐土型＞中阴薄坚棕壤型＞低阴薄坚褐土型＞中阴中松褐土型＞中低山阶地褐土型＞中阳薄坚风砂土型＞中低山沟谷棕壤型＞中阴薄坚褐土型＞低阳中松褐土型＞低阳中坚褐土型＞中低山沟谷褐土型＞低阳中松棕壤型。通过对松山森林生态系统景观立地类型统计分析，初步了解研究区内林木生长立地现状，为景观格局具体分析奠定基础。

表 9-2 松山森林生态系统景观立地类型统计

立地类型	斑块数量（个）	面积（hm^2）	面积占比（%）
中阴中松棕壤型	42	1238.72	20.02
中阴中松褐土型	2	20.90	0.34
中阴厚棕壤型	2	44.32	0.72
中阴薄松棕壤型	25	878.17	14.19
中阴薄松褐土型	1	39.70	0.64
中阴薄坚棕壤型	1	24.91	0.40
中阴薄坚褐土型	1	12.01	0.19
中阳中松棕壤型	31	923.02	14.92
中阳中松褐土型	3	78.36	1.27
中阳厚棕壤型	2	81.30	1.31
中阳薄松棕壤型	51	1939.63	31.34
中阳薄松褐土型	2	46.44	0.75
中阳薄坚棕壤型	9	366.57	5.92
中阳薄坚风砂土型	1	14.27	0.23
中低山阶地褐土型	2	16.77	0.27
中低山沟谷棕壤型	5	12.64	0.20

续表

立地类型	斑块数量（个）	面积（hm^2）	面积占比（%）
中低山沟谷褐土型	4	3.77	0.06
低阳中坚褐土型	1	3.97	0.06
低阳中松棕壤型	1	1.03	0.02
低阳中松褐土型	3	11.68	0.19
低阳薄坚褐土型	7	96.96	1.57
低阳薄松棕壤型	3	56.40	0.91
低阳薄松褐土型	6	117.82	1.90
低阴中松褐土型	5	70.64	1.14
低阴薄坚褐土型	2	21.02	0.34
低阴薄松棕壤型	1	34.37	0.56
低阴薄松褐土型	4	32.94	0.53

由图9-2可知，林地景观中阔叶林主要分布在中阴中松棕壤型、中阴薄松棕壤型、中阳中松棕壤型、中阳薄松棕壤型、低阳薄坚褐土型、低阳薄松褐土型和低阴中松褐土型，占阔叶林总面积的83.93%；针叶林主要分布在中阴薄松棕壤型和中阴中松棕壤型，占针叶林总面积的75.21%；混交林主要分布在中阴中松棕壤型、中阳薄松棕壤型和低阳薄坚褐土型，占混交林总面积的56.61%；其他灌木主要分布在中阴中松棕壤型、中阴薄松棕壤型、中阳中松棕壤型、中阳薄松棕壤型和低阴薄坚褐土型，占其他灌木总面积的66.04%。非林地景观中，交通用地主要分布在中阴薄松棕壤型，宜林地主要分布在中阴中松棕壤型。

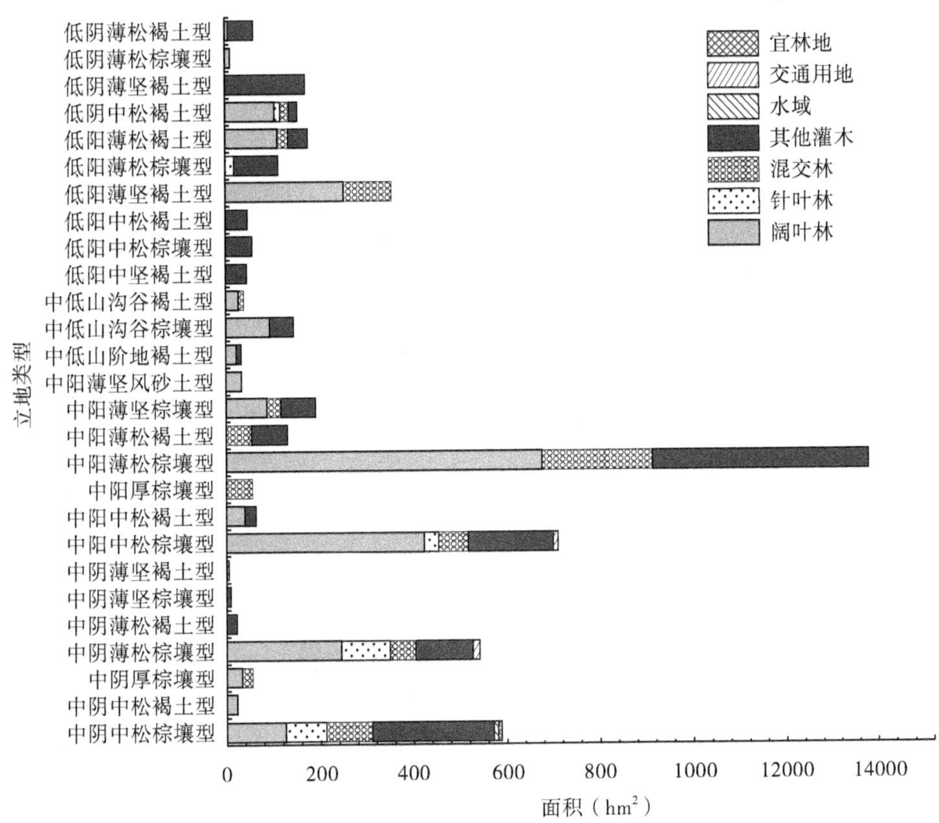

图 9-2　松山森林生态系统景观类型立地分类统计

9.1.1.2　森林景观类型分类

本研究综合考虑松山森林生态系统自身特征，以 2010 年、2015 年和 2020 年 3 期遥感影像与森林资源二类调查数据为依据，按照国有林场资源调查土地类型划分标准，结合森林景观特征，将研究区内森林景观类型分为三级分类系统。一、二级森林分类系统是将松山森林生态系统景观划分为以林地、非林地组成的一级分类和以有林地、水域、宜林地、交通用地为组成的二级分类；最终综合已有数据形成以优势树种为景观类型命名的三级综合景观要素分类系统（表 9-3）。

表 9-3　松山森林生态系统景观要素分类

序号	一级分类	二级分类	三级分类
1	林地	有林地	阔叶林
			针叶林
			混交林
			其他灌木
2	非林地	水域	水域
		交通用地	交通用地
		宜林地	宜林地

森林小班矢量化数据库建立后，利用 ArcGIS 软件平台输出综合数据库结果，根据本研究需求，选取三级分类进行系统化研究（图 9-3，见书后彩插）。

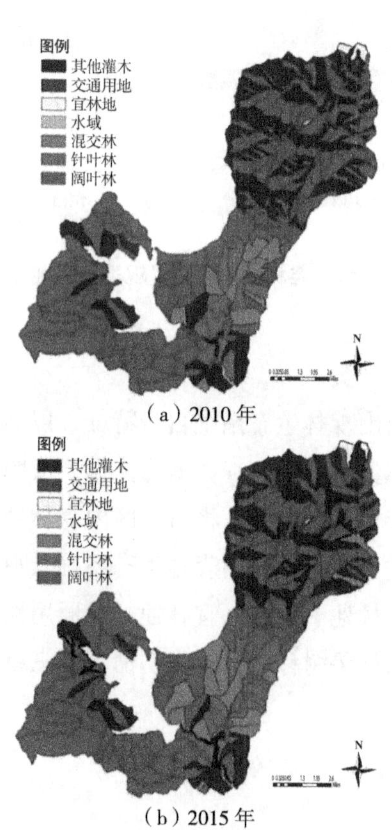

（a）2010 年

（b）2015 年

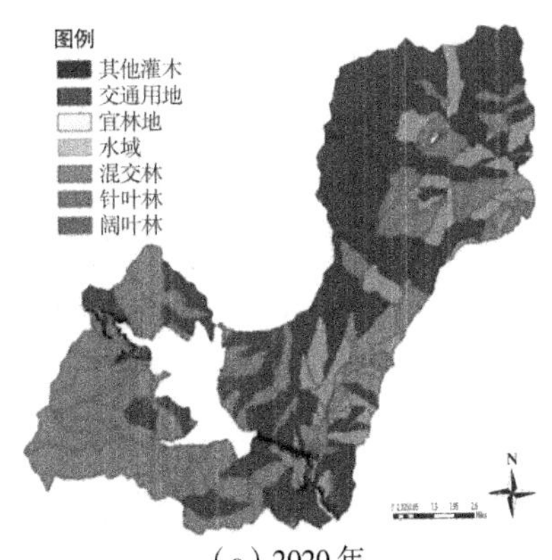

（c）2020 年

图 9-3　松山森林生态系统景观分类示意

9.1.2　景观格局分析

9.1.2.1　景观水平分析

松山森林生态系统景观格局动态分析在 ArcGIS 软件中将 2010 年、2015 年和 2020 年 3 个时期景观分类结果的矢量数据转换成栅格数据，利用 Fragstats 4.2 进行指数分析，得到 3 个时期的景观水平指标数据（表 9-4）。

表 9-4　松山森林生态系统不同年份各类景观水平指标

景观指数	2010 年	2015 年	2020 年
斑块数（*NP*）	55	86	103
斑块密度（*PD*）	0.89	1.39	1.65
周长面积分维数（*PAFRAC*）	1.38	1.29	1.27
边缘总长度（*TE*）	202 860	181 558	177 576
边界密度（*ED*）	32.75	29.26	28.50
蔓延度指数（*CONTAG*）	63.15	64.09	64.44
香农多样性指数（*SHDI*）	1.00	1.09	1.16
香农均匀性指数（*SHEI*）	0.56	0.56	0.56

从表9-4中可以看出，研究期间，松山森林生态系统斑块数量*NP*变化明显，3个时期的斑块总数量分别为55、86、103；斑块数量增加的同时，斑块密度*PD*也随之变化，3个时期的斑块密度分别为0.89、1.39、1.65。无序的人为活动影响（游客、景区工作人员和村民等活动）和2011年、2012年、2013年景区项目建设大幅度增加（栈道、柏油路、石板路和停车场等修建）导致松山森林生态系统景观破碎化程加剧。

周长面积分维数*PAFRAC*能够描述松山森林生态系统不同空间尺度斑块性状的复杂性，其阈值为[1,2]。当这一维数值越接近1时，斑块越简单，斑块的破坏程度越强烈。相反，当这一维数值越接近2时，斑块越复杂，越难受到干扰。研究期间，保护区*PAFRAC*指数逐年降低且变化不明显，*PAFRAC*值稳定在1.3左右，小于平均值，说明松山森林生态系统斑块形状较简单，斑块的破坏程度较强，抗干扰能力较弱。

边缘指标中，边缘总长度*TE*代表斑块类型边缘长度总和，2010年松山森林生态系统达到最大边缘长度，为202 860，景观边缘复杂性最高，2010—2020年总边缘长度逐年降低至177 576；2010—2020年边缘密度指数ED呈现出无明显单调增减的趋势，说明松山森林生态系统斑块虽受到人为干扰，但总体状态趋于稳定。

蔓延度指数*CONTAG*是针对斑块的延展趋势来进行计算的指标标准。当这一指标的数值越大时，则说明每个斑块之间的延展性和连通性越好，景观越会受到严重破坏。松山森林生态系统的蔓延度2010—2020年*CONTAG*值由63.15%上升至64.44%，说明景观破碎度随优势斑块类型连通度增加而增加。参照松山森林生态系统过往的经营情况和园区建设情况来看，森林公园内各景观斑块类型分布格局的动态变化与人为活动、项目开发建设密不可分，人为干扰是直接或间接导致景观破碎化的重要因素。

香农多样性指数*SHDI*能够比较和分析不同景观或同一景观不同时期的景观多样性与异质性变化情况。景观系统中，土地利用越丰富，破碎化程度越高，2010—2020年松山森林生态系统*SHDI*指数逐步递增，景观丰富度增加，同时表明景观破碎的加剧。

香农均匀性指数*SHEI*与香农多样性指数*SHDI*是针对不同阶段景观变化

进行分析的指标标准。当*SHEI*指数值越低时，则说明景观的多样性变化优势就越高。*SHDI*可以明显看出斑块连接的具体情况。当*SHEI*指数值越接近1时，说明景观多样性变化的优势越低，景观的内部斑块分布也就越加不平衡。松山森林生态系统*SHEI*这3年均没有变化。

综上所述，松山森林生态系统在2010—2020年发展过程中，林地依旧是森林公园的主要基质。随着景区的开发建设，景观多样性得到提升，随之带来的也是对生态平衡的破坏。虽然景区不断地调整使其趋于平衡，但是景观仍出现斑块总体受人为干扰较高、景观破碎度增加的现象。

9.1.2.2 斑块类型水平分析

斑块类型水平分析松山森林生态系统景观格局动态特征，包括景区各斑块类型不同年份基本指标。

斑块占景观面积比（*PLAND*）指标主要考量景观内部斑块在总面积方面的占比。该指标能够充分计算出景观最具优势的斑块类型。当该指标的数值趋于0时，代表景观内部的斑块类型会变得越来越少；当该指标等于100时，代表景观内部斑块类型只有一种。

松山国家级自然保护区斑块以林地为主要景观基质，林地斑块占景观面积比为98.99%，非林地斑块占景观面积比为1.01%。各斑块2010—2020年平均占景观面积比排序为：阔叶林（54.95%）＞其他灌木（29.63%）＞混交林（8.56%）＞针叶林（5.99%）＞交通用地（0.40%）＞宜林地（0.37%）＞水域（0.24%）。

从表9-5可知，阔叶林林地景观斑块占景观面积比2010—2015年降幅为3.8%，2015—2020年降幅为35.75%；针叶林2010—2015年增幅为14.35%，2015—2020年降幅为45.07%；混交林2010—2015年增幅为48.68%，2015—

表9-5　松山森林生态系统各年份不同斑块占景观面积比（*PLAND*）

景观指数	年份	阔叶林	针叶林	混交林	其他灌木	水域	交通用地	宜林地
PLAND（%）	2010	63.91	6.48	5.32	23.52	0.23	0.43	0.54
	2015	61.46	7.41	7.91	22.04	0.24	0.43	0.50
	2020	39.49	4.07	12.46	43.33	0.24	0.33	0.07

2020 年增幅为 57.52%；其他灌木 2010—2015 年降幅为 6.30%，2015—2020 年增幅为 96.60%。

分析非林地景观斑块占景观面积比可知，水域 2010—2015 年增幅为 4.30%，2015—2020 年无变化；交通用地 2010—2015 年无变化，2015—2020 年降幅为 23.26%；宜林地 2010—2015 年降幅为 7.41%，2015—2020 年降幅为 86.00%。

由图 9-4 可知，2015—2020 年保护区林地景观斑块面积占比增降幅度高于 2010—2015 年；2010—2020 年阔叶林总体降幅为 38.21%，针叶林降幅为 36.88%，混交林增幅为 134.21%，其他灌木增幅为 84.23%，说明阔叶林与针叶林斑块面积向混交林和其他灌木景观类型转化。

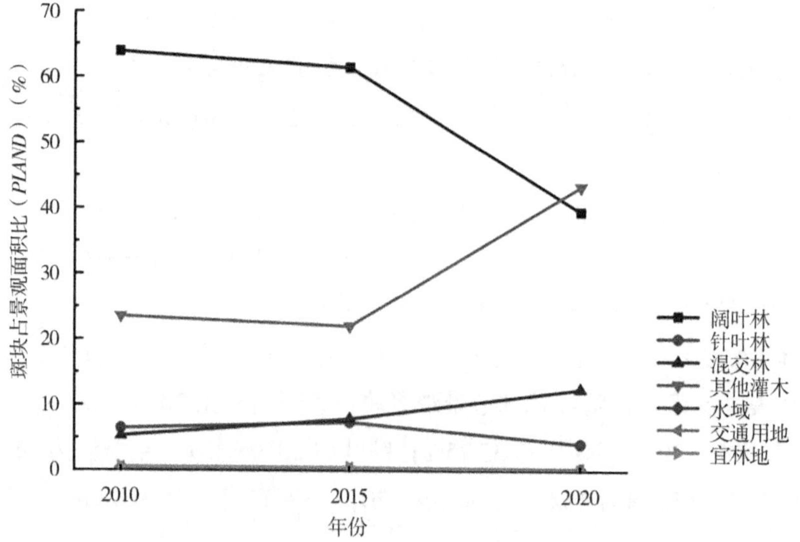

图 9-4　松山森林生态系统各年份不同斑块类占景观面积比（*PLAND*）曲线

水域与交通用地非林地景观斑块面积占比 2010—2015 年无变化，宜林地 2015—2020 年降幅明显。直到 2020 年森林公园 7 种景观类型斑块占景观面积比表现为：其他灌木（43.33%）＞阔叶林（39.49%）＞混交林（12.46%）＞针叶林（4.07%）＞交通用地（0.33%）＞水域（0.24%）＞宜林地（0.07%）。

综上所述，2010—2020 年松山森林生态系统阔叶林与针叶林斑块面积减小，斑块优势度降低。

最大斑块占景观面积比（*LPI*）指标可以测量出景观内部最主要的斑块优势。该指标值的变化会直接影响和反映出景观受外界干扰的强度和趋势。

阔叶林为保护区内的主要优势斑块，综合 10 年数据分析可知，各斑块最大斑块占景观面积比排序为：阔叶林（27.54%）>其他灌木（12.56%）>针叶林（3.79%）>混交林（3.51%）>宜林地（0.31%）>交通用地（0.23%）>水域（0.14%）。

由表 9-6 可知，阔叶林林地景观最大斑块占景观面积比 2010—2015 年降幅为 14.88%，2015—2020 年降幅为 34.76%；针叶林 2010—2015 年增幅为 42.82%，2015—2020 年降幅为 49.90%；混交林 2010—2015 年降幅为 7.02%，2015—2020 年增幅为 2.06%；其他灌木 2010—2015 年降幅为 10.58%，2015—2020 年增幅为 431.16%。

分析非林地景观最大斑块占景观面积比可知，水域 2010—2020 年无变化；交通用地 2010—2015 年无变化，2015—2020 年降幅为 34.62%；宜林地 2010—2015 年降幅为 37.04%，2015—2020 年降幅为 88.24%。

表 9-6　松山森林生态系统各年份不同类型最大斑块占景观面积比（*LPI*）

景观指数	年份	阔叶林	针叶林	混交林	其他灌木	水域	交通用地	宜林地
LPI（%）	2010	33.00	3.62	3.65	5.67	0.14	0.26	0.54
	2015	28.09	5.17	3.40	5.07	0.14	0.26	0.34
	2020	21.53	2.59	3.47	26.93	0.14	0.17	0.04

由图 9-5 可知，2010—2020 年阔叶林最大斑块面积总体降幅为 34.76%；针叶林最大斑块面积变化表现为先增后减的趋势，总体降幅为 28.45%；混交林表现为先减后增的趋势，总体降幅为 4.93%；其他灌木表现为先减后增的变化趋势，总体增幅为 374.96%；说明阔叶林、针叶林和混交林最大斑块面积向其他灌木景观类型转化。

非林地景观最大斑块面积占比水域 2010—2020 年无变化，交通用地总体降幅为 34.62%；宜林地逐年递减，总体降幅为 92.59%；直到 2020 年保护区 7 种景观类型最大斑块占景观面积比表现为：其他灌木（26.93%）＞阔叶林（21.53%）＞混交林（3.47%）＞针叶林（2.59%）＞交通用地（0.17%）＞水域（0.14%）＞宜林地（0.04%）。

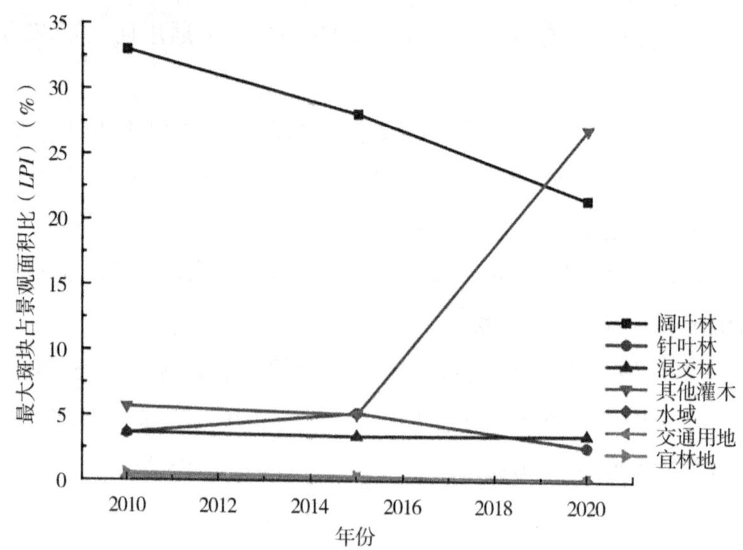

图 9-5　松山森林生态系统各年份最大斑块占景观面积比（*LPI*）曲线

综上所述，2010—2020 年，松山森林生态系统阔叶林与针叶林斑块面积减小，斑块优势度降低，受干扰强度较高，退化严重；其他灌木斑块面积增加，优势度增加。

分散指数（*SPLIT*）也称为景观破碎化指数，能够反映不同类型斑块的分布程度及细化程度，表明人对环境的干扰程度。

非林地景观斑块分散指数较高，林地景观斑块阔叶林分散指数最小。综合 10 年数据分析可知，景观斑块分散指数排序为：宜林地（1 562 021.03）＞水域（405 789.98）＞交通用地（210 920.22）＞针叶林（769.16）＞混交林（583.68）＞其他灌木（126.92）＞阔叶林（10.82）。

从表 9-7 可知，阔叶林林地景观斑块分散指数 2010—2015 年增幅为 7.04%，

2015—2020年增幅为214.55%；针叶林2010—2015年降幅为44.33%，2015—2020年增幅为273.70%；混交林2010—2015年降幅为13.09%，2015—2020年降幅为29.40%；其他灌木2010—2015年增幅为22.00%，2015—2020年降幅为93.51%。

分析非林地景观斑块分散指数可知，水域2010—2015年降幅为5.86%，2015—2020年降幅为1.03%；交通用地2010—2015年无变化，2015—2020年增幅为148.22%；宜林地2010—2015年增幅为107.37%，2015—2020年增幅为6405.63%。

表9-7 松山森林生态系统各年份不同斑块类型分散指数（*SPLIT*）

景观指数	年份	阔叶林	针叶林	混交林	其他灌木	水域	交通用地	宜林地
SPLIT（%）	2010	5.97	634.42	705.31	165.60	423 704.65	141 170.57	33 961.22
	2015	6.39	353.19	612.97	202.04	398 878.47	141 170.57	70 426.34
	2020	20.10	1319.88	432.75	13.11	394 786.81	350 419.51	4 581 675.54

由图9-6可知，2010—2020年阔叶林逐年递增，总体增幅为236.68%；针叶林表现为先减后增的趋势，总体增幅为108.05%；混交林逐年递减，总体降幅为38.46%；其他灌木表现为先增后减的变化趋势，总体降幅为92.08%；林地景观斑块2015—2020年增降幅度高于2010—2015年，斑块细化程度变化明显。

水域非林地景观斑块分散指数2010—2020年总体降幅为6.82%；交通用地总体增幅为148.22%；宜林地总体增幅为1339.91%，宜林地斑块细化程度变化明显。到2020年保护区7种景观类型斑块分散指数表现为：宜林地（4 581 675.54）>水域（394 786.81）>交通用地（350 419.51）>针叶林（1319.88）>混交林（432.75）>阔叶林（20.10）>其他灌木（13.11）。

综上所述，宜林地斑块分散指数最高且增幅明显，说明随景观细化程度增加，斑块类型细化强度增高。保护区内水域多为自然水体，因此，增降幅度不明显。保护区以成片大面积林地为主，林地斑块面积越大，数量越少，因此，分散指数较小，阔叶林与针叶林分散指数增幅均超过100%，说明斑块细化程度高，破碎化程度高，受到较强的人为干扰。

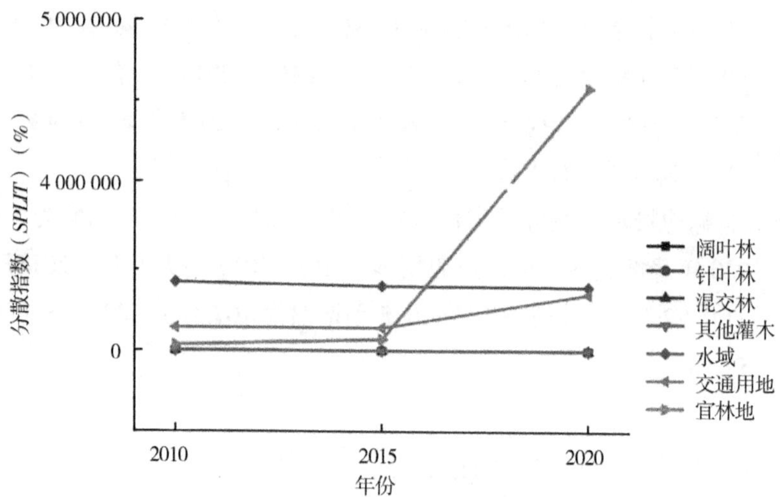

图 9-6　松山森林生态系统各年份分散指数（*SPLITI*）曲线

相似邻接比（*PLADJ*）指数能够反映不同斑块类型的聚集程度。林地景观斑块类型相似邻接比指数大于非林地景观。综合 10 年数据分析可知，景观斑块相似邻接比指数排序为：阔叶林（93.02%）＞混交林（89.71%）＞针叶林（89.50%）＞其他灌木（87.45%）＞宜林地（65.69%）＞水域（53.27%）＞交通用地（39.32%）。

由表 9-8 可知，林地景观斑块相似邻接比指数阔叶林 2010—2015 年增幅为 1.11%，2015—2020 年降幅为 1.13%；针叶林 2010—2015 年增幅为 0.36%，2015—2020 年降幅为 4.41%；混交林 2010—2015 年增幅为 1.38%，2015—2020 年降幅为 3.52%；其他灌木 2010—2015 年增幅为 2.50%，2015—2020 年增幅为 7.40%。

分析非林地景观斑块相似邻接比指数可知，水域 2010—2015 年降幅为 3.37%，2015—2020 年增幅为 6.30%；交通用地 2010—2015 年无变化，2015—2020 年降幅为 41.37%；宜林地 2010—2015 年增幅为 0.43%，2015—2020 年降幅为 56.46%。

表 9-8 松山森林生态系统各年份不同斑块类型相似邻接比（*PLADJ*）

景观指数	年份	阔叶林	针叶林	混交林	其他灌木	水域	交通用地	宜林地
PLADJ（%）	2010	92.69	90.62	89.95	83.93	53.39	45.61	80.71
	2015	93.72	90.95	91.19	86.03	51.59	45.61	81.06
	2020	92.66	86.94	87.98	92.40	54.84	26.74	35.29

从图 9-7 可知，2010—2020 年阔叶林林地景观斑块类型相似邻接比先增后减，总体降幅为 0.03%；针叶林先增后减，总体降幅为 4.06%；混交林先增后减，总体降幅为 2.19%；其他灌木逐年递增，总体增幅为 10.09%。林地景观斑块类型相似邻接比增降幅度越小，斑块类型聚集程度越高。

2015—2020 年非林地景观斑块类型相似邻接比指数增降幅度高于 2010—2015 年。2010—2020 年水域先减后增，总体增幅为 2.72%；2010—2020 年交通用地总体降幅为 41.37%；2010—2020 年宜林地总体降幅为 56.28%。到 2020 年保护区 7 种景观类型斑块分散指数表现为：阔叶林（92.66%）>其他灌木（92.40%）>混交林（87.98%）>针叶林（86.94%）>水域（54.84%）>宜

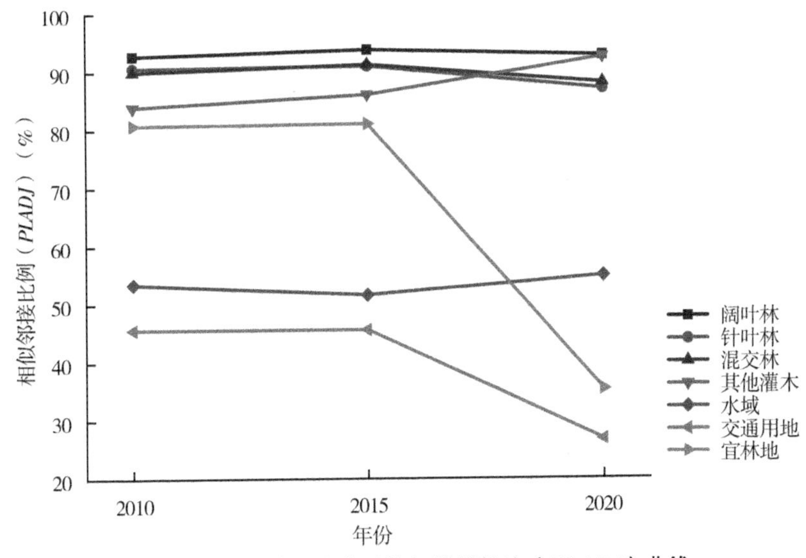

图 9-7 松山森林生态系统相似邻接比（*PLADJ*）曲线

林地（35.29%）＞交通用地（26.74%）。非林地斑块类型中交通用地与宜林地降幅程度明显，斑块聚集程度降低。

综上所述，林地斑块相似邻接比增降幅度小，聚集程度高。相似邻接比指数降低说明斑块破碎化或斑块面积减小。宜林地与交通用地降幅程度明显，与景区建设开发、人类活动有较大关联。

斑块内聚力指数（*COHESION*）能够体现斑块类型在景观中的分散和聚集状态来反映景观的连接程度。林地景观斑块内聚力指数大于非林地景观。综合10年数据分析可知，景观斑块内聚力指数排序为：阔叶林（98.78%）＞其他灌木（96.79%）＞针叶林（95.91%）＞混交林（95.59%）＞宜林地（81.38%）＞水域（79.63%）＞交通用地（72.72%）。

从表9-9可知，阔叶林林地景观斑块内聚力指数2010—2015年降幅为0.03%，2015—2020年降幅为1.62%；针叶林2010—2015年增幅为0.68%，2015—2020年降幅为1.26%；混交林2010—2015年降幅为0.93%，2015—2020年增幅为0.16%；其他灌木2010—2015年降幅为0.74%，2015—2020年增幅为3.03%。

分析非林地景观斑块内聚力指数可知，水域2010—2015年增幅为2.14%，2015—2020年增幅为0.09%；交通用地2010—2015年无变化，2015—2020年降幅为7.26%；宜林地2010—2015年降幅为3.96%，2015—2020年降幅为28.18%。

表9-9　松山森林生态系统各年份不同斑块类型斑块内聚力指数（*COHESION*）

景观指数	年份	阔叶林	针叶林	混交林	其他灌木	水域	交通用地	宜林地
COHESION（%）	2010	99.34	95.88	96.13	96.30	78.49	74.52	92.12
	2015	99.31	96.53	95.24	95.59	80.17	74.52	88.47
	2020	97.70	95.31	95.39	98.49	80.24	69.11	63.54

由图9-8可知，2010—2020年景观斑块内聚力指数阔叶林逐年递减，总体降幅为1.65%；针叶林先增后减，总体降幅为0.59%；混交林先减后增，总体降幅为0.77%；其他灌木先减后增，总体增幅为2.27%。林地景观斑块内聚力指数增降幅度较小，斑块类型连接程度高。

2010—2020 年水域非林地景观斑块内聚力指数逐年递增，总体增幅为 2.23%；2010—2020 年交通用地总体降幅为 7.26%；2010—2020 年宜林地逐年递减，总体降幅为 31.02%。到 2020 年保护区 7 种景观类型斑块内聚力指数表现为：其他灌木（98.49%）＞阔叶林（97.7%）＞混交林（95.39%）＞针叶林（95.31%）＞水域（80.24%）＞交通用地（69.11%）＞宜林地（63.54%）。非林地斑块类型中交通用地与宜林地降幅程度明显，斑块聚集程度降低。

综上所述，2015—2020 年景观斑块内聚力指数变化明显，斑块连接程度下降，破碎化程度加深，从林地景观斑块内聚力指数能够反映出林地景观变化较为稳定，均在 95% 以上。

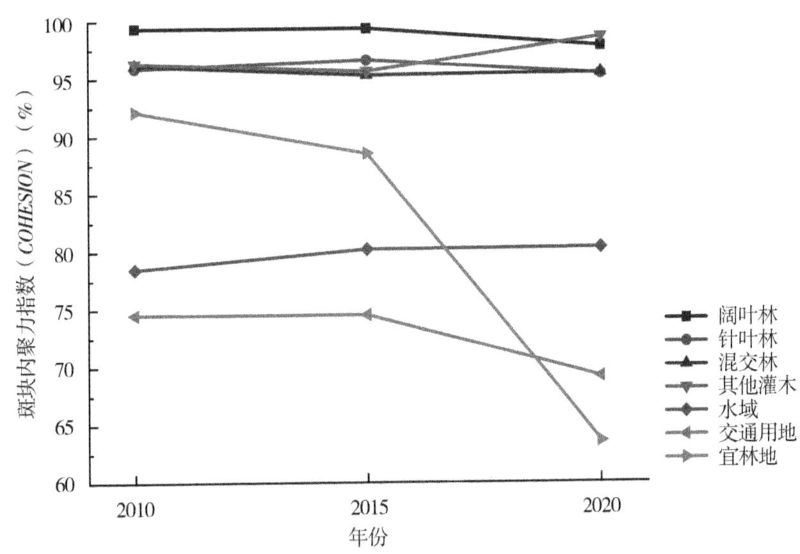

图 9-8　松山森林生态系统斑块内聚力指数（*COHESION*）曲线

散布与并列指数（*IJI*）能够描述景观斑块类型的分布特征。林地景观斑块散布与并列指数大于非林地景观。综合 10 年数据分析可知，景观斑块散布与并列指数排序为：交通用地（71.70%）＞针叶林（71.20%）＞混交林（57.45%）＞水域（52.63%）＞宜林地（44.04%）＞阔叶林（43.49%）＞其他灌木（36.46%）。

从表 9-10 可知，阔叶林 2010—2015 年林地景观斑块散布与并列指数增幅为 24.46%，2015—2020 年增幅为 19.15%；针叶林 2010—2015 年降幅为 5.44%，2015—2020 年降幅为 0.59%；混交林 2010—2015 年增幅为 14.01%，2015—2020 年降幅为 24.02%；其他灌木 2010—2015 年增幅为 57.06%，2015—2020 年增幅为 63.91%。

分析非林地景观斑块散布与并列指数可知，水域 2010—2015 年降幅为 21.01%，2015—2020 年降幅为 10.57%；交通用地 2010—2015 年无变化，2015—2020 年降幅为 7.86%；宜林地 2010—2015 年增幅为 5.52%，2015—2020 年增幅为 47.63%。

表 9-10　松山森林生态系统各年份不同斑块类型斑块散布与并列指数（*IJI*）

景观指数	年份	阔叶林	针叶林	混交林	其他灌木	水域	交通用地	宜林地
IJI（%）	2010	35.00	74.02	57.33	21.26	63.25	73.63	36.57
	2015	43.56	69.99	65.36	33.39	49.96	73.63	38.59
	2020	51.90	69.58	49.66	54.73	44.68	67.84	56.97

从图 9-9 可知，阔叶林 2010—2020 年景观斑块散布与并列指数逐年递增，总体增幅为 48.29%；针叶林逐年递减，总体降幅为 6.00%；混交林先增后减，总体降幅为 13.38%；其他灌木逐年递增，总体增幅为 157.43%。林地景观斑块散布与并列指数阔叶林和其他灌木增幅程度高。

非林地景观斑块散布与并列指数 2010—2020 年水域逐年递减，总体降幅为 29.36%；2010—2020 年交通用地总体降幅为 7.86%；2010—2020 年宜林地逐年递增，总体增幅为 55.78%。到 2020 年保护区 7 种景观斑块散布与并列指数表现为：针叶林（69.58%）>交通用地（67.84%）>宜林地（56.97%）>其他灌木（54.73%）>阔叶林（51.90%）>混交林（49.66%）>水域（44.68%）。

综上所述，阔叶林、其他灌木与宜林地的散布与并列指数 *IJI* 变化趋势较为统一，呈逐步递增趋势；而针叶林、水域与交通用地呈现逐步递减趋势；

混交林表现为先增后减的趋势，表明松山森林生态系统斑块整体趋于均衡分布。

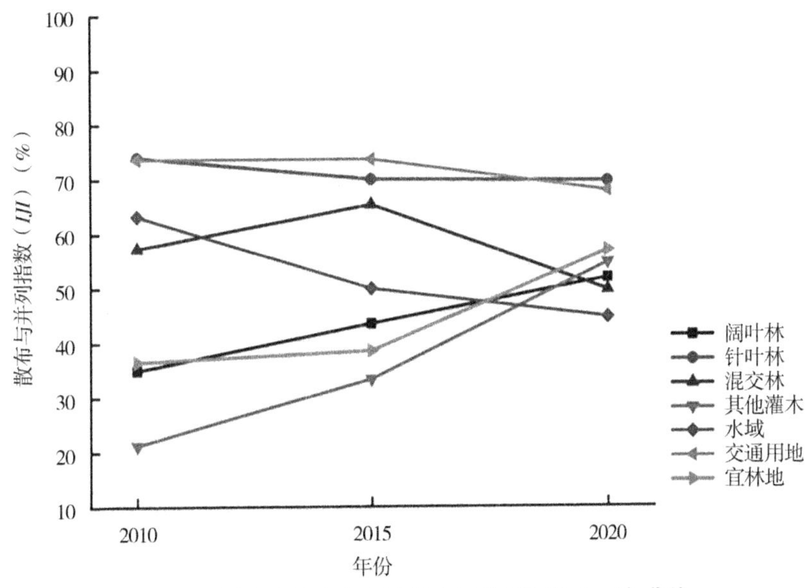

图 9-9 松山森林生态系统散布与并列指数（*IJI*）曲线

9.1.3 景观格局与地形因子分异特征关系

9.1.3.1 景观格局特征与高程的关系

在森林景观结构布局中，高程决定气温和湿度，它们会直接影响景观的均衡分布。将松山森林生态系统 *DEM* 重分类后与景观类型数据库进行叠置，统计分析得出：北京市松山森林生态系统景观类型随着高程高度的不同分布情况存在差异，其中林地景观分布最为明显，主要分布在高程 400~1600 m，集中分布于高程 800~1200 m，阔叶林占 48%。高程 1200~1600 m 主要是其他灌木分布，大于 1600 m 几乎没有景观类型分布；非林地景观主要分布在高程 400~800 m（图 9-10）。

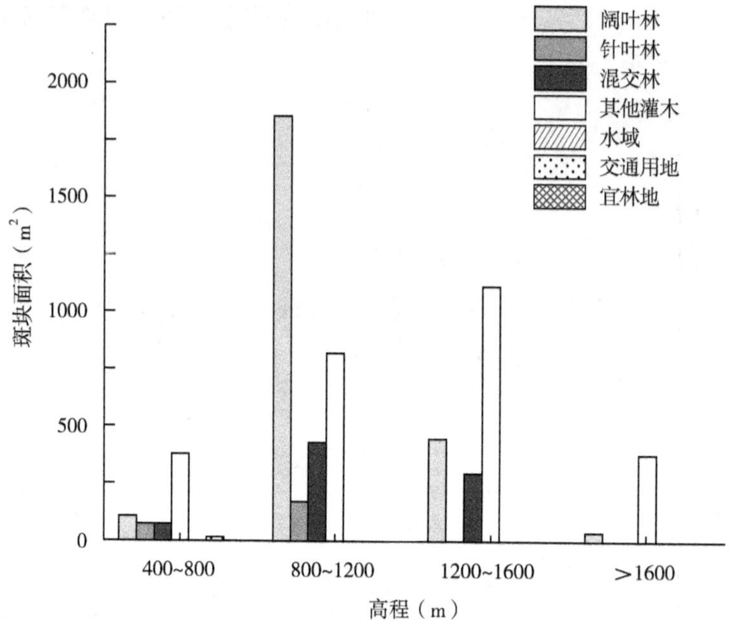

图 9-10　松山森林生态系统不同景观类型高程变化分布

根据对松山森林生态系统高程重 *DEM* 分类后不同景观类型斑块分布规律的调查可以发现，低高程地区人为活动范围大、干扰性强，而高程高的地区生长条件受到地理环境及气温影响，两个区域景观类型分布较少；阔叶林为森林公园内的优势树种，生命力旺盛，斑块面积大，所以在不同高程区间均有分布，主要以 800~1200 m 高程为主；林地类型景观整体分布趋势是随着高程高度的增加而分布量减少的单峰分布状况。

9.1.3.2　景观格局特征与坡度的关系

对 *DEM* 数据提取后的坡度进行分类后，与研究区内景观类型分布图进行叠加，利用 ArcGIS 分析功能对不同坡度景观分布情况进行统计分析。根据 1984 年全国农业区划委员会颁发的《土地利用现状调查技术规程》中，把森林公园坡度分为 7 级：（0°，5°] 为平坡，（5°，15°] 为缓坡，（15°，25°] 为斜坡，（25°，35°] 为陡坡，（35°，40°] 为急陡坡，（40°，45°] 为急坡，> 45° 为险坡（图 9-11）。

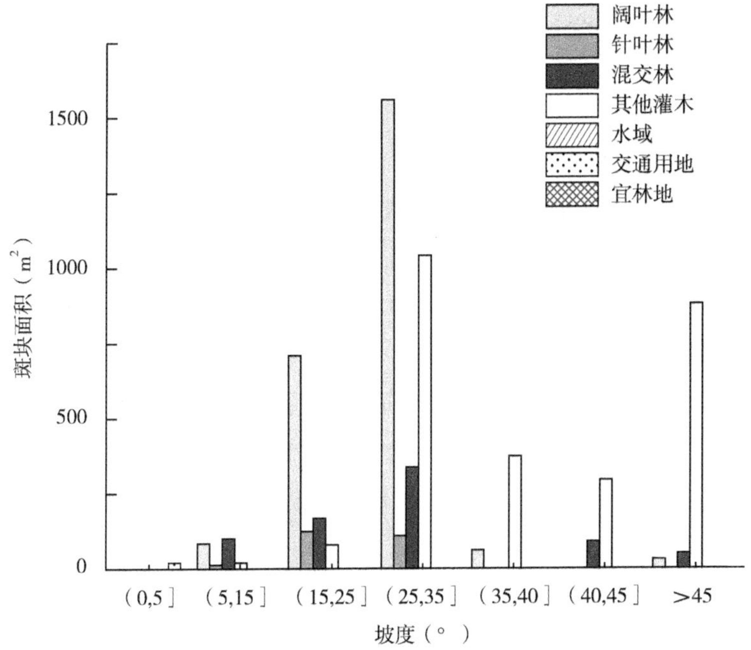

图 9-11 松山森林生态系统不同景观类型坡度变化分布

由图 9-11 可知，平坡区域斑块总面积为 47.49 hm^2，以交通用地分布为主，面积为 25.98 hm^2；缓坡区域斑块总面积为 227.74 hm^2，以阔叶林和混交林分布为主；斜坡区域斑块总面积为 1085.55 hm^2，以阔叶林分布为主，面积为 711.64 hm^2；陡坡区域斑块总面积为 3070.27 hm^2，以阔叶林和其他灌木为主，面积分别为 1561.27 hm^2 和 1042.79 hm^2；急陡坡区域斑块总面积为 436.96 hm^2，以阔叶林和其他灌木类型斑块分布为主；急坡区域斑块总面积为 389.40 hm^2，以混交林和其他灌木类型斑块分布为主；险坡区域斑块总面积为 969.82 hm^2，以其他灌木分布为主，面积为 884.51 hm^2。

人类对森林景观的生产经营管理活动会因为坡度的不同而产生不同的影响。从图 9-11 可以看出不同景观在各个坡度的分布情况，大部分景观分布在斜坡和陡坡地区。阔叶林作为优势景观斑块类型，主要分布于斜坡和陡坡地区，分布总面积为 2427.47 hm^2，其中斜坡分布面积占比为 29.32%，陡坡占比 64.32%；水域、交通用地、宜林地均分布在平坡地区；随着坡度的增加，无序的人为活动减少，尤其是在坡度 40° 以上的区域，人为干扰能力更低，但过于陡峭的地势同样也不适宜植被生长，因此，林地景观斑块类型以灌木为主。

9.1.3.3 景观格局地形分布特征

将景观各类型斑块的分布特征数据进行提取和统计分析，形成松山森林生态系统景观地形分布散点图。由图 9-12 可知，松山森林生态系统景观主要分布在坡度 15°~35°，高程 500~1300 m 的区域。其中，阔叶林作为主要景观类型分布在坡度 10°~40°，高程 650~1200 m 的区域。非林地景观主要分布于平坡和缓坡区域，高程 700 m 左右的区域。通过景观分布特征可以发现，地势陡峭海拔高的区域主要为其他灌木和较少的阔叶林，斑块面积大，破碎程度小。低海拔平缓的区域主要为非林地景观，人为活动强，斑块面积小，破碎程度高。

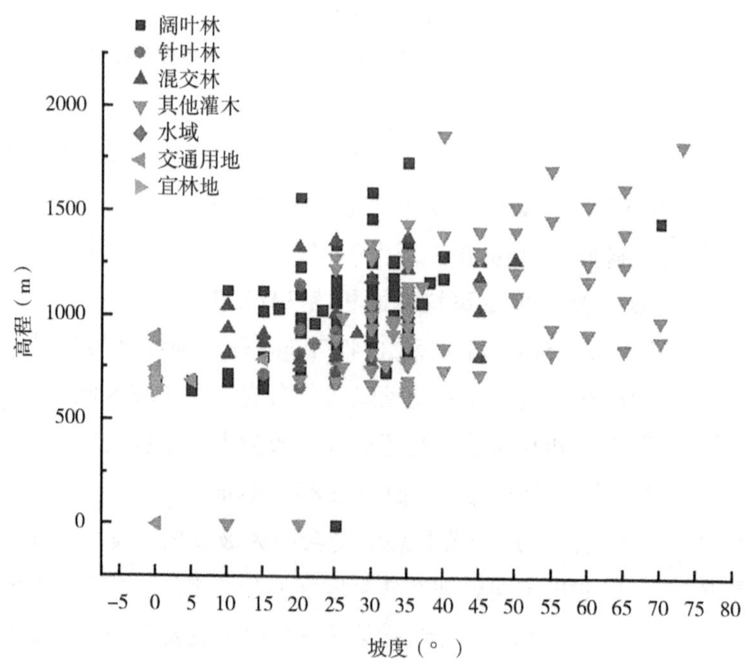

图 9-12 松山森林生态系统景观分布散点图

9.2 景观格局驱动力分析

影响景观格局变化的驱动因子众多，并且每个影响因子之间存在较强的相互作用力，所以本研究根据松山森林生态系统景观分布特征及景观格局动态变化特征，采用冗余分析和主成分分析法进行驱动力分析，选取 11 个人为因子及 3 个自然因子对保护区景观格局变化进行分析。

9.2.1 景观格局变化驱动因子选取

本研究人为影响因子数据来源于 2010—2020 年《北京区域统计年鉴》（中国统计出版社）、《北京市延庆区国民经济与社会发展统计公报》和北京燕山定位观测站松山森林生态系统生态站数据。根据统计数据，经过向专家咨询，选取 11 个社会经济指标作为景观格局变化驱动力分析的驱动因子，包括总人口（X_1）、人口密度（X_2）、自然人口增长率（X_3）、生产总值（X_4）、农林牧渔生产总值（X_5）、第一产业生产总值（X_6）、第二产业生产总值（X_7）、第三产业生产总值（X_8）、社会销售品零售总额（X_9）、旅游接待人数（X_{10}）、社会用电量（X_{11}）；3 个自然因子包括：年平均气温（X_{12}）、年平均降水（X_{13}）、年平均太阳辐射量（X_{14}）。

9.2.2 驱动因子数据处理

9.2.2.1 冗余分析（*RDA* 分析）

选取保护区景观格局分析中 4 个能够反映景观破坏、稳定性、分布状态等斑块类型的水平指数，包括斑块占景观面积比指数 *PLAND*、斑块内聚力指数 *COHESION*、散布与并列指数 *IJI* 和分散指数 *SPLIT*，作为 4 个读取相应变量。将 3 个自然因素作为解释变量数据。运用 R 语言 RStudio 软件进行相关性分析。

9.2.2.2 主成分分析

选取的 13 个社会经济指标驱动因子数据在 Excel 软件中进行整理，将原始数据进行标准化处理。

$$X_{ij}=(X_{ij}-X_j)/S_j, \tag{9-1}$$

式中：X_{ij} 为标准化后的数据，X_j 和 S_j 为第 j 个指标的平均值和标准差。

将标准化处理好的数据另存为新的数据变量，导入 SPSS 软件中进行下一步分析。运用降维因子分析工具对 13 个驱动因子进行主成分分析。

9.2.3 景观格局变化驱动力分析

9.2.3.1 自然因素

2010—2020 年松山森林生态系统 4 个景观指数分别与自然因素 *RDA* 分析结果如图 9-13 至图 9-16 所示。图像中数据表明，当两者间夹角小于 90° 时，表明互相之间为正相关关系；当两者间夹角大于 90° 时，则呈现负向相关关系；当夹角等于 90° 时，表明两者之间不存在相关关系。数据分析可知，*RDA*1 解释率为 42.72%，*RDA*2 解释率为 26.1%，总体解释率为 68.82%。

由图 9-13 可知，阔叶林、交通用地、宜林地和针叶林 *PLAND* 指数与平均降水、平均温度呈正相关关系；混交林、其他灌木和水域与平均降水、平均温度呈负相关关系；太阳辐射相关性不明显。

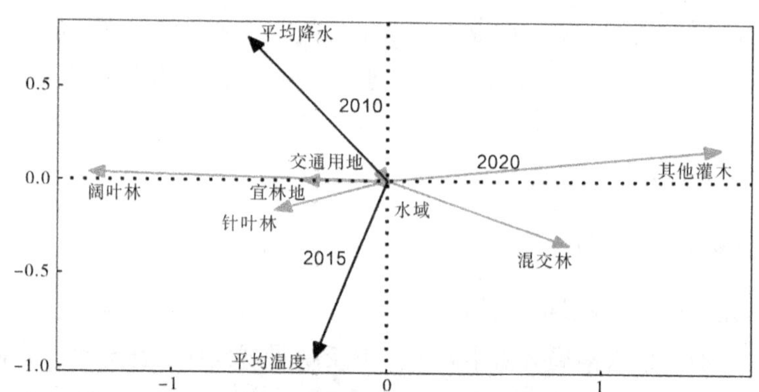

图 9-13 斑块占景观面积比指数 *PLAND* 与自然因子的 *RDA* 分布

（注：自然因子包括年平均气温、年平均降水、年平均太阳辐射量）

由图 9-14 可知，宜林地和交通用地 *COHESION* 指数与平均降水、平均温度呈正相关关系，混交林、阔叶林、针叶林、其他灌木和水域与平均温度、平均降水呈负相关关系；太阳辐射相关性不明显，平均降水影响程度大于平均温度。

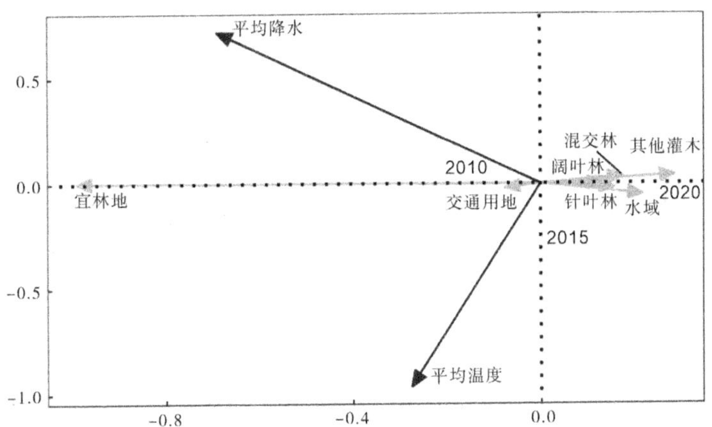

图 9-14 斑块内聚力指数 *COHESION* 与自然因子的 *RDA* 分布

由图 9-15 可知，针叶林、水域、交通用地和混交林 *IJI* 指数与平均降水呈正相关关系；宜林地、阔叶林和其他灌木与平均降水呈负相关关系。针叶林、水域表现出与平均降水具有较强的相关性，且对水域的影响程度高于针叶林。

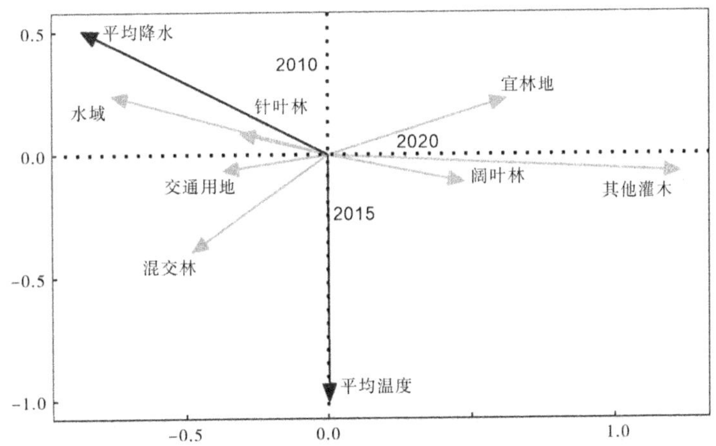

图 9-15 散布与并列指数 *IJI* 与自然因子的 *RDA* 分布

由图 9-16 可知，混交林、交通用地和水域 *SPLIT* 指数与平均温度、平均降水呈现正相关关系；阔叶林、针叶林、其他灌木和宜林地与平均温度、平均降水呈负相关关系，平均温度影响程度较强于平均降水。

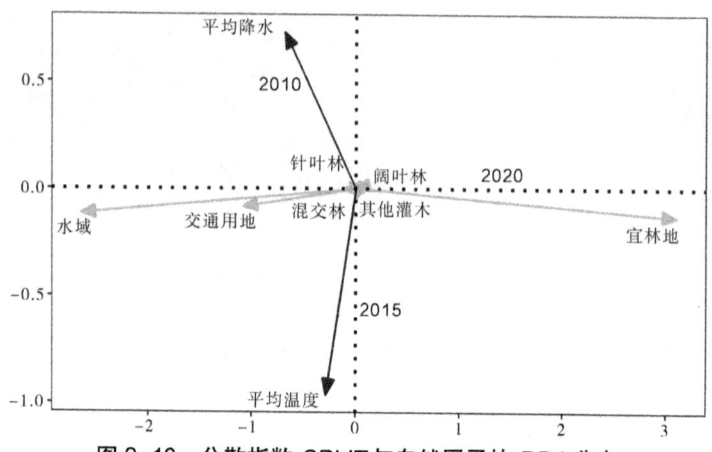

图 9-16　分散指数 *SPLIT* 与自然因子的 *RDA* 分布

综上所述，3 个自然影响因素，平均降水和平均温度与景观指数变化皆具有相关性，平均太阳辐射量的相关性不高。结果表明，平均降水的影响强度高于平均温度，但与景观指数的相关性不大。说明在短时间内，自然因素对松山森林生态系统景观格局变化的影响程度较低，需综合考虑人为因素带来的影响。

9.2.3.2　人为因素

应用 SPSS 软件进行计算可以得出以下结果：森林景观演变驱动力因子相关系数矩阵（表 9-11），特征值、贡献率和累计贡献率（表 9-12）和驱动因子负荷矩阵（表 9-13）。

从森林景观演变驱动力因子相关系数矩阵可以看出 13 个影响因子中存在着不同程度的相关性（表 9-11）。

表 9-11　森林景观演变驱动力因子相关系数矩阵

	X_1	X_2	X_3	X_4	X_5	X_6	X_7	X_8	X_9	X_{10}	X_{11}
X_1	1.000	−0.158	1.000	0.853	−0.995	−0.968	−0.569	0.862	0.794	0.674	−0.683
X_2	−0.158	1.000	−0.138	0.381	0.259	−0.095	−0.722	0.365	0.476	0.623	−0.614

续表

	X_1	X_2	X_3	X_4	X_5	X_6	X_7	X_8	X_9	X_{10}	X_{11}
X_3	1.000	−0.138	1.000	0.863	−0.992	−0.973	−0.585	0.872	0.805	0.688	−0.697
X_4	0.853	0.381	0.863	1.000	−0.795	−0.957	−0.915	1.000	0.994	0.961	−0.964
X_5	−0.995	0.259	−0.992	−0.795	1.000	0.937	0.481	−0.805	−0.726	−0.594	0.604
X_6	−0.968	−0.095	−0.973	−0.957	0.937	1.000	0.757	−0.962	−0.921	−0.838	0.844
X_7	−0.569	−0.722	−0.585	−0.915	0.481	0.757	1.000	−0.908	−0.952	−0.991	0.989
X_8	0.862	0.365	0.872	1.000	−0.805	−0.962	−0.908	1.000	0.993	0.956	−0.959
X_9	0.794	0.476	0.805	0.994	−0.726	−0.921	−0.952	0.993	1.000	0.984	−0.986
X_{10}	0.674	0.623	0.688	0.961	−0.594	−0.838	−0.991	0.956	0.984	1.000	−1.000
X_{11}	−0.683	−0.614	−0.697	−0.964	0.604	0.844	0.989	−0.959	−0.986	−1.000	1.000

由表 9-12 数据可知，成分 1 和成本 2 的累计初始特征值已达到 100%，包含原始数据中的全部属性特征。因此，可将成分 1 和 2 作为主成分对松山森林生态系统景观格局变化进行驱动力分析。

表 9-12　特征值、贡献率和累计贡献率

成分	初始特征值			提取载荷平方和		
	总计	方差百分比	累计（%）	总计	方差百分比	累计（%）
1	10.844	83.412	83.412	10.844	83.412	83.412
2	2.156	16.588	100	2.156	16.588	100
3	8.25 E−16	6.34 E−15	100			
4	5.19 E−16	3.99 E−15	100			
5	2.64 E−16	2.03 E−15	100			
6	1.22 E−16	9.36 E−16	100			
7	2.20 E−17	1.70 E−16	100			
8	−3.27 E−17	−2.51 E−16	100			

续表

成分	初始特征值			提取载荷平方和		
	总计	方差百分比	累计（%）	总计	方差百分比	累计（%）
9	−1.70 E−16	−1.31 E−15	100			
10	−2.13 E−16	−1.64 E−15	100			
11	−3.99 E−16	−3.07 E−15	100			

根据驱动因子负荷矩阵（表 9-13）所示，第一主成分与总人口（X_1）、自然人口增长率（X_2）、生产总值（X_4）、第三产业生产总值（X_8）、社会销售品零售总额（X_9）、旅游接待人数（X_{10}）具有较强相关性；第二主成分与人口密度（X_2）具有较强相关性。

表 9-13　驱动因子负荷矩阵

因子	因子名称	成分	
		1	2
X_1	总人口	0.885	−0.466
X_2	人口密度	0.321	0.947
X_3	自然人口增长率	0.893	−0.449
X_4	生产总值	0.998	0.064
X_5	农林牧渔生产总值	−0.832	0.555
X_6	第一产业生产总值	−0.973	0.229
X_7	第二产业生产总值	−0.887	−0.462
X	第三产业生产总值	0.999	0.047
X_9	社会销售品零售总额	0.986	0.168
X_{10}	旅游接待人数	0.941	0.339
X_{11}	社会用电量	−0.945	−0.328

根据主成分分析可以看出，延庆区居住人口的增长直接或间接地影响着松山景观格局变化。2010—2020 年，人口从 31.7 万人增长到 35.7 万人，增长率达到 12.62%。人口增长带来的是生活区域的扩张和资源的消耗，延庆区社会用电量增加 20 165 w/kw/h，污水排放量增加 136 w/m^3，社会生活垃圾释放量增加 1.57 w/t。开发建设逐渐压迫区域绿地面积，绿色边缘地带的减少，将直接影响到区域生态系统的稳定性，导致生态失衡，影响景观结构的完整性。

据 2020 年最新统计，北京市绿地面积（耕地 + 园地 + 林地 + 草地）共 1 176 329.4 hm^2，延庆区 176 447.3 hm^2，占北京市绿地面积的 15%，其中林地占北京市林地面积的 18.14%，所以延庆地区林地在北京市生态系统中占据重要地位。延庆区除了松山森林生态系统之外还有玉渡山风景区、野鸭湖风景区、龙庆峡、官厅水库等自然风景区，形成了类型丰富的生态系统。

2010—2020 年，延庆区接待游客人数增加 67 万人，其中松山森林生态系统 2017 年景区因相关政策闭园，2010—2016 年景区接待游客人数与景区收入，如图 9-17 所示。

由图 9-17 可知，2010—2016 年，松山森林生态系统接待游客人数整体提高，2011 年和 2012 年景区游客有所减少，之后呈现逐年递增的趋势，2016 年接待游客 88 777 人，接待人数增加 41 777 人。游客增加，使保护区的承载能力增强，景观生态受到影响，随着时间的迁移，景观格局破碎化程度加剧。2011 年游客咨询中心项目建设，2012 年停车场及周边道路建设、景区内循环石板路建设，2013 年景区大门新建、天然油松林栈道修建等，都使景观破碎化程度呈现出较为明显的加剧趋势。因此，人为干扰是松山森林生态系统景观破碎化增加的重要驱动力因素。

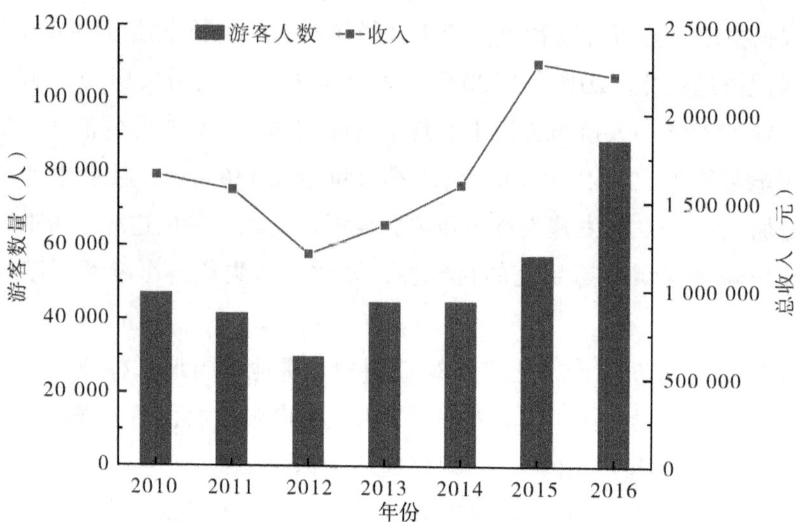

图 9-17　北京市松山森林生态系统 2010—2016 年游客数量及总收入

（数据来源：北京松山森林生态系统国家定位观测研究站）

9.3　松山森林生态系统网络优化

9.3.1　生态网络分析

9.3.1.1　网络基本形式

网络，顾名思义是由“点”和“线”相互连接所组成的多维空间（郑新奇，2010）。在景观格局中，网络是由生态节点与廊道相连接构成的生态廊道网络（唐吕君，2014）。

如图 9-18 所示，生态廊道网络可分为两种形式：（a）、（b）、（c）组成的 Branching Network（分支网络）形式和（d）、（e）、（f）组成的 Circuit Network（环形网络）形式。

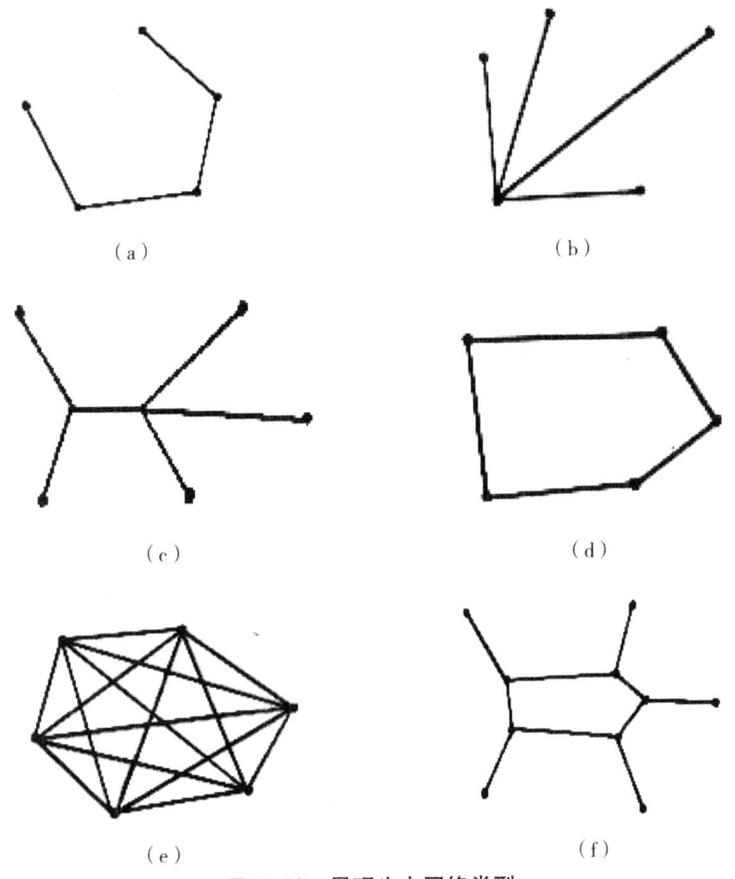

图 9-18 景观生态网络类型

9.3.1.2 生态源选取原则

生态网络优化需要考虑松山森林生态系统内在和外在的影响因素。通过对森林生态系统景观格局分析、景观格局动态变化分析及驱动力分析，结合森林生态系统景观分布特征，能够有效验证森林生态系统内、外因素是否对景观格局变化有着直接或间接的影响。上述理论应建立在实践当中，指导完成构建松山森林生态系统生态网络，应遵循以下原则。

（1）生态性

生态性原则是构建合理的生态源地的首要原则。生态网络优化的前提就是加强生态区域保护，有效降低人为活动对于生物及其栖息地生态环境影响，减少景观破碎化问题。

（2）生态敏感斑块重点保护

生境良好、植被覆盖率高的斑块通常作为保护区生态源地选取的首要准则。基于松山森林生态系统景观格局分析，阔叶林作为生态源地，生境斑块大小存在巨大差异。小型斑块存在着生态功能弱的问题，但是在构建生态廊道的过程中，小型斑块能够充分发挥“踏脚石”的作用，具有潜在价值。

（3）景观连续性原则

基于松山森林生态系统景观格局分析结果得出景观优势度降低、抗干扰能力下降、斑块连通性较差、破碎化增加等问题。阔叶林作为保护区景观格局中斑块面积大、垂直水平分布广、破碎度程度最高的生态斑块，不能最大化发挥其生态价值。因此，通过更新或增补的方式，将阔叶林细小的斑块面积形成新的区域斑块，有效提高生态源地之间的能量流动。

9.3.1.3 生态网络构建

分析松山森林生态系统景观水平可知，阔叶林不同斑块占景观面积比指数（*PLAND*）与最大斑块占景观面积比指数（*LPI*）均为景观类型最高，且2010—2020年阔叶林下降趋势显著；在斑块类型水平分析过程中发现，聚散性指标中，阔叶林的不同斑块类型相似邻接比指数（*PLADJ*）为93%，不同斑块内聚力指数（*COHESIOM*）为98%，两种指标均为最高，说明阔叶林斑块类型的连通程度最大，聚集程度最高。因此，选取阔叶林斑块作为生态源地构建生态网络是最佳选择。

生态廊道在松山森林生态系统景观格局中起着分割与连接生态斑块的作用。斑块之间连通度高能够有效提升生态斑块的稳定性，提升生态源地的稳定性，为生态廊道的构建提供保障。本研究以阔叶林作为生态源斑块，基于最小阻力模型（*MCR*）构建生态廊道。

9.3.1.4 生态网络评价指标

生态网络构建中，“网络连接度”是判别松山森林生态系统潜在生态廊道与生态源地之间的流通程度（刘晓光，2015）、度量生态网络连接度复杂或简单的重要指标（表9–14）。

表 9-14 生态网络连接度评价

评价指标	公式	注释
网络闭合指数（α）	$\alpha=\frac{L-V+1}{2V-5}$	L 表示廊道数 V 表示节点数
线点率（β）	$\beta=\frac{L}{V}$	
网络连接度指数（γ）	$\gamma=\frac{L}{3(v-2)}$	

网络闭合指数（α）反映构建网络中生态源地与周边源地组成环路布局的可能性。环路布局即符合景观生态网络中（图 9-18）Circuit Network（环形网络）形式。α 指数区间范围为 0~1，当数值为 0 时，表示生态网络中没有环路的形成；当数值接近 1 时，表示环路数量达到峰值，构建的潜在生态网络连接程度高。

线点率（β）能够反映生态网络结构的复杂程度。在本研究中，β 指数能够将生态网络中每个生态源地拥有连接廊道数量的多少显示出来，能够有效量化生态节点之间连通性的难易程度。β 指数的取值范围在 0~3，当 $\beta=0$ 时，表示没有网络形成；当 $\beta<1$ 时，如图 9-18 所示，形成（c）模式的树状分支网络；当 $\beta=1$ 时，形成（d）模式的单一回路，生态网络较不完善；当 $1<\beta<2$ 时，形成（e）或（f）模式的具有复杂连接度的生态网络结构；当 $\beta=2$ 时，生态网络成方格状，布局规整完善；当 $\beta=3$ 时，生态网络呈“方格 + 对角线”形，结构复杂。α 指数与 β 指数相结合，可以评价生态网络结构的复杂性或生态廊道的连通性和紧密程度。

网络连接度指数（γ）评价生态网络中廊道数量与生态源地最大限度廊道连接数量的比值（谢婧，2021）。γ 指数的取值范围为 0~1，当 $\gamma=0$ 时，表示没有节点相连；当 $\gamma=1$ 时，表示每个生态源地都彼此相连。

9.3.2 生态网络优化

9.3.2.1 生态源地提取

通过查阅文献发现，网络优化中生态源地的选取大多采用 MSPA（形态空间格局分析）进行数据处理，以及将斑块重要性指数 *dPC* 作为标准。这种研

究方法更适用于研究林地整体空间结构，而对于由多种林分组成的森林生态系统，在进行生态源地选取时，经常会忽略优势林分类型中的碎小斑块。本研究选取优势林分类型作为生态源地，对作为生态源斑块的阔叶林地进行分析（图 9–19）。

图 9–19　松山森林生态系统生态源斑块

由表 9–15 可知，松山森林生态系统提取生态源地共 29 块，总面积为 525.20 hm^2，面积范围为 0.30~63.12 hm^2，占保护区总面积的 20.78%。生态源地分布在高程 642~1724 m，根据景观格局地形分布特征可知，生态源地主要分布于 800~1200 m，共计 16 块。保护区的中部及南部生态源地面积小、数量多，反映出保护区中该地区景观破碎度较高，在生态廊道构建过程中应作为重点关注区域。生态源地主要分布在斜坡、陡坡和急陡坡地区，急陡坡地区人为活动少，斑块破碎度低，生态源地面积大且完整。相对坡度平缓的地区，人为活动强，斑块破碎度高，生态源地面积小，且分布数量多。生态源地林龄组以近熟林为主。

根据松山森林生态系统景观格局及与地形分异特征关系的分析结果可知，保护区景观格局现状存在景观破碎度增加、斑块抗干扰能力降低、优势斑块类型减少、斑块优势降低的问题。本研究基于最小阻力模型构建潜在廊道进行网络优化，并提出相应的优化策略。

表 9-15 生态源地提取与分布

序号	面积（hm^2）	高程（m）	坡度（°）	林龄组	序号	面积（hm^2）	高程（m）	坡度（°）	林龄组
1	0.30	686	10	近熟林	16	15.94	1172	30	幼龄林
2	0.32	690	10	中龄林	17	17.97	998	25	成熟林
3	1.54	685	0	中龄林	18	19.40	1175	30	幼龄林
4	2.11	642	5	近熟林	19	21.44	738	20	近熟林
5	2.16	1122	10	近熟林	20	23.04	1349	35	成熟林
6	2.20	806	15	近熟林	21	24.42	1103	30	近熟林
7	2.48	1190	40	幼龄林	22	24.44	879	25	中龄林
8	2.76	925	30	成熟林	23	29.04	1070	37	成熟林
9	3.40	654	5	中龄林	24	29.15	1092	30	近熟林
10	5.69	924	25	中龄林	25	44.58	1742	35	成熟林
11	5.77	696	15	中龄林	26	47.05	991	20	近熟林
12	7.93	655	15	近熟林	27	48.80	1089	25	成熟林
13	7.94	971	30	近熟林	28	50.08	1122	15	成熟林
14	10.31	1242	20	幼龄林	29	63.12	1261	33	成熟林
15	11.82	734	32	近熟林					

9.3.2.2 设定景观阻力参数构建阻力面

结合松山森林生态系统景观格局分布特征可知，交通建筑用地、水系、高山将成为松山森林生态系统生态廊道的基本阻力。考虑到生态源地之间能量流动的难易程度，通过查阅相关文献、书籍，结合专家访谈结果，在构建生态廊道阻力值的设定问题上对保护区的高程、坡度因子进行阻力值赋值并赋予权重（表 9–16）。

表 9–16　松山森林生态系统阻力因子赋值及权重

阻力因子	类别	权重	阻力赋值
高程	400~800 m	0.5	2
	800~1200 m		1
	1200~1600 m		3
	＞ 1600 m		4
坡度	0°~5°	0.3	4
	6°~15°		3
	16°~25°		2
	26°~35°		1
	36°~40°		5
	41°~45°		6
	＞ 46°		7

根据打分结果，对景观类型所特有的异质性进行定量分析探究得到高程阻力面及坡度阻力面。结合松山森林生态系统景观格局地形因子特征分析，将保护区高程分成 400~800 m、800~1200 m、1200~1600 m 和＞ 1600 m 5 个分类范围，根据景观格局研究中高程对景观斑块类型分布特征的影响，在 ArcGIS 中进行阻力值赋值，并转换成栅格数据，得到高程阻力面（图 9–20，见书后彩插）。

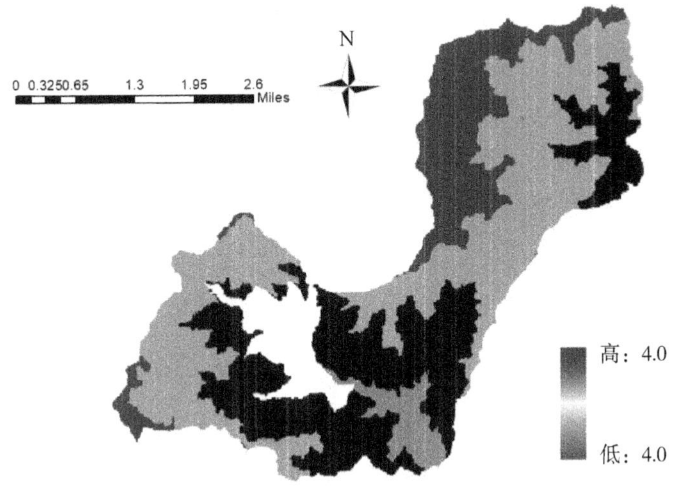

图 9-20 高程阻力面

坡度设置区间为 0°~5°、6°~15°、16°~25°、26°~35°、36°~40°、41°~45°、46°~90°，考虑景观格局分析过程中人为因素及自然因素的影响，对松山森林生态系统坡度在 ArcGIS 中进行阻力值赋值，并转换成栅格数据，得到坡度阻力面（图 9-21，见书后彩插）。

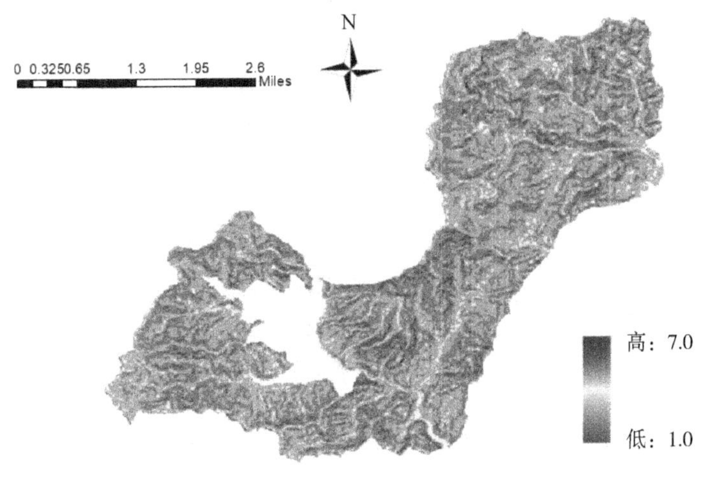

图 9-21 坡度阻力面

将松山森林生态系统高程数据与坡度数据相结合进行模拟，通过 ArcGIS 软件对栅格数据进行计算处理。结合保护区内景观分布的结构特征，将两种消费面加权叠加，形成松山森林生态系统景观坡度阻力面数据（图 9-22，见书后彩插）。由综合阻力图可知，阻力值低的区域主要分布在保护区中南部及东部，也是斑块破碎程度高、景观类型丰富的区域。保护区总体表现出从西向东、阻力逐渐降低的态势。

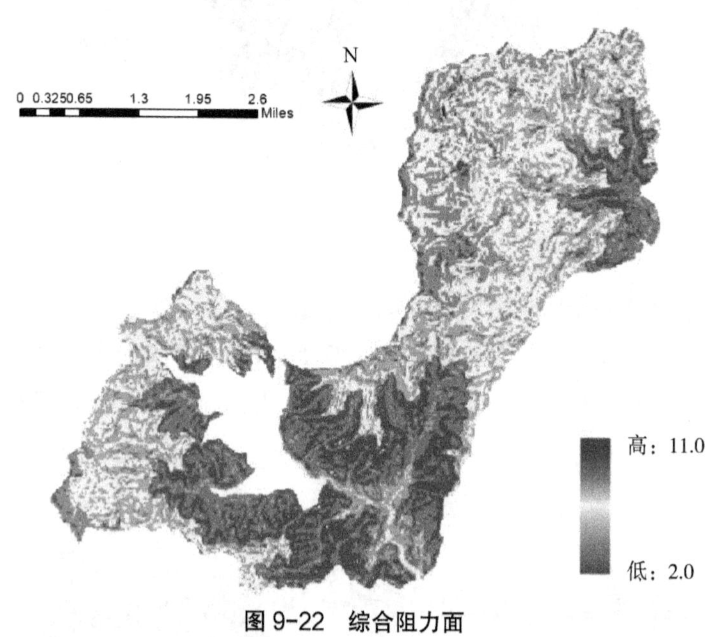

图 9-22 综合阻力面

9.3.2.3 潜在生态网络分析与构建

生态廊道最主要功能是保护物种多样性，搭建多条能够充分供应不同类型物种进行迁徙的绿色通道。构建生态廊道的最优办法就是基于最小耗费距离的方法进行优化生态网络，其最大功能和作用是可以帮助在生态廊道优化时提供合理化的消耗途径数据，进而挖掘出较为隐秘的生态廊道。通过软件计算分析，能够构建有利于生物进行信息传递、能量流动、物质交换的潜在生态廊道，能够有效模拟出斑块之间生物的运动趋向性，进而打造出较完整化、系统化的生态网络体系。构建潜在生态廊道 99 条（图 9-23），总长度 2838.20 m，每条长度范围为 4.09~188.25 m，其中小于 10 m 廊道共计 10 条，主要分布于保护区南部；10~100 m 廊道共计 84 条，分布于保护区北部、东北部及南部；大于 100 m 廊道共计 5 条，集中分布于保护区中部区域。

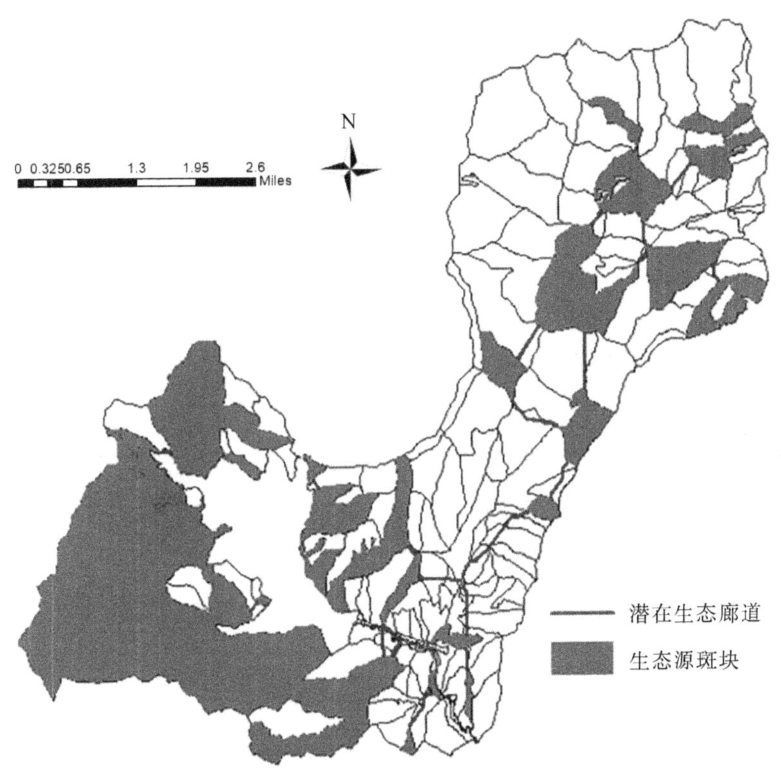

图 9-23　松山森林生态系统潜在生态廊道网络

由表 9-17 可知，99 条潜在生态廊道主要分为绿色廊道及生物通道。生态廊道主要经过保护区内针叶林、混交林和其他灌木景观。其中，经过林地（针叶林与混交林结合）的生态廊道共 81 条，其他灌木 9 条。经过灌木的生态廊道集中分布在保护区的西部及西北部，2010—2020 年，保护区林地转变为灌木地 48.32 hm^2，加强该区域生态廊道建设能够有效提高流通性，增强稳定性，减缓林地的退化进程及破碎程度。生物通道为经过道路（交通建设用地）的 9 条生态廊道。

表 9-17　潜在生态廊道属性

序号	廊道长度（m）	属性	序号	廊道长度（m）	属性	序号	廊道长度（m）	属性	序号	廊道长度（m）	属性
1	4.09	林地	26	13.52	道路	51	17.92	林地	76	28.42	林地
2	4.14	林地	27	13.59	林地	52	18.15	林地	77	29.25	林地
3	5.24	道路	28	13.66	林地	53	18.19	林地	78	29.70	灌木
4	6.37	灌木	29	13.81	林地	54	18.23	林地	79	31.25	林地
5	6.44	道路	30	14.16	林地	55	18.48	林地	80	36.26	林地
6	6.85	林地	31	14.43	道路	56	19.09	林地	81	36.86	林地
7	7.66	林地	32	14.60	林地	57	19.58	灌木	82	37.08	林地
8	8.37	林地	33	14.85	灌木	58	19.93	林地	83	40.59	林地
9	8.43	林地	34	14.85	林地	59	19.99	林地	84	41.70	林地
10	8.98	灌木	35	14.85	林地	60	20.33	林地	85	41.82	林地
11	10.69	道路	36	15.53	林地	61	20.45	林地	86	44.98	灌木
12	10.83	林地	37	15.53	林地	62	20.70	林地	87	48.37	林地
13	10.87	林地	38	15.53	林地	63	21.09	林地	88	50.55	林地
14	11.22	道路	39	15.53	林地	64	21.10	林地	89	57.94	林地
15	11.34	林地	40	16.00	道路	65	21.43	灌木	90	60.04	林地
16	12.19	林地	41	16.11	林地	66	21.54	林地	91	69.23	林地
17	12.37	道路	42	16.11	林地	67	21.69	林地	92	78.98	林地
18	12.54	林地	43	16.26	林地	68	21.79	林地	93	79.21	林地
19	12.55	林地	44	16.43	林地	69	22.59	灌木	94	82.36	林地
20	12.74	林地	45	16.53	林地	70	23.09	林地	95	101.06	林地
21	12.80	林地	46	17.07	林地	71	24.51	林地	96	142.30	林地
22	13.00	林地	47	17.33	道路	72	24.96	林地	97	149.07	林地
23	13.20	林地	48	17.43	林地	73	25.43	林地	98	162.12	林地
24	13.24	灌木	49	17.69	林地	74	25.90	林地	99	188.25	林地
25	13.27	林地	50	17.69	林地	75	26.15	林地			

9.3.2.4 生态网络结构评价

由图 9-23 可知，潜在生态廊道主要集中分布在松山森林生态系统东部。东南部组合阻力值最低，所以构建潜在生态网络主要分布于松山森林生态系统东南部，生态廊道数量较多，形成的生态网络较为复杂。通过生态网络连接度评价指标，能够进一步对生态网络有一个直观解读（表 9-18）。

表 9-18 生态网络连接度评价

评价指标	结果	注释
网络闭合指数（α）	0.12	当 $0<\alpha<1$ 时，表示生态网络结构存在回路
线点率（β）	1.22	当 $1<\beta<2$ 时，形成（e）或（f）模式的具有复杂连接度的生态网络结构
网络连接度指数（γ）	0.42	当 $0<\gamma<1$ 时，生态源地之间相连接

通过生态网络连接度 α 指数、β 指数、γ 指数可以看出，基于最小阻力模型构建的生态廊道具有可行性和实践性，生态网络类型丰富，包括如图 9-18 所示网络类型中（a）、（b）、（c）组成的 Branching Network（分支网络）形式和（d）、（e）、（f）组成的 Circuit Network（环形网络）形式。

9.3.3 景观格局生态网络优化策略

9.3.3.1 整合破碎斑块，控制破碎化蔓延

松山森林生态系统景观格局与地形分异特征关系研究表明，多数景观类型斑块比较集中。以不破坏斑块完整性为前提，通过更新林地的方式，将零散破碎程度较高的斑块进行整合，合理分布将有利于景观类型斑块间的流通性，增强景观生态效益及景观多样性，同时需要控制原有的景观类型斑块向新的破碎化蔓延的趋势。

9.3.3.2 优化森林群落结构，提高多样性

对松山森林生态系统景观格局指数分析可知，非林地的景观多样性与异质性相对较小。例如，阔叶林作为森林生态系统优势景观类型，群落结构单一，随着 2010—2020 年阔叶林景观破碎化程度的加深，改善森林群落结构、增强

区域小环境生态质量是解决破碎化蔓延的途径之一。通过乔、灌、草相结合，多种种植方式搭配，提高区域内物种多样性。松山森林生态系统幼龄林面积为554.11 hm^2，其中天然林面积占据95.82%，对于树龄较小的树种需要多加重视。数量多、密度大的林分存在相互竞争关系，因此，需进行疏散采伐，调节群落的比例，优化群落空间结构。

在生态网络建设过程中，保证生态整体稳定和协调性至关重要，而最好的方法就是加强景观结构及完善和提升生态功能。一般来说，对于各种不同类型的生物物种在生存场所的选择上往往会喜欢斑块及栖息地面积和质量非常好的场所，只有满足这些需求才能实现保护区生态网络建设的多样性标准。积极开拓重要生态斑块的连通性，使这些生物物种充分融入森林及自然环境中，为它们提供较为集中的栖息场所。这样不仅能够帮助这些物种减少外界干扰，同时还能繁育出更多新物种，可在构建生态网络过程中，加强对生态斑块的优化，只有这样才能完全改善生态系统内的生态价值及功能。

9.3.3.3　加强生态网络建设，提高物种连通性

虽然松山森林生态系统优势树种显著，但生态廊道匮乏，长此以往只会让景观破碎化愈演愈烈。构建生态网络，增强景观连通性，修复生态断裂点，是增加生物之间紧密联系、优化景观格局和改善景观类型受到分割胁迫的重要途径。连通性良好的生态网络可使松山森林生态系统景观格局存在的问题得到缓解，是松山森林生态系统未来可持续发展的重要手段。

9.3.3.4　规划与建设生态网络节点

廊道节点主要作用是针对各种物种在其迁徙过程中为其提供迁徙通道和栖息之地。这种栖息之地是能够保障物种在长时间迁徙过程中享有一处安全的避风港。另外，除避免破坏原始的生态节点以外，连接各个生态走廊，其中缩减斑块扩散也是提升生态网络建设的主要前提和重点。在生态走廊连接过程中，还要注意对其宽度的管理和调整。不同物种在生态走廊宽度的需求方面也不同，所以在其宽度管理方面应最大化地满足不同物种的迁徙需求。

9.4 讨论

9.4.1 景观格局动态变化的驱动因素

影响景观结构变化的因素有两种，即政策和人为。从研究对象的景观格局变化来看，政策引导和人为驱动是导致该园区景观生态环境发生巨大变化的主要因素。2017 年松山森林生态系统景区因相关政策闭园，其中 2011 年游客咨询中心项目建设，2012 年停车场及周边道路建设、景区内循环石板路建设，2013 年景区大门新建、天然油松林栈道修建等，都使景观破碎化程度呈现出较为明显的升高趋势。2011 年和 2012 年景区游客有所减少，之后又呈现出逐年递增的趋势，2016 年接待游客 88 777 人，这与景区大力开展的旅游配套设施建设有关。景观破碎化的同时多样性也在增加，说明人为因素对松山森林生态系统景观格局的演变具有重要影响。南京（赵清 等，2007）、长沙（邢元军 等，2012）、厦门（尹锴 等，2014）、平顶山（杨柳 等，2016）、上海（张凯旋 等，2019）等其他城市市区景观结构变化研究发现，政策和人为两个方面因素是各城市森林景观结构发生巨大变化的主要原因。

自然因素的影响：相比于人为因素，自然因子的作用在短时间内并不十分显著，但从长远看，气候等因子的变化将对区域景观格局产生重大影响。2010—2020 年松山森林生态系统林地景观逐年递减，林地主要由耕地和草地转化而来，除去政策的引导作用，主要依靠自然更新因素完成转化。近年来，松山森林生态系统年降水量及年平均气温均呈递减趋势，小气候条件降低，局部空间与生态环境所承受的压力随之增大，林地的演替更新受阻。所以，松山森林生态系统在未来长期发展过程中，除去对人为因素的调控，自然因素将决定景观格局的发展趋势。

9.4.2 景观格局与地形因子分异特征关系

从松山森林生态系统的景观结构布局来看，地理位置较为复杂的将会极大程度影响该保护区内的景观格局。近几年空间信息技术对于景观格局的规划有着不可磨灭的作用，被大力运用到景观研究学当中，针对景观生态学的研究，众多研究学者将更多注意力转移到生态过程发展及地理特点等方面（孙敏，

2018）。通常由于高程和坡度的不同，造成森林土壤发生不同性质的改变，尤其是坡度变化对于森林土壤的影响非常关键。森林资源及植物分布往往会由于环境变化而导致其在均衡性上缺失，但多个类型和生态特点的植物仍在同一地带共存（刘颖，2013）。对松山森林生态系统的景观结构进行深入分析，可以全面了解并掌握森林生态系统发展的规律和成因，为该保护区生态环境后期的优化奠定良好基础。

9.4.3 森林生态系统景观格局优化对策

对于松山森林生态系统的后续完善，需要充分考虑生态系统内的自然环境因素和人为控制因素，并将这些因素相融合，利用各种优化工具和方式，将生态系统内的景观格局进行最大化延伸，实现对生态系统内的原生态保护。目前生态系统内的景观破碎现象已经得到很大缓解，但是在景观类型方面还没有完全朝理想化的方向发展，需要在后期的维护和改善过程不断对景观类型进行调整，确保景观的有序和稳定；同时还要根据生态系统内的生理特点来科学化地引导生态系统内的景观结构向良好的方向发展；并在优化过程中针对生态系统内的休闲服务功能进行提升，以确保生态系统内的环境和服务得到完善和提高。

9.5 结论

本研究以北京市松山森林生态系统为目标研究区，利用 GIS 技术、Fragstats 4.2 软件、结合 2010—2020 年不同时期的森林资源数据和数字高程数据（*DEM*），针对此阶段景观格局具体发展动向进行全面研究，找出变化原因，以及与该地区地理形势变化的联系，进而找出最恰当的景观格局规划规律，基于最小积累阻力法（MCR）构建潜在生态网络并对其进行评价，提出相关针对性优化建议。主要研究结果如下。

（1）景观格局动态变化分析

2010—2020 年，松山森林生态系统总体受人为干扰性增强，景观破碎度持续增加，同时表现出景观的多样化。其中，与之相关的各种指标数值都发生了明显的变化。周长面积分维数指数逐年降低至 1.3 左右；香农匀度指数表现为先增后减的倒“V”形，其最高值（0.56）出现在 2015 年。阔叶林作为保护区内林地景观中优势斑块，面积占整个保护区林地景观的 55.53%，斑块占景观面积比和最大斑块占景观面积比均呈现逐年递减趋势，说明斑块类型破碎度增加，斑块优势度降低，抗干扰能力下降。阔叶林作为森林生态系统内的主要景观，聚集程度最高，相似邻接比稳定在 93% 左右，斑块内聚力值稳定在 98% 左右。

林地类型景观整体随着高程的增加而呈现先增后减的单峰分布趋势，而且全部都集中在地势较陡和坡度较大的坡上。阔叶林作为景观优势斑块类型，总面积为 2427.47 hm^2，这种林地类型主要集中在高程较高、地势较陡的地带，如 800~1200 m 以上，其中斜坡分布面积占比为 29.32%，陡坡占 64.32%。

（2）驱动力分析

自然因素在短时间内对景观破碎度增加的影响并不显著，景观破碎度增加的主要趋势是受人为因素的影响，无序的人为活动和项目建设对区域景观的干扰会进一步增加，导致景观异质性加剧。

（3）生态网络优化分析

研究发现森林生态系统生态景观廊道匮乏，生态网络结构脆弱。通过对松山森林生态系统景观阻力值的赋值，利用最小积累阻力值法（MCR）构建了潜在生态廊道，优化了生态网络，最终形成 99 条潜在廊道为景观流通与介质信息传递提供保障，为松山森林生态系统景观提供了良好的生存环境。

综上所述，2010—2020 年，松山森林生态系统以林地为核心景观基质，10 年景观演变过程中，阔叶林作为优势景观类型，尽管地理位置较为显著，但无序的人为活动和项目建设导致景观破碎化，由于干扰强度越发严峻，景观发展的恶劣性质越发严重。本研究运用最小累积阻力模型构建森林生态系统潜在生态廊道，进而总结和梳理出能够适用于森林生态系统保护的一整套较为完善和全面的景观生态网络系统，并从景观斑块、群落结构等其他维度总结和研究出能够充分改善松山森林生态系统景观生态网络系统和环境的办法及策略。

参考文献

［1］ANDERSON J M. Succession diversity and trophic relationships of some in decomposing leaf litter［J］. Journal of animal ecology，1975，44（2）: 475-495.

［2］AUGUSTOL，RANGER J，BINKLEY D，et al. Impact of several commontree species of Europeantemperate forests on soil fertility［J］. Annals of forest science，2002，59（3）: 233-253.

［3］BARTSCH D，HOOK J，PRINCE E，et al. Using computer simulation to plan a sustained-yield urban forest［J］. Journal of forestry，1985，83（6）: 372-375.

［4］BÉJAR P S，CANTÚ S I，DOMÍNGUEZGT，et al. Rainfall redistribution and nutrient input in Pinus cooperi C.E. Blanco［J］. Revista mexicana de ciencias forestales，2018，9（50）: 94-120.

［5］BOGDAL A，WALEGA A，KOWALIKT，et al. Assessment of the impact of forestry and settlement-forest use of the catchments on the parameters of surface water quality: case studies for chechlo reservoir catchment，Southern Poland［J］. Water，2019，11（5）: 964.

［6］BOSCH J M，HEWLETT J D. A review of catchment experiments to determine the effect of vegetation changes on water yield and evaporate-transpiration［J］. Journal of hydrology，1982，55（1-4）: 3-23.

［7］BÜHLER O，INGERSLEV M，SKOV S，et al. Tree development in structural soil-an empirical below-ground in-situ study of urban trees in Copenhagen［J］. Plant & soil，2016，413（1-2）: 1-16.

［8］CARREIRO M M，SONG Y C，WU J. Ecology，planning and management of urban forests Ⅱ landscape corridors in shanghai and their importance in urban forest Planning［M］. New York：Springer，2018.

[9] CHEN Y Y， LI M H. Quantifying rainfall interception loss of a subtropical broad leaved forest in central [J] . Water， 2016， 8（1）: 1-19.

[10] CUMMING S， ALLEN C R， BAN N C， et al. Understanding protected area resilience: a multi-scale， social-ecological approach [J] . Ecological applications， 2015， 25（2）: 299-319.

[11] DAVIS M. Nitrogen leaching losses from forests in New Zealand [J] . New zealand journal of forestry science， 2014， 44（2）: 14.

[12] DELPHIN S， ESCOBEDO F， ABDELRAHMAN A， et al. Stewardship ecosystem services study series: Assessing forest water yield and purification ecosystem services in the lower suwannee river watershed [M] . Florida: School of Forest Resources & Conservation， 2014.

[13] DEZSO Z， BARTHOLY J， PONGRACZ R， et al. Analysis of land-use/land-cover change in the Carpathian region based on remote sensing techniques [J] . Physics and chemistry of the earth， parts A/B/C， 2005， 30（1-3）: 109-115.

[14] DORAN J， JONES A. Methods for assessing soil qualit [M] . London: SSSA Special Publication， 1996: 47-50.

[15] FORMAN R， GODRON M. Landscape ecology [M] . New York: Wiley， 1986.

[16] FOURTZIOU L， LIAKAKOU E， STAVROULAS I， et al. Multi-tracer approach to characterize domestic wood burning in Athens（Greece）during wintertime [J] . Atmospheric environment， 2017， 148: 89-101.

[17] FOX J， VOGLER J. Land-Use and Land-Cover change in montane mainland southeast Asia [J] . Environmental management， 2005， 36（3）: 394-403.

[18] FRANKLIN J. Toward a new forestry [J] . American forests， 1989（5）: 37-44.

[19] GAUTAMT P， MANDALT N. Effect of disturbance on plant species diversity in moist tropical forest of eastern Nepal [J] . Our nature， 2018， 16（1）: 1-7.

[20] GHIMIRE S， JOHNSTON J. Impacts of domestic and agricultural rainwater harvesting systems on watershed hydrology: a case study in the Alembert-Parabolic river basins（USA）[J] . Ecology & hydrology， 2013， 13（2）: 159-171.

[21] GILLIAM F S. The ecological significance of the herbaceous layer in temperate forest

ecosystem ［J］. Bioscience，2007，57（10）: 845-858.

［22］GÖKTUĞT H，YıLDıZ N，DEMIR M，et al. Examining the level of service in the context of recreational carrying capacity in the erzurum urban forest，turkey［J］. Journal of environmental protection，2015，6（9）: 1014-1028.

［23］GRACIA M，MONTANE F，PIQUEJ，et al. Overstay structure and topographic gradients determining diversity and abundance of under story shrub species intemperate forests in central Pyrenees（NE Spain）［J］. Forest ecology & management，2007，242（2）: 391-397.

［24］GRIME J P. Plant strategies and vegetation processes［M］. New York: Rochester，Wiley，1979.

［25］GRYTNES J，HEEGAARD E，IHLEN P. Species richness of vascular plants，saprophytes and lichens along an attitudinal gradient in western Norway［J］. Acts ecological，2006，29（3）: 241-246.

［26］HABASHI H，MOSLEHI M，SHABANI E，et al. Chemical content and seasonal variation of through fall and litter flow under individual trees in the Araucanian forests of Iran［J］. Journal of sustainable forestry，2019，38（2）: 183-197.

［27］HUSTON M A. Biological diversity: the coexistence of species on changing landscapes［M］. New York: Cambridge University Press，1994.

［28］IPBES. Report of the plenary of the intergovernmental science-policy platform on biodiversity and ecosystem services on the work of its seventh session［R］. Paris: 2019.

［29］JENNY H. The soil resource: origin and behavior［J］. Vegetation，1984，57（2）: 102-103.

［30］JOHN I I，LEVIA D F，INAMDAR S P，et al. The effects of phenol season and storm characteristics on through fall solute wash off and leaching dynamics from a temperate deciduous forest canopy［J］. Science of the total environment，2012，430: 48-58.

［31］KAMUSOKO C，ANIYA M. Land use/cover change and landscape fragmentation analysis in the Bindura District，Zimbabwe［J］. Land degradation & development，2007，18（2）:221-233.

［32］KELES S. An assessment of hydro logical functions of forest ecosystems to support sustainable forest management [J] . Journal of sustainable forestry, 2018, 38 (4) : 305-326.

[33] KILIC S, EVRENDILEK F, BERBEROGLU S, et al. Environmental monitoring of land-use and land-cover changes in a Mediterranean region of turkey [J] . Environmental monitoring & assessment, 2006, 114 (1-3) : 157-168.

[34] KIMMINS J P. Forest ecology [M] . New York: Macmillan Publishing Company, 1986.

[35] KOBE R, IYER M, WALTERS M. Optimal partitioning theory revisited: Nonstructural carbohydrates dominate root mass responses to nitrogen [J] . Ecology, 2010, 91 (1) : 166-179.

[36] KRAMER P J. Carbon dioxide concentration, photosynthesis, and dry Matter production [J] . Bioscience, 1981, 31 (1) :29-33.

[37] KRATOCHWIL A. Biodiversity in ecosystems: some principles [M] // Biodiversity in Ecosystems. Dordrecht: kluwer academic publishers, 1999:5-38.

[38] LELOUP J, BAUDE M, NUNAN N, et al. Unravel ling the effects of plant species diversity and above ground litter input on soil bacterial communities [J] . Geothermal, 2018 (317) : 1-7.

[39] LIETH H, WHITTAKER R H. Primary productivity of the Biosphere [M] . New York: Springier-Verlaine, 1975.

[40] LUNA-ROBLES E O, CANTÚ-SILVA I, GONZÁLEZ-RODRÍGUEZ H, et al. Nutrient input via gross rainfall, through fall and stem flow in scrubland species in northeastern Mexico [J] . Revista chapingo serie ciencias forestalesy del ambient, 2019, 25 (2) : 235-251.

[41] LUP Y Y, YUAN J F, SHENG C, et al. Decomposition of Schema superb a leaf litter and dynamics change of soil meson-micro arthropods community structure in evergreen broad-leave forest fragments [J] . Chinese journal of applied ecology, 2010, 21 (2) : 265-271.

[42] LV XT, YIN J X, JEPSEN M R, et al. Ecosystem carbon storage and partitioning in a tropical seasonal forest in Southwestern China [J] . Forest ecology & management, 2010, 260 (10) : 1798-1803.

[43] MARKUM M，SOESILANINGSIH E A，SUPRAYOGO D，et al. Plant species diversity and its effect on carbon stocks at jangle watershed tombolo island [J]. Gravitas journal of agricultural science，2013，35（3）: 207-217.

[44] McCarthy M C，ENQUIST B J. Consistency between an allometric approach and optimal partitioning theory in global patterns of plant biomass allocation [J]. Functor ecology，2007，21（4）: 713-720.

[45] MCCULLOCH J，ROBINSON M. History of forest hydrology [J]. Journal of hydrology，1993（150）: 189-216.

[46] MÖRTBERG U M. Resident bird species in urban forest remnants: landscape and habitat perspectives [J]. Landscape ecology，2006，16（3）: 193-203.

[47] MOSLEHI M，HABASHI H，KHORMALI F，et al. Base cation dynamics in rainfall, through fall，litter flow and soil solution under Oriental beech（*Fagus orientalis Lipsky*）trees in northern Iran [J]. Annals of forest science，2019，76（2）: 55.

[48] MUNTADAS A，DE JUAN S，DEMESTRE M. Integrating the provision of ecosystem services and trawl fisheries for the management of the marine environment [J]. Science of the total environment，2015，15（506-507）:594-603.

[49] MUTTITANON W，TRIPATHI N K. Land use/land cover changes in the coastal zone of Ban Don Bay，Thailand using Landsat 5TM data [J]. International journal of remote sensing，2005，26（11）: 2311-2323.

[50] NOSS R F. Indicators for monitoring biodiversity: a hierarchical approach [J]. Conservation biology，1990（4）: 355-364.

[51] NOWAK D J，HOEHN R E，BODINE A R，et al. Urban forest structure，ecosystem services and change in Syracuse，NY [J]. Urban ecosystems，2016，19（4）: 1455-1477.

[52] NOWAK D J，NOBLE M H，SISINNI S M，et al. People and trees: assessing the us urban forest resource [J]. Journal of forestry，2001，99（3）: 37-42.

[53] OULEHLE F，CHUMANT，HRUSKA J，et al. Recovery from solidification alters concentrations and fluxes of solutes from Czech catchments [J]. Biogeochemistry，2017，132（3）: 1-22.

[54] PARKERGG. Through fall and stem flow in the forest nutrient cycle [J] . Advances in ecological research, 1983 (13) : 57-113.

[55] PIELON E C. Ecolgical Diversity [M] . New York: John Wiley & Sons Inc, 1975.

[56] PIERI C, DUMANSKI J, HAMBLIN A, et al. Discussion land quality indicators the World Bank [J] . Washington D.C, 1995, 3 (1) :37-75.

[57] POLANDT M, MCCULLOUGH D. Emerald ash borer: Invasion of the urban forest and the threat to North America's Ash Resource [J] . Journal of forestry, 2006, 104 (3) : 118-124.

[58] POORTER H, NAGEL O. The role of biomass allocation in the growth response of plants to different levels of light, CO_2, nutrients and water: a quantitative review [J] . Functor plant biology, 2000, 27 (12) :1191.

[59] SAKINATU I, MUHAMMAD A. Impact of soil erosion and degradation on water quality: a review [J] . Geology, ecology, and landscapes, 2017, 1 (1) : 1-11.

[60] SAMANIEGO L, ANDRÁS BÁRDOSSY. Simulation of the impacts of land use/cover and climatic changes on the runoff characteristics at the meson scale [J] . Ecological modelling, 2006, 196 (1-2) : 45-61.

[61] SHABANI E. Base cation dynamic in through fall and forest floor leaching of *Acer velutinum* (Velvet maple) , *Carpinus betulus* (hornbeam) and *Quercus castanifolia* (Chestnut leaved oak) in the mixed Hornbeam-Ironwood forest stand [D] . Gorgon: Gorgon University of Agricultural Sciences and Natural Resources, 2013.

[62] SHIPLEY B, MEZIANE D.The balanced-growth hypothesis and the astrometry of leaf and root biomass allocation [J] .Functor ecology, 2007, 21 (4) :713-720.

[63] SIEBERT S. Frome shade-to sun-grown perennial crops in Sulawesi, Indonesia: implications for biodiversity and conservation and soil fertility [J] . Biodiversity and Conservation, 2002, 11 (11) : 1889-1902.

[64] SINGH S, BHARDWAJ A, VERMA V K. Remote sensing and GIS based analysis of temporal land use/land cover and water quality changes in Hairlike wetland ecosystem, Punjab, India [J] . Journal of environmental management, 2020 (262) : 110-355.

[65] SUUSTER E, RITZ C, ROOSTALU H, et al. Soil bulk density peso transfer functions

of the humus horizon in arable soils［J］. Geothermal， 2011， 163（1-2）: 74-82.

［66］TANNER E V J， VITOUSEK P M， CUEVAS E. Experimental investigation of nutrient limitation of forest growth on wet tropical mountains［J］. Ecology， 1998， 79（79）:10-22.

［67］TU L， HU H L， HUT X， et al. Litter fall， litter decomposition， and nutrient dynamics in two subtropical bamboo plantations of China［J］. Pedro sphere， 2014（24）: 84-97.

［68］TURNERT. Green way planning in Britain: recent work and future plans［J］. Landscape & urban planning， 2006， 76（1-4）: 240-251.

［69］VERBURG P H， OVERMARS K P， HUIGENMG A， et al. Analysis of the effects of land use change on protected areas in the Philippines［J］. Applied geography， 2006， 26（2）:153-173.

［70］VIDRA R L， SHEART H. Thinking locally for urban forest restoration: a simple method links exotic species invasionto local landscape structure［J］. Restoration ecology， 2008， 16（2）: 217-220.

［71］WHITEHEAD P G， ROBINSON M. Experimental basin studies —an international and historical perspective of forest impacts［J］. Journal of hydrology， 1993， 145（3-4）: 0-230.

［72］WHITTAKER R H. Evolution and measurement of species diversity［J］. Taxon， 1972（21）: 213-351.

［73］ZALEWSKI， MACIEJ. Eco-hydrology， biotechnology and engineering for cost efficiency in reaching the sustainability of biosphere［J］. Eco-hydrology & hydro-biology， 2014， 14（1）: 14-20.

［74］ZHOU X H， WU W J， NIU K， et al. Realistic loss of plant species diversity decreases soil quality in abetting alpine meadow［J］. Agriculture & environment， 2019（279）: 25-32.

［75］ZHU J J， YU L Z， XUT L， et al. Comparison of water quality in two catchments with different forest types in the head water region of the Hun River， Northeast China［J］. Journal of forestry research， 2019， 30（2）: 565-576.

[76] 安思危，孙涛，马明，等 . 中亚热带常绿阔叶林湿沉降过程中盐基离子变化特征 [J]. 环境科学，2015，36 (12) : 4414-4419.

[77] 鲍士旦 . 土壤农化分析 [M] . 北京 : 中国农业出版社，2002.

[78] 北京市林业局 . 松山自然保护区考察专集 [M] . 哈尔滨：东北林业大学出版社，1990.

[79] 曹宇，欧阳华，肖笃宁，等 . 额济纳天然绿洲景观变化及其生态环境效应 [J] . 地理研究，2005，24 (8) : 130-139.

[80] 曹彧 . 辽西地区人工油松蒙古栎混交林和油松纯林土壤质量的比较研究 [D] . 沈阳：沈阳农业大学，2007.

[81] 曹云生，李福双，鲁绍伟，等 . 内蒙古东部山地森林主要树种的生物量及生产力研究 [J] . 内蒙古农业大学学报 (自然科学版)，2012，33 (3) : 52-57.

[82] 曾德慧，姜凤岐，范志平 . 生态系统健康与人类可持续发展 [J] . 应用生态学报，1999，10 (6) :751-756.

[83] 曾辉，唐江，郭庆华 . 珠江三角洲东部地区小城镇景观动态变化研究：以东莞市常平镇为例 [J] . 应用基础与工程科学学报，1998，6 (2) : 125-133.

[84] 曾曙才，俞元春，张祥芹，等 . 闽北低山区森林土壤中的微量营养元素的初步研究 [J] . 福建林学院学报，1999，18 (4) : 343-347.

[85] 陈波 . 北京八达岭石佛寺森林生态系统服务功能与健康研究 [D] . 保定 : 河北农业大学，2013.

[86] 陈步峰，陈勇，尹光天，等 . 珠江三角洲城市森林植被生态系统水质效应研究 [J] . 林业科学研究，2004 (4) : 453-460.

[87] 陈洁，陆锋，程昌秀 . 可达性度量方法及应用研究进展评述 [J] . 地理科学进展，2007，53 (5) : 100-110.

[88] 陈敬安，王敬富，于佳，等 . 西南地区水库生态环境特征与研究展望 [J] . 地球与环境，2017，45 (2) : 115-125.

[89] 陈丝露，赵敏，李贤伟，等 . 柏木低效林不同改造模式优势草本植物多样性及其生态位 [J] . 生态学报，2018，38 (1) : 1-13.

[90] 陈婷敬 . 6 个马尾松优良种源的生长及养分吸收田 [D] . 贵阳 : 贵州大学，2015.

[91] 陈煜，许金石，张丽霞，等 . 太白山森林群落和林下草本物种变化的环境解释 [J].

西北植物学报，2016，36（4）：784-795.

［92］代海军，何怀江，赵秀海，等．阔叶红松林两种主要树种的生物量分配格局及异速生长模型［J］．应用与环境生物学报，2013，19（4）:718-722.

［93］杜捷．北京山区森林枯落物层水文过程模拟研究［D］．咸阳：西北农林科技大学，2017.

［94］杜敏．六盘山华北落叶松林水文过程与元素通量［D］．长沙：中南林业科技大学，2013.

［95］杜忠毓，安慧，王波，等．养分添加和降水变化对荒漠草原植物群落物种多样性和生物量的影响［J］．草地学报，2020，28（4）：1100-1110.

［96］段文靖．城市森林不同林型土壤对污水的净化能力［D］．哈尔滨：东北林业大学，2018.

［97］段旭，王彦辉，于澎涛，等．六盘山分水岭沟典型森林植被对大气降雨的再分配规律及其影响因子［J］．水土保持学报，2010，24（5）：120-125.

［98］冯建孟，董晓东，徐成东．中国外来入侵植物物种多样性的空间分布格局及与本土植物之间的关系［J］．西南大学学报（自然科学版），2010，32（6）：50-57.

［99］冯宗炜，王效科，吴刚．中国森林生态系统的生物量和生产力［M］．北京：科学出版社，1999.

［100］葛晓敏，卢晓强，陈水飞，等．武夷山常绿阔叶林生态系统降水分配与离子输入特征［J］．生态环境学报，2020，29（2）：250-259.

［101］顾慰祖，陆家驹，赵霞，等．无机水化学离子在实验流域降雨径流过程中的响应及其示踪意义［J］．水科学进展，2007（1）：1-7.

［102］关俊祺．大兴安岭北部兴安落叶松林降雨水化学特征研究［D］．哈尔滨：东北林业大学，2013.

［103］郭华明，倪萍，贾永锋，等．内蒙古河套盆地地表水－浅层地下水化学特征及成因［J］．现代地质，2015，29（2）：229-237.

［104］韩春，陈宁，孙杉，等．森林生态系统水文调节功能及机制研究进展［J］．生态学杂志，2019，38（7）：2191-2199.

［105］何东进，洪伟，胡海清．景观生态学的基本理论及中国景观生态学的研究进展［J］．江西农业大学学报，2003，25（2）：276-282.

[106] 赫晓慧，郑东东，郭恒亮，等. 郑州黄河湿地自然保护区植物物种多样性对人类活动的响应[J]. 湿地科学，2014，12（4）: 459-463.

[107] 胡正华，钱海源，于明坚. 古田山国家级自然保护区甜槠林优势种群生态位[J]. 生态学报，2009，29（7）: 3670-3677.

[108] 黄鑫，戴冬，黄春波，等. 马尾松生物量和生产力研究进展[J]. 世界林业研究，2019，32（1）: 53-58.

[109] 霍小鹏. 川西亚高山不同植被类型林地水文效应及评价[D]. 成都: 四川农业大学，2009.

[110] 季翔. 城镇化背景下乡村景观格局演变与布局模式[D]. 北京: 中国农业大学，2014.

[111] 姜沛沛，曹扬，陈云明，等. 不同林龄油松人工林植物、凋落物与土壤 C、N、P 化学计量特征明[J]. 生态学报，2016，36（19）: 6188-6197.

[112] 金振洲. 植物社会学理论与方法[M]. 北京：科学出版社，2009: 63.

[113] 康乐. 秦岭南坡典型森林类型乔木层地上生物量及生产力研究[D]. 咸阳: 西北农林科技大学，2012.

[114] 赖日文. 基于 RS 与 GIS 技术闽江流域森林资源利用评价研究[D]. 北京: 北京林业大学，2007.

[115] 雷瑞德，吕喻良. 锐齿栎林生态系统对水质的影响及评价[J]. 西北林学院学报，2003（4）: 1-4，20.

[116] 李东凡，滕彦国，胡斌，等. 拉林河流域地下水地球化学及污染特征[J]. 北京师范大学学报（自然科学版），2019，55（6）: 741-747.

[117] 李红云，杨吉华，鲍玉海，等. 山东省石灰岩山区灌木林枯落物持水性能的研究[J]. 水土保持学报，2005，19（1）: 44-48.

[118] 李婧. 三峡库区紫色砂岩地主要森林类型水文效应研究[D]. 北京: 北京林业大学，2012.

[119] 李男. 表层土壤硫含量和硫同位素组成以及与苔藓植物的对比研究[D]. 南昌：南昌大学，2012.

[120] 李少宁，鲁绍伟，刘斌，等. 北京主要绿化树种叶表面微形态与PM2.5吸滞能力[J]. 中南林业科技大学学报，2017，37（8）: 98-107.

[121] 李伟 . 秦岭火地塘林区主要森林类型水质效应对比分析［D］. 咸阳：西北农林科技大学，2017.

[122] 李勇，葛晓敏，唐罗忠，等 . 森林不同组分对降水的生态效应研究进展［J］. 世界林业研究，2015，28（2）：19-24.

[123] 栗生枝 . 本溪山区森林枯落物对水质的影响［J］. 防护林科技，2017（4）：11-15.

[124] 刘灿然，马克平，于顺利 . 北京灵空山地区植物群落多样性的研究（Ⅳ）样方大小对多样性测定的影响［J］. 生态学报，1997，17（6）：584-592.

[125] 刘甲毅 . 秦岭山地森林生态系统净初级生产力模拟与预估［D］. 咸阳：西北大学，2019.

[126] 刘菊秀，张德强，周国逸，等 . 鼎湖山酸沉降背景下主要森林类型水化学特征初步研究［J］. 应用生态学报，2003（8）：1223-1228.

[127] 刘鲁霞，庞勇，任海保，等 . 基于高分 2 号遥感数据估测中亚热带天然林木本植物物种多样性［J］. 林业科学，2019，55（2）：61-74.

[128] 刘世海，余新晓，胡春宏，等 . 密云水库北京集水区人工水源保护林降水化学性质研究［J］. 水土保持学报，2002（2）：100-103.

[129] 刘世荣 . 中国森林生态系统水文生态功能规律［M］. 北京：中国林业出版社，1996.

[130] 刘姝媛，胡浪云，储双双，等 . 3 种林木凋落物分解特征及其对赤红壤酸度及养分含量的影响［J］. 植物资源与环境学报，2013，22（3）：11-17.

[131] 刘晓光 . 城市绿地系统规划评价指标体系的构建与优化［D］. 南京：南京林业大学，2015.

[132] 刘颖 . 基于半监督集成支持向量机的土地覆盖遥感分类方法研究［D］. 长春：中国科学院研究生院（东北地理与农业生态研究所），2013.

[133] 刘玉萃，吴明作，郭宗民，等 . 内乡宝天曼自然保护区锐齿栎林生物量和净生产力研究［J］. 生态学报，2001（9）：1450-1456.

[134] 刘蕴瑜 . 基于 GIS 技术的龙泉山城市森林公园景观格局演变研究［D］. 成都：成都理工大学，2019.

[135] 刘芝芹 . 云南高原山地典型小流域森林水文生态功能的研究［D］. 昆明：昆明理工大学，2014.

[136] 卢晓强，杨万霞，丁访军，等 . 茂兰喀斯特地区森林降水分配的水化学特征 [J]. 生态学杂志，2015，34（8）: 2115-2122.

[137] 鲁如坤，史陶均 . 金华地区降雨中养分含量的初步研究 [J]. 土壤学报，1979，16（1）: 81-84.

[138] 鲁绍伟，陈波，潘青华，等 . 北京松山 5 种天然纯林枯落物及土壤水文效应研究[J]. 内蒙古农业大学学报（自然科学版），2013，34（3）: 65-70.

[139] 鲁绍伟，陈波，潘青华，等 . 北京山地不同林分乔木层生物量和生产力研究 [J]. 水土保持研究，2013，20（4）:155-159.

[140] 鲁绍伟，毛富玲，靳芳，等 . 中国森林生态系统水源涵养功能 [J]. 水土保持研究，2005，12（4）: 223-226.

[141] 罗佳，田育新，周小玲，等 . 女儿寨小流域 3 种植被类型林冠层对降水再分配研究 [J]. 生态科学，2019，38（5）: 145-150.

[142] 罗佳 . 武陵山区小流域不同植被类型水文生态功能研究 [D]. 长沙 : 中南林业科技大学，2018.

[143] 罗韦慧，满秀玲，田野宏，等 . 大兴安岭寒温带地区森林流域溪流水化学特征 [J]. 水土保持学报，2013，27（5）:119-124.

[144] 吕春东 . 城市边缘区绿地生态网络构建与优化 [D]. 北京 : 北京林业大学，2019.

[145] 吕丽莎，蔡宏宇，杨永，等 . 中国裸子植物的物种多样性格局及其影响因子 [J]. 生物多样性，2018，26（11）: 1133-1146.

[146] 吕锡芝，康玲玲，左仲国，等 . 黄土高原吕二沟流域不同植被下的坡面径流特征[J]. 生态环境学报，2015，24（7）: 1113-1117.

[147] 吕一河，陈利顶，傅伯杰 . 景观格局与生态过程的耦合途径分析 [J]. 地理科学进展，2007，26（3）: 1-10.

[148] 马克平，黄建辉，于顺利，等 . 北京东灵山地区植物群落多样性的研究 Ⅱ 丰富度、均匀度和物种多样性指数 [J]. 生态学报，1995，15（3）: 268-277.

[149] 马克平，刘灿然，刘玉明 . 生物群落多样性的测度方法 Ⅱ β 多样性的测度方法 [J]. 生物多样性，1995: 3（1）: 38-43.

[150] 马克平，叶万辉，于顺利，等 . 北京灵空山地区植物群落多样性的研究（Ⅷ）群落组成随海拔梯度的变化 [J]. 生态学报，1997，17（6）: 593-600 .

［151］马克平．生物群落多样性的测度方法 α 多样性的测度方法（上）［J］．生物多样性，1994，2（3）: 162-168.

［152］马明，孙涛，李定凯，等．缙云山常绿阔叶林湿沉降过程中不同空间层次水质变化特征［J］．环境科学，2017，38（12）: 5056-5062.

［153］马向东，林明磊，郑慧莲．森林水化学过程研究综述［J］．污染防治技术，2009，22（1）: 49-51，75.

［154］满秀玲，刘斌，李奕．小兴安岭草本泥炭沼泽土壤有机碳、氮和磷分布特征［J］．北京林业大学学报，2010，32（6）: 48-53.

［155］毛玉明，吴初平，袁位高，等．钱塘江源头不同林分类型的水质效应研究［J］．浙江林业科技，2013，33（5）: 31-34.

［156］孟京辉，陆元昌，刘刚，等．不同演替阶段的热带天然林土壤化学性质对比［J］．林业科学研究，2010，23（5）: 791-795.

［157］孟盛旺．大兴安岭主要树种地上生物量研究［D］．北京：北京林业大学，2018.

［158］牛丽丽，余新晓，岳永杰．北京松山自然保护区天然油松林不同龄级立木的空间点格局［J］．应用生态学报，2008，19（7）: 1414-1418.

［159］盘李军，黄钰辉，张卫强，等．南亚热带不同类型人工林溪流水水质特征．林业与环境科学，2016，32（1）: 1-9.

［160］彭达，张红爱，杨加志．广东省林地土壤非毛管孔隙度分布规律初探［J］．广东林业科技，2006（1）: 56-59.

［161］卿凤婷，彭羽．基于 RS 和 GIS 的北京市顺义区生态网络构建与优化［J］．应用与环境生物学报，2016，22（6）: 1074-1081.

［162］宋爱云，刘世荣，史作民，等．卧龙自然保护区亚高山草甸植物群落物种多样性研究［J］．林业科学研究，2006，19（6）: 767-772.

［163］宋延龄，杨亲二，黄永青．物种多样性研究与保护［M］．杭州：浙江科学技术出版社，1998: 48-87.

［164］宋永昌．浙江天童国家森林公园常绿阔叶林种间相关的研究［J］．应用生态学报，1994（2）: 113-119.

［165］苏凯，于强，YANG Di，等．基于多场景模型的沙漠—绿洲交错带林草生态网络模拟［J］．农业机械学报，2019，50（9）: 243-253.

[166] 苏琪琪 . 太行山低山区 6 种林分类型水源涵养功能评价［ D ］. 保定 : 河北农业大学，2018.

[167] 苏日古嘎， 张金屯， 王永霞 . 北京松山自然保护区森林群落物种多样性及其神经网络预测［ J ］. 生态学报， 2013， 33（ 11 ）: 3394-3403.

[168] 孙浩， 刘晓勇， 熊伟， 等 . 六盘山四种典型森林生态水文功能的综合评价［ J ］. 干旱区资源与环境， 2016， 30（ 7 ）: 85-89.

[169] 孙敏 . 基于森林资源监测体系的老山景区景观分析与质量评价［ D ］. 南京 : 南京林业大学， 2018.

[170] 孙涛， 马明， 王定勇 . 中亚热带典型森林生态系统对降水中铅镉的截留特征［ J ］. 生态学报， 2016， 36（ 1 ）: 218-225.

[171] 孙向阳 . 土壤学［ M ］. 北京 : 中国林业出版社， 2005: 1-2.

[172] 孙志高，刘景双 . 湿地枯落物分解及其对全球变化的响应［ J ］. 生态学报，2007（ 4 ）: 1606-1618.

[173] 唐吕君 . 基于 GIS 的慈溪市长河镇绿地景观格局分析与生态网络优化研究［ D ］. 杭州 : 浙江农林大学， 2014.

[174] 田超 . 冀北山地华北落叶松人工林不同经营密度及林缘效应研究［ D ］. 保定 : 河北农业大学， 2012.

[175] 田大伦，项文化，康文星 . 马尾松人工林微量元素生物循环的研究［ J ］. 林业科学，2003， 39（ 4 ）: 1-8.

[176] 田晶 . 密云水库油松水源保护林降水再分配特征研究［ D ］. 北京 : 北京交通大学，2009.

[177] 魏姿芃 . 捞刀河畔乡村景观格局演变及驱动力研究［ D ］. 长沙 : 中南林业科技大学，2021.

[178] 汪邦稳， 杨洁， 汤崇军， 等 . 南方红壤区百喜草及其枯落物对降雨径流分配的影响［ J ］. 水土保持学报， 2009， 23（ 2 ）: 7-10， 36.

[179] 王伯荪 . 植物群落学［ M ］. 北京 : 高等教育出版社， 1987.

[180] 王超，孟庆辉，牟思宇 . 辽宁努鲁儿虎山自然保护区森林生物量与生产力研究［ J ］. 防护林科技， 2017（ 10 ）:57，123.

[181] 王代长，蒋新，卞永荣，等 . 酸沉降下加速土壤酸化的影响因素［ J ］. 土壤与环境，

2002（2）: 152-157.

[182] 王景升，王文波，普琼．西藏色季拉山主要林型土壤的水文功能［J］．北京林业大学学报，2005，33（2）: 48-51.

[183] 王静爱，何春阳，董艳春，等．北京城乡过渡区土地利用变化驱动力分析［J］．地球科学进展，2002，17（2）:201-209.

[184] 王礼先，孙宝平．森林水文研究及流域治理综述［J］．水土保持科技情报，1990（2）: 10-15.

[185] 王琦，付梦娣，魏来，等．基于源—汇理论和最小累积阻力模型的城市生态安全格局构建：以安徽省宁国市为例［J］．环境科学学报，2019，36（12）: 4546-4554.

[186] 王长庭，王启基，龙瑞军，等．高寒草甸群落植物多样性和初级生产力沿海拔梯度变化的研究［J］．植物生态学报，2004，28（2）: 240-245.

[187] 温远光，梁乐荣，黎洁娟，等．广西不同生态地理区域杉木人工林的生物生产力［J］．广西农学院学报，1988（2）: 55-66.

[188] 邬建国．景观生态学：格局、过程、尺度与等级（第二版）［M］．北京：高等教育出版社，2007.

[189] 吴初平，叶激华，黄玉洁，等．浙江舟山岛不同林分类型的水质效应［J］．南京林业大学学报（自然科学版），2015，39（4）: 75-80.

[190] 吴迪．九龙山不同林分枯落物层和土壤层水文效应研究［D］．北京：中国林业科学研究院，2014.

[191] 吴国训．江西省森林植被净初级生产力及碳储量估算［D］．南京：南京林业大学，2015.

[192] 吴鹏，丁访军，陈骏．中国西南地区森林生物量及生产力研究综述［J］．湖北农业科学，2012，51（8）: 1513-1518，1527.

[193] 习近平．摆脱贫困［M］．福州：福建人民出版社，1992: 110.

[194] 项文化，田大伦，闫文德．森林生物量与生产力研究综述［J］．中南林业调查规划，2003（3）: 57-60，64.

[195] 肖笃宁，赵羿，孙中伟，等．沈阳西郊景观格局变化的研究［J］．应用生态学报，1990，1（1）: 75-84.

[196] 邢元军，徐金铎．长沙市边缘区城市森林景观格局梯度分析［J］．中南林业调查规划，

2012，31（4）: 22-28.

［197］徐丹卉，葛宝珠，王自发，等. 2014 年北京地区云内云下的降水化学分析［J］. 环境科学学报，2017，37（9）: 3289-3296.

［198］徐冯迪，高扬，董文渊，等. 我国南方红壤区氮磷湿沉降对森林流域氮磷输出及水质的影响［J］. 生态学报，2016，36（20）: 6409-6419.

［199］徐广平，张德罡，徐长林，等. 东祁连山高寒草地不同生境类型植物群落 α 及 β 多样性的初步研究［J］. 草业科学，2006，23（5）: 1-5.

［200］徐杰. 衡东砂页岩红壤区不同林分水土保持效应研究［D］. 长沙: 中南林业科技大学，2016.

［201］徐义刚，周光益，骆土寿，等. 广州市森林土壤水化学和元素收支平衡研究［J］. 生态学报，2001（10）: 1670-1681.

［202］许中旗，李文华，刘文忠，等. 我国东北地区蒙古栎林生物量及生产力的研究［J］. 中国生态农业学报，2006（3）: 21-24.

［203］薛立，杨鹏. 森林生物量研究综述［J］. 福建林学院学报，2004（3）: 283-288.

［204］薛伟锋，褚莹倩，刘强，等. 主成分分析和模糊综合评价法在大连市地下水水质评价中的应用研究［J］. 辽宁大学学报（自然科学版），2020，47（3）: 218-226.

［205］闫东锋，杨喜田，霍利娜. 豫南山区不同群落类型近地表层持水特性［J］. 生态环境报，2011，20（3）: 441-446.

［206］杨柳，徐雨. 基于 GIS 和 RS 的平顶山市森林景观格局变化及空间异质性分析［J］. 河南科学，2016，34（2）:223-226.

［207］杨万勤，张健，胡庭兴，等. 森林土壤生态学［M］. 成都: 四川科学技术出版社，2006: 33.

［208］杨远盛，张晓霞，于海艳，等. 中国森林生物量的空间分布及其影响因素［J］. 西南林业大学学报，2015，35（6）: 45-52.

［209］叶镜中，姜志林. 苏南丘陵杉木人工林的生物量结构［J］. 生态学报，1983（1）: 7-14.

［210］叶万辉，马克平，马克明. 北京灵空山地区植物群落多样性的研究（Ⅸ）尺度变化对多样性的影响［J］. 生态学报，1998，18（1）: 10-14.

［211］尹锴，赵千钧，文美平，等. 海岛型城市森林景观格局效应及其生态系统服务评

估［M］. 国土资源遥感，2014，26（2）: 128-133.

［212］尹艳杰 . 川南不同林龄马尾松人工林土壤理化性质特征［D］. 成都 : 四川农业大学，2014.

［213］游秀花，蒋尔可 . 不同森林类型土壤化学性质的比较研究［J］. 江西农业大学学报，2005，27（3）: 357-360.

［214］于航，詹水芬，董德明，等 . 基于补偿价值理论的松山自然保护区森林资源价值评估研究［J］. 中国人口资源与环境，2010，20（S1）: 139-141.

［215］于澎涛，刘鸿雁，陈杉 . 人为干扰对松山自然保护区植被的影响［J］. 林业科学，2002，38（4）: 162-166.

［216］余敏，周志勇，康峰峰，等 . 山西灵空山小蛇沟林下草本层植物群落梯度分析及环境解释［J］. 植物生态学报，2013，37（5）: 373-383.

［217］余蔚青 . 缙云山典型水源林生态水文功能评价研究［D］. 北京 : 北京林业大学，2015.

［218］鱼腾飞，冯起，司建华，等 . 黑河下游额济纳绿洲植物群落物种多样性的空间异质性［J］. 应用生态学报，2011，22（8）: 1961-1996.

［219］张超，刘国彬，薛婕，等 . 黄土丘陵区不同植被根际土壤微量元素含量特征［J］. 应用生态学报，2012，23（3）: 645-650.

［220］张川，陈洪松，张伟，等 . 喀斯特坡面表层土壤含水量、容重和饱和导水率的空间变异特征［J］. 应用生态学报，2014，25（6）: 1585-1591.

［221］张龚，曾光明，蒋益民，等 . 湖南韶山大气降水及森林降水离子分布特征［J］. 环境科学研究，2003（3）: 14-17.

［222］张继平，乔青，刘春兰，等 . 基于最小累积阻力模型的北京市生态用地规划研究［J］. 生态学报，2017，37（19）: 6313-6321.

［223］张佳，李生宇，靳正忠，等 . 防护林下草本植物层片物种多样性与环境因子的关系［J］. 干旱区研究，2011，28（1）: 118-125.

［224］张建华，杨新兵，鲁绍伟，等 . 河北雾灵山不同林分灌草多样性及影响因素研究［J］. 河北农业大学学报，2014，37（1）: 27-32.

［225］张建利，王加国，李苇洁，等 . 贵州百里杜鹃自然保护区杜鹃林枯落物储量及持水功能［J］. 水土保持学报，2018，32（3）: 167-173.

[226] 张建宇，王文杰，杜红居，等 . 大兴安岭呼中地区 3 种林分的群落特征、物种多样性差异及其耦合关系［J］. 生态学报，2018，38（13）: 1-10.

[227] 张凯旋，范雯，陈圣子 . 郊野游憩资源开发背景下的上海城市森林景观格局动态［J］. 资源开发与市场，2019，35（1）:32-37.

[228] 张启斌 . 乌兰布和沙漠东北缘生态网络构建与优化研究［D］. 北京 : 北京林业大学，2019.

[229] 张琴，范秀华 . 红松阔叶林 4 种凋落物分解速率及其营养动态［J］. 东北林业大学学报，2014，42（12）: 59-62，88.

[230] 张亚丽，周扬，程真，等 . 不同水质评价方法在丹江口流域水质评价中应用比较［J］. 中国环境监测，2015，31（3）: 58-61.

[231] 张玉钧，曹韧，张英云 . 自然保护区生态旅游利益主体研究 : 以北京松山自然保护区为例［J］. 中南林业科技大学学报（社会科学版），2012，6（3）: 6-11.

[232] 张赟，赵亚洲，张春雨，等 . 北京松山油松种群结构及空间分布格局［J］. 应用与环境生物学报，2009，15（2）: 175-179.

[233] 张运龙 . 极端干旱对内蒙古草原地下根系初级生产力和生物量的影响［D］. 北京 : 中国农业科学院，2020.

[234] 张展 . 澧水源头区域森林生态系统水源涵养功能综合评价［D］. 长沙 : 中南林业科技大学，2012.

[235] 章迅，孙忠林，张全智，等 . 温带两种林型对氮沉降的再分配及其生长季动态与影响因子［J］. 生态学报，2017，37（10）: 3344-3354.

[236] 赵勃 . 北京山区植物多样性研究［D］. 北京 : 北京林业大学，2005.

[237] 赵春梅，曹建华，李晓波，等 . 橡胶林枯落物分解及其氮素释放规律研究［J］. 热带作物学报，2012，33（9）: 1535-1539.

[238] 赵清，郑国强，黄巧华 . 南京城市森林景观格局特征与空间结构优化［J］. 地理学报，2007，62（8）: 870-878.

[239] 赵清贺，冀晓玉，丁圣彦，等 . 北江干流河岸带植物物种多样性的纵向梯度效应［J］. 生态学杂志，2018，37（12）: 3654-3660.

[240] 赵晓静，张胜利，马国栋 . 间伐强度对秦岭锐齿栎林冠层和枯落物层水化学效应的影响［J］. 生态学报，2015，35（24）: 8155-8164.

[241] 赵心苗．冀北山地森林土壤理化性质与健康比较研究［D］．保定：河北农业大学，2013.

[242] 赵宇豪，高俊红，高婵婵，等．黑河天涝池流域典型林分生态水文化学特征［J］．生态学报，2017，37（14）：4636-4645.

[243] 郑金兴．不同树种造林对土壤盐基离子的影响[J]．林业资源管理，2018，（6）：111-116.

[244] 郑新奇，赵璐，胡业翠，等．土地利用总体规划指标时空分配［J］．农业工程学报，2010，26（4）：297-305，390-391.

[245] 中国科学院森林固碳课题办公室．生物量估算方程［M］．北京：科学出版社，2014.

[246] 周本智，王小明，曹永慧，等．北亚热带典型森林生态系统研究：以浙江庙山坞自然保护区为例［M］．北京：中国林业出版社，2013.

[247] 周国娜，杨新兵，刘阳，等．冀北山地油松蒙古栎混交林水化学特征［J］．水土保持学报，2012，26（2）：192-195.

[248] 朱彦承，刘伦辉，姜汉侨．云南省云山壮族、苗族自治州西畴县草果山常绿阔叶林植物群落的初步研究［M］// 云南植物研究所科技工作选编（植物专辑）．昆明：云南科学技术出版社，1981: 1-37.

[249] 朱源，康慕谊，江源．贺兰山针叶林结构与多样性的海拔格局［J］．东北林业大学学报，2010，38（9）：44-46.

[250] 邹春静，卜军，徐文铎．长白松人工林群落生物量和生产力的研究［J］．应用生态学报，1995（2）：123-127.

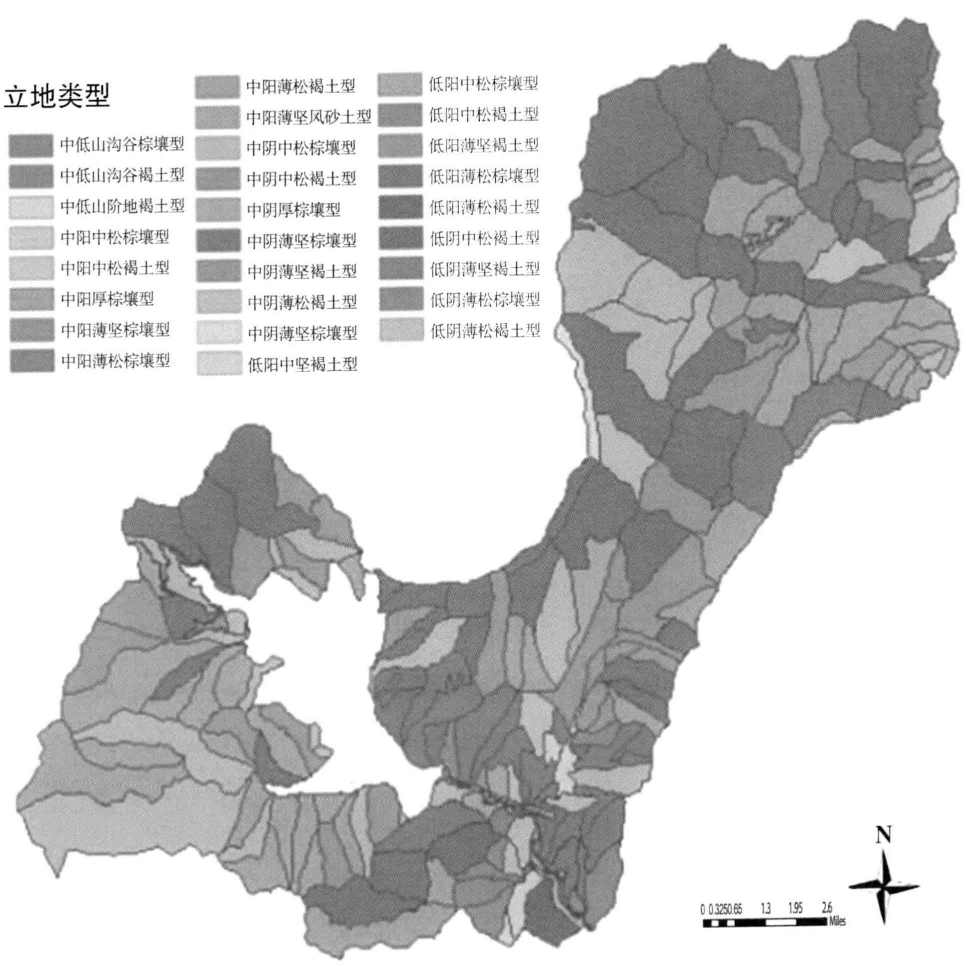

图 9-1 松山森林生态系统景观立地类型

（a）2010 年

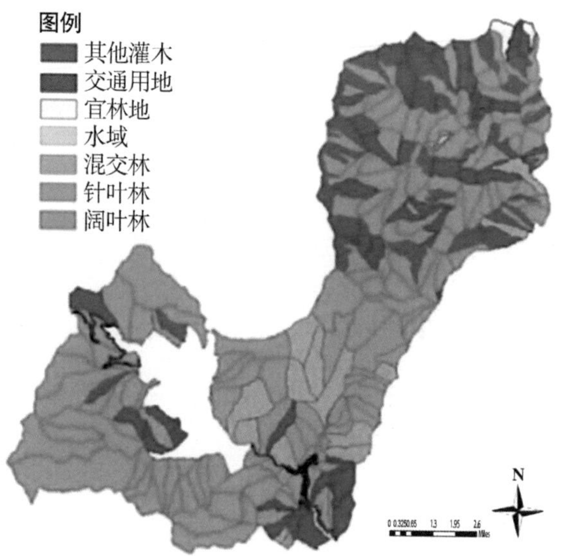

（b）2015 年

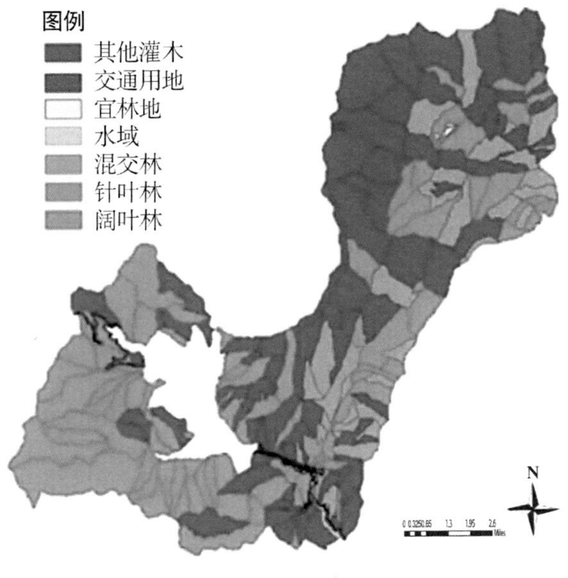

（c）2020 年

图 9-3　松山森林生态系统景观分类示意

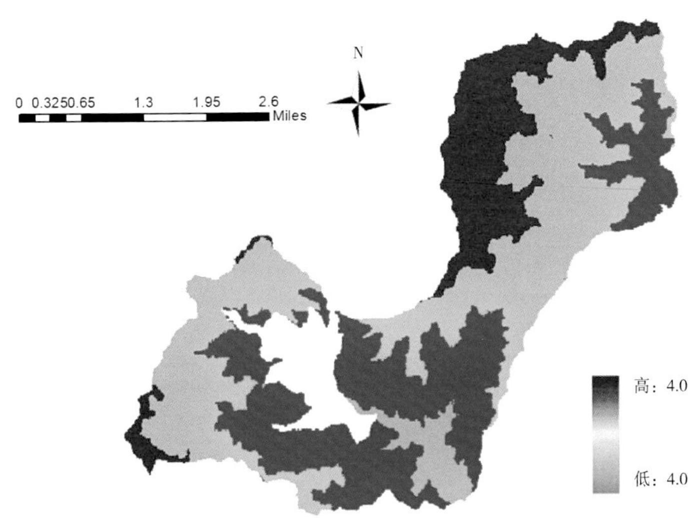

图 9-20　高程阻力面

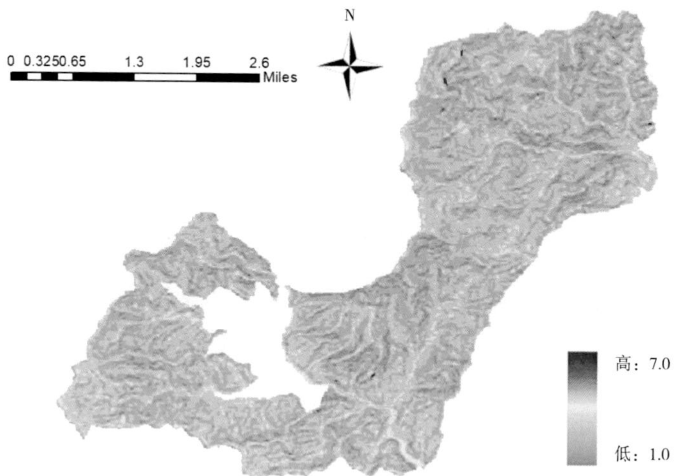

图 9-21　坡度阻力面

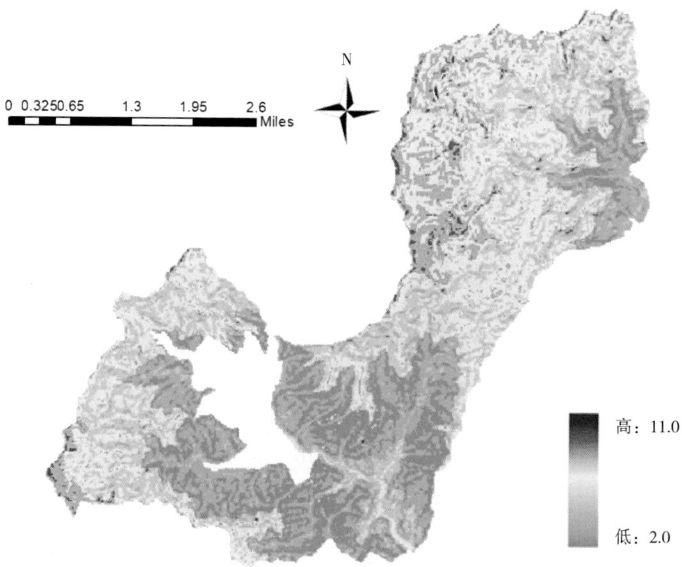

图 9-22　综合阻力面